中国地质大学(武汉)“十一五”规划教材

断裂与疲劳

DUANLIE YU PILAO

伍 颖 编著

中国地质大学出版社
ZHONGGUO DIZHI DAXUE CHUBANSHE

内 容 简 介

变形、断裂、腐蚀、磨损、变性是材料或结构失效的主要原因与形式，其中断裂最为常见也最为危险，在很多情况下可能造成灾难性事故。在断裂事故中又以疲劳断裂为多为害，且多属低应力脆性断裂，易失察失防。本书以断裂(力学)和疲劳(断裂)为主题，系统阐述了该领域最成熟、最前沿和最活跃的研究课题与成果。

全书分四篇共十五章。断裂基础篇主要提出了强度问题、断裂问题、疲劳问题、裂纹问题和平面问题，断裂理论篇主要阐述了线弹性断裂力学的格氏裂口断裂理论、能量平衡断裂理论、应力强度因子断裂理论、复合裂纹脆断理论以及弹塑性断裂力学的COD(开裂)理论与 J 积分(启裂)理论，疲劳断裂篇主要论述了传统疲劳分析的应力-疲劳寿命法、应变-疲劳寿命法和用断裂力学应力强度因子研究疲劳问题的疲劳断裂扩展速率与疲劳裂纹扩展寿命理论，断裂实践篇主要介绍了断裂与疲劳的相关理论在现代安全设计与评定方面的工程应用以及相关力学性能参数的实验测试技术。

本书可作为工科类本科生或研究生教学用书，也可作为相关工程技术人员或科学研究工作者的参考用书。

图书在版编目(CIP)数据

断裂与疲劳/伍颖编著．—武汉：中国地质大学出版社，2008.10(2018.7 重印)

ISBN 978-7-5625-2230-0

Ⅰ．断…

Ⅱ．伍…

Ⅲ．①断裂力学②疲劳断裂

Ⅳ．O346.1

中国版本图书馆 CIP 数据核字(2008)第 142780 号

断裂与疲劳 伍　颖　编著

责任编辑：方　菊　责任校对：戴　莹

出版发行：中国地质大学出版社(武汉市洪山区鲁磨路 388 号)　邮政编码：430074

电话：(027)67883511　传真：67883580　E-mail：cbb @ cug. edu. cn

经　销：全国新华书店　http://www. cugp. cn

开本：787 毫米×1092 毫米 1/16　字数：310 千字　印张：11.875

版次：2008 年 10 月第 1 版　印次：2018 年7 月第 3 次印刷

印刷：武汉市教文印刷厂　印数：2001—2500

ISBN 978-7-5625-2230-0　定价：30.00 元

前 言

亲爱的读者，钦佩您勇敢地翻开此书，您马上就能得到解释。

——首先是关于书名。这是一部力学书籍，主要讨论裂纹体类材料或结构在(动静)载荷、(高低)温度、(腐蚀)环境等因素共同作用条件下的变形、损伤、疲劳和断裂的过程和机理，全面研究(疲劳)裂纹的萌生机理、扩展规律和断裂判据，详细介绍现代安全设计方法与现代安全评定技术，涉及断裂力学、断裂物理和材料疲劳等学科或专业领域。本书没有局限于断裂力学，并且也认为断裂力学最成功的标志体现在疲劳裂纹扩展速率规律和疲劳裂纹扩展寿命估算的研究成果上；结合工程技术人员知识结构和工程应用的需要，将该书的主题确定为断裂与疲劳；并且把疲劳裂纹研究作为断裂力学理论的成功应用，把疲劳断裂控制作为工程断裂预防的一项主要任务，把裂纹的萌生、微观裂纹扩展(断裂物理)、宏观裂纹扩展作为断裂破坏不可或缺及不可分割的过程；故该书名定为《断裂与疲劳》，该书的内容也是基于这些认识和思路拟定与组织的。

——其次是关于内容。本书分四篇，即断裂基础篇、断裂理论篇、疲劳断裂篇与断裂实践篇。

断裂基础篇共5章，在对一般应力状态与传统强度理论温故知新的基础上，主要提出了传统强度理论的局限性和低应力脆性断裂的新课题。抛砖引玉地介绍了晶体的理论断裂强度、材料的测试断裂强度与结构的实际(计算)断裂强度之间的关系和矛盾，并用应力集中的观点给予了初步解释，逐渐认识到缺陷或裂纹对材料性能的影响。进而分专题对疲劳问题、裂纹问题与平面问题作了基本简述，为后面章节的论述起到承前启后的铺垫作用。

断裂理论篇共6章，基本上按照断裂力学的发展历程分别系统阐述了线弹性断裂力学的裂口断裂理论、能量平衡断裂理论、应力强度因子断裂理论和弹塑性断裂力学的COD(开裂)理论与J积分(启裂)理论以及复合型裂纹脆断理论。这一篇是该书的核心与重点。断裂基础篇的裂纹问题与平面问题就是为该篇应力强度因子断裂理论等章节的应力分析与求解作链接的。

疲劳断裂篇共2章，主要论述了传统疲劳分析的应力-寿命法和应变-寿命法以及用断裂力学应力强度因子研究疲劳问题的疲劳裂纹扩展速率和疲劳裂纹扩展寿命理论。此篇一般可单独成书，与断裂基础篇的疲劳问题章节前呼后应，比较系统地阐述和解决了疲劳断裂的强度设计与寿命控制问题。

断裂实践篇共2章，主要介绍了断裂与疲劳的相关理论在现代安全设计与评定方面的工程应用以及相关参数的实验测试技术。前者主要包括现代疲劳设计、先漏后破方法、材料性能评定、缺陷安全评定、工艺质量控制，后者主要包括机械式、液压式、电子式、电液式试验系统知识和静态力学性能试验、动态力学性能试验与断裂力学性能试验技能。

——最后是关于理念。

本书力求理论与实践相结合、力学与工程相结合、问题与探究相结合、宏观与微观相结合、教学与科研相结合，力求内容丰富、体系完整、结构合理、逻辑规范、思路明晰。编者也确实禅精竭虑，自评最有意义的工作在于精选、凝练和描述同断裂与疲劳这一主题有关的发展历程、研究成果及其知识体系。由于水平和时间所限，书中错误敬请指正。

需要特别说明的是，由于该书主要作为师生教材和科技普及，书中内容不可避免地引用和参考了前人工作的智慧结晶，包括不同时期和不同国籍的所有科技工作者的研究课题与成果，包括为了介绍和传播这些知识而进行再创造的各种版本及各种传媒的所有知识载体与编著者，在此表示崇高的敬意和诚挚的谢意。

最后还要感谢中国地质大学(武汉)对该书的资助，感谢支持本书编写和帮助本书出版的单位和个人。

编　者

2008年6月

目　录

疲劳断裂篇

断裂实践篇

第0章　绪　论

断裂尤其疲劳断裂是引起结构(构件)和机械(零件)失效的最主要原因,并且可能造成灾难性事故。在21世纪的今天,人们对传统强度(静载荷作用、无缺陷材料的强度)的认识已相当深刻,工程中强度设计的实践经验与积累也十分丰富,对于传统强度的控制能力也大大增强。因而,疲劳与断裂引起的失效在工程失效中越来越突出。研究材料或结构的断裂机理与规律,控制和减少断裂事故的发生一直是工程技术人员和材料科学工作者的重要课题之一。

材料的断裂是一个很复杂的过程,是材料性质、载荷类型、服役环境、构件尺寸等多种因素共同作用的结果,使得对断裂过程的分析增加了更多的不确定因素,增加了断裂控制的难度。但是随着科学技术的进步与发展,人们对断裂问题认识的加深,断裂控制仍然是有规律可循的。特别是近几十年来对材料断裂问题的研究已经取得令人瞩目的进展,如断裂力学的产生和发展、材料断裂问题微观分析与理论的发展都标志着断裂学科的研究工作进入了一个比较成熟的阶段。

材料的断裂问题涉及范围很广,根据讨论问题的出发点和目的的不同,可分为断裂力学、断裂物理及断裂化学,它们之间的关系如图0-1所示。其中,断裂力学是从客观物体的受力条件出发,分析材料在力的作用下,物体中的应力、应变及材料中的应变能与材料的断裂行为之间的关系,从而建立起断裂判据的一门学科;断裂物理则是从材料本身的结构出发,根据断裂过程中所表现出来的现象,分析与研究不同材料中裂纹产生机理、裂纹扩展规律的物理过程,从而得到裂纹产生与扩展的较为明确的物理图像;断裂化学则是研究各种化学介质对材料断裂过程的作用及影响的一门学科。由此可见,断裂学是一门综合性的边缘学科,本书将以断裂力学为主,而为了更好理解断裂机理和裂纹扩展,断裂物理的知识也有所涉及。

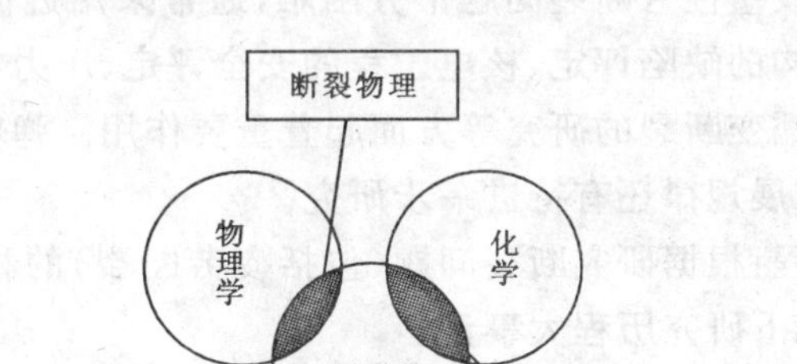

图0-1　断裂学与力学、物理学及化学的关系

断裂力学是研究裂纹体(含裂纹的固体材料或构件)强度与寿命特别是裂纹扩展规律的科学,是固体力学的一门新分支,又称为裂纹力学,与损伤力学为姊妹学科,共称为破坏力学。断

裂力学萌芽于 20 世纪 20 年代格里菲斯(A. A. Griffith)对玻璃低应力脆断的研究,其后,国际上发生了一系列重大低应力脆断灾难性事故,促进了这方面的研究,并于 20 世纪 50 年代开始形成断裂力学。

根据材料断裂的载荷性质,可分为静态断裂力学和动态断裂力学,或称为断裂静力学和断裂动力学,显然断裂静力学是断裂动力学的基础,一般简称为断裂力学。由于研究的尺度、方法和观点不同,断裂力学可分为微观断裂力学和宏观断裂力学。微观断裂力学是研究原子位错等晶粒尺度内的断裂过程,根据对这些过程的了解,建立起支配裂纹扩展和断裂的判据。宏观断裂力学是在不涉及材料内部的断裂机理的条件下,通过连续介质力学分析和试件的试验作出断裂强度的估算与控制。目前宏观断裂力学已有很大发展,而微观断裂力学尚处于初期阶段。根据所研究的裂纹尖端附近材料塑性区的大小,宏观断裂力学又可分为线弹性断裂力学和弹塑性断裂力学;当然,断裂力学还有其他的分类方法和分支学科,比如近年来将可靠性理论及统计方法与断裂力学的规律、方法等联系起来,出现了概率断裂力学,并应用这种理论和方法进行可靠性设计和寿命预测,成为机械产品可靠性设计的重要方法之一。本书主要介绍宏观断裂(静)力学的理论和方法。

断裂力学的研究对象:裂纹体(含裂纹的固体材料或构件)。

断裂力学的研究目的:主要预防和控制低应力脆性断裂。

断裂力学的研究内容:裂纹的萌生机理、扩展规律、闭合理论以及动态起始与传播-止裂等。

断裂力学的研究任务:求得各类材料的断裂韧度,建立物体的断裂判据,研究裂纹的扩展规律,研究载荷与腐蚀共同作用下的断裂问题等。

断裂力学的研究方法:线弹性断裂力学应用线弹性理论研究物体裂纹扩展规律和断裂准则,可用来解决脆性材料的平面应变断裂问题,适用于大型构件(如发电机转子、接头、车轴等)和脆性材料的断裂分析。实际上,裂纹尖端附近总是存在塑性区,若塑性区很小(如远小于裂纹长度),也可采用线弹性断裂力学方法进行分析;弹塑性断裂力学是应用弹性力学、塑性力学方法研究物体裂纹扩展规律和断裂准则,适用于裂纹体内裂纹尖端附近有较大范围塑性区的情况。由于直接求解裂纹塑性区断裂问题十分困难,通常采用近似或实验方法进行分析。弹塑性断裂力学在焊接结构的缺陷评定、核电工程的安全评定、压力容器和飞行器的断裂控制以及结构物的低周疲劳和蠕变断裂的研究等方面起着重要作用。弹塑性断裂力学的理论至今还不成熟,弹塑性裂纹的扩展规律还有待进一步研究。

断裂力学的研究历程:根据研究断裂问题(包括疲劳断裂)的相关研究背景、研究时间、研究人员、研究成果拟定以下研究历程大事记。

18 世纪 60 年代——第一次工业革命

1842 年——机车事故

1843 年朗肯(W. J. M. Rankine,英国铁路工程师)——疲劳断裂特征与应力集中危险

1860 年伍勒(A. Woler,法国)——应力-寿命曲线(疲劳极限)

19 世纪末 20 世纪初——第二次工业革命

1898 年德国 G. 基尔施——首先得出圆孔附近应力集中的结果

1910 年俄国 G. V. 科洛索夫——求出椭圆孔附近应力集中的公式

1910 年巴士坤(O. H. Basquin)——提出了描述 $S-N$ 曲线的经验公式

1912 年 TITANIC——举世瞩目的“铁达尼克”号海难事故(断裂沉海)

1913 年英格里斯(Inglis)——无限大平板椭圆孔应力分析(奇论:带裂纹的构件根本承受不了任何外载)

1921 年英国格里菲斯(Griffith)——裂口断裂理论(玻璃的脆性断裂)

1925 年苏联的 N. I. 穆斯赫利什维利等——把复变函数引入弹性力学,用保角变换把一个不规则分段光滑的曲线变换到单位圆上,导出复变函数的应力表达式及其边界条件,进而获得一批应力集中的精确解

1939 年威斯特噶尔德(H. M. Westergaard)——表示应力函数的复变函数

1945 年前后——大量舰船(金属焊接结构)低应力脆断事故

1947 年英国奥罗万(Orowan)——研究并修正裂口断裂理论(金属/塑性功)

1948 年美国欧文(Irwin)——研究并修正裂口断裂理论(金属/塑性功)

1953 年前后——多架“彗星”号飞机接连失事(疲劳裂纹)

1956 年美国欧文——能量平衡断裂理论(能量释放率)

1957 年美国欧文——应力场强度因子断裂理论

1960 年韦尔斯(Wells)——COD 理论(裂纹尖端张开位移)(1965 年英国焊接研究所提出判据)

1961 年美国帕里斯(Paris),戈麦斯(Gomez)和安德森(Anderson)——疲劳裂纹扩展控制参量(美国波音公司)

1963 年帕里斯和埃尔多安(Erdogan)——疲劳裂纹扩展规律(有效应用在疲劳问题的描述)

1968 年美国赖斯(Rice)——J 积分理论(1971 年美国电力研究院才提出判据)

20 世纪 70 年代末——动态断裂力学(断裂动力学)

20 世纪 80 年代末——概率断裂力学

20 世纪 80 年代末——损伤力学

断裂力学的研究成果主要有:格氏裂口断裂理论(第 6 章),能量平衡断裂理论(第 7 章),应力强度因子断裂理论(第 8 章),COD(开裂)理论(第 9 章),J 积分(启裂)理论(第 10 章),复合型裂纹脆断理论(第 11 章),断裂疲劳(第 13 章)。

断裂力学作为一门新兴学科,由于生产实践、工程应用等方面的需要,已成为固体力学的一个重要组成部分,目前广泛应用于航空航天工程、化学工程、机械工程、核电工程、容器管道、土木工程、船舶工程等各个部门和领域。作为一名工程技术人员或高层管理人员,了解甚至掌握断裂与疲劳方面的理论和方法,不仅是学习专业知识的需要,更是提升工程素质的追求。近 20 年来,我国有不少高校为相关专业的研究生甚至本科生开设断裂力学和材料疲劳的课程。为顺应时代的发展和需要,本书将断裂与疲劳合为一个主题编写,便于高校师生、工程师和科研者参考学习。

断裂基础篇

第1章　强度问题

材料力学是应用弹性力学的分支之一，内容包括研究结构部件在承受各种载荷条件下的力学性能，分析构件的应力、应变和变形，建立验算构件在失效时是否具有足够安全度的方法。构件失效或破坏的形式可表现为产生裂纹、出现超过容许限度的变形、发生屈曲（失稳）等，即谓之结构的强度、刚度、稳定性问题。构件的强度性能和刚度性能均与材料的力学性能（参数），受载状态（静载或动载、瞬时或周期等），环境（温度、湿度与腐蚀）以及构件的几何形状与尺寸、工艺状态（表面光洁度、损伤）等因素有关。材料力学的研究方法是理论分析与实验相结合，所得到的结果可为工程中的结构强度分析与设计提供实用而可靠的理论和方法。

1.1　应力状态

材料力学中需要作应力状态和应变状态分析，实际上强度理论就是如何用材料的单向应力状态的力学性能参数评定一般应力状态的结构失效问题。下面以应力状态分析为主强调一些概念和方法。

1.1.1　外力与应力

使构件发生变形的外部物体作用统称为外力，它包括构件承受的载荷和约束。

1. 载荷

——按载荷性质分类有：拉伸载荷、压缩载荷、剪切载荷。

——按载荷变化分类有：恒载荷和变载荷，变载荷又分为静载荷和动载荷，动载荷又分为冲击载荷和交变载荷。

——按载荷产生分类有：机械载荷、热载荷、电磁载荷等。

——按载荷分布分类有：分布载荷（表面载荷、体积载荷）及集中载荷（集中力、集中力偶矩）等。

——按载荷类型分类有：面力和体力。

2. 约束

力学中通常将物体分为两类：可在空间自由运动的物体称为自由体，运动受到某种限制的物体称为非自由体。工程结构中的构件、机械装置等的零部件多为非自由体。

对于非自由体运动的限制称为约束。约束通常是由非自由体与周围物体相接触而产生的。周围物体由于约束而施加在非自由体上的力称为约束力，也叫约束反作用力或约束反力。约束力的作用点即在接触点，方向恒与约束阻碍非自由体运动的方向相反，大小则是未知的，要根据平衡条件或动力学方程来确定。

约束力是一种被动力。约束力以外的力称为主动力，亦即能主动引起物体运动或使物体具有运动趋势的力。

构件承载时，支承处受到支座的约束作用称支座约束反力，简称支座反力。

3. 内力

承载构件内部由外力引起的附加相互作用称为内力。根据物体连续性假设，内力在假想截面上是分布的面力，一般情况下它是位置的连续变化函数。

4. 应力

应力是表达截面上任意点的内力强弱和大小的物理量。

应力分为由拉伸载荷引起的拉应力、由压缩载荷引起的压应力和由剪切载荷引起的剪应力。拉应力和压应力都产生在横截面的法线方向上，这种应力通常称为正应力 σ；而剪应力产生在横截面的切线方向上，通常称为切应力 τ。

1.1.2 应力状态概念与分类

1. 概念

应力状态：通过受力构件一点的各个截面上应力情况的集合，称为该点的应力状态。如图1-1所示。

单元体：研究受力构件内一点处的应力状态，可以围绕该点取一个无限小的正六面体，即单元体。若单元体各个面上的应力已知或已计算出，则通过该点的其他任意方位截面上的应力就可用解析法或图解法确定。

主平面：单元体上切应力为零的平面称为主平面，过受力构件内任一点的单元体总有三对相互垂直的主平面。

主应力：主平面上的正应力称为主应力。相应的主应力用 σ_1、σ_2、σ_3 来表示，它们按代数值的大小顺序排列，即 $\sigma_1 \geqslant \sigma_2 \geqslant \sigma_3$。$\sigma_1$ 是最大主应力，σ_3 是最小主应力，它们分别是过一点的所有截面上正应力中的最大值和最小值。

主方向：主平面的法线方向。

2. 分类

a. 单向应力状态，只有一个主应力不为零，另两个主应力均为零；

b. 二向(或平面)应力状态，两个主应力不为零，另一个为零；

c. 三向(或空间)应力状态，三个主应力都不为零。

单向应力状态又称简单应力状态，二向、三向应力状态合称复杂应力状态。

1.1.3 应力状态分析

1. 平面应力状态分析

在平面应力状态的单元体中，因为有一对主平面上的应力等于零，所以可将单元体用平面图形表示，如图1-2所示。

——任意角 α 斜截面上的应力。

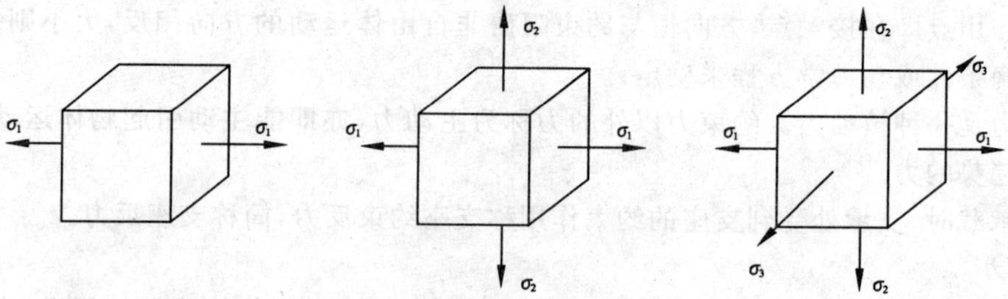

图 1-1　应力状态示意图

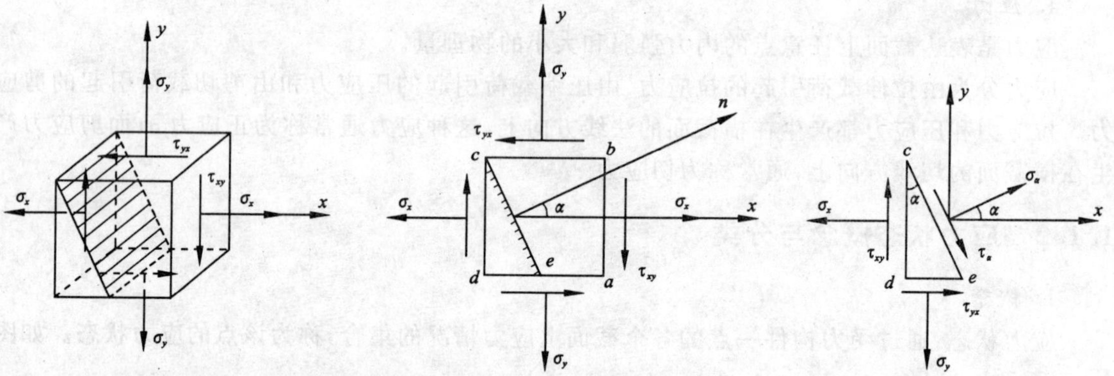

图 1-2　平面应力状态单元体

当已知 σ_x、σ_y、$\tau_{xy}=\tau_{yx}$ 时，应用截面法，可得

$$\left.\begin{aligned}\sigma_\alpha&=\frac{\sigma_x+\sigma_y}{2}+\frac{\sigma_x-\sigma_y}{2}\cos2\alpha-\tau_{xy}\sin2\alpha\\ \tau_\alpha&=\frac{\sigma_x-\sigma_y}{2}\sin2\alpha+\tau_{xy}\cos2\alpha\end{aligned}\right\}\qquad(1-1)$$

式中，正应力以拉应力为正，压应力为负；切应力以对单元体内任意点的矩为顺时针转向为正，反之为负；α 为斜截面外法线与 x 平面外法线即 x 轴间的夹角，α 角从 x 轴量起，反时针转向为正，反之为负。

——主应力。

$$\left.\begin{aligned}\sigma_{\max}\\ \sigma_{\min}\end{aligned}\right\}=\frac{\sigma_x+\sigma_y}{2}\pm\sqrt{\left(\frac{\sigma_x-\sigma_y}{2}\right)^2+\tau_{xy}^2}\qquad(1-2)$$

式中，$\sigma_{\max}$ 和 $\sigma_{\min}$ 分别表示单元体上垂直于零应力面的所有截面上正应力的最大值和最小值。它们是三个主应力中的两个，而另一个主应力为零。三个主应力 $\sigma_{\max}$、$\sigma_{\min}$ 和 0 要按代数值大小排列，分别用 σ_1、σ_2、σ_3 表示。

——主平面的方位角 α_0。

主平面与 x 轴间的夹角 α_0 可按下式计算

$$\tan2\alpha_0=-\frac{2\tau_{xy}}{\sigma_x-\sigma_y}\qquad(1-3)$$

由上式可确定两个主平面的方位角 α_0 和 $\alpha_0+90°$，其中当 $\sigma_x\geqslant\sigma_y$ 时，α_0 主平面上的主应力

为 $\sigma_{\max}$，$\alpha_0+90°$ 主平面上的主应力为 $\sigma_{\min}$；当 $\sigma_x<\sigma_y$ 时，α_0 主平面上的主应力为 $\sigma_{\min}$，$\alpha_0+90°$ 主平面上的主应力为 $\sigma_{\max}$。

2. 三向应力状态

如已知三向应力状态的主应力单元体及主应力 σ_1、σ_2 和 σ_3，则有：

1)一点处的最大正应力 $\sigma_{\max}=\sigma_1$；

2)一点处的最大切应力 $\tau_{\max}=\dfrac{\sigma_1-\sigma_3}{2}$，其作用面与 σ_2 平行且与 σ_1、σ_3 所在主平面夹角各成 45°；

3)根据 σ_1、σ_2 和 σ_3 作出三个应力圆，则该点任意斜截面上的应力对应于三个应力圆所围成的阴影区内一点的坐标值，如图 1-3 所示。

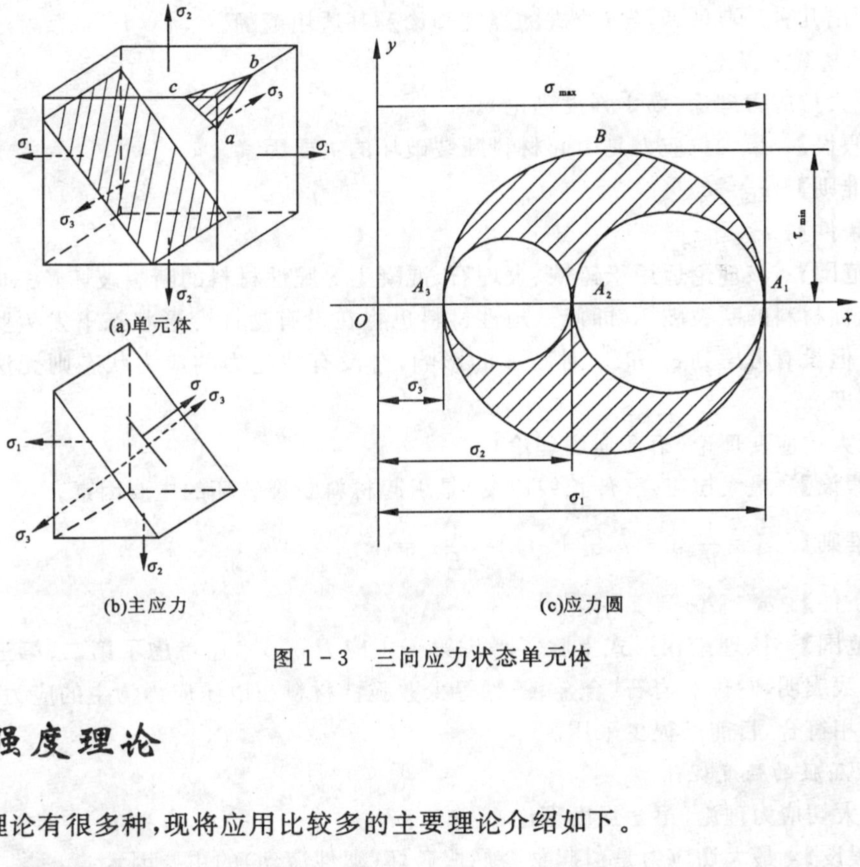

图 1-3　三向应力状态单元体

1.2　强度理论

强度理论有很多种，现将应用比较多的主要理论介绍如下。

1.2.1　单向应力的静强度指标

1. 屈服极限 σ_s

典型的延性材料具有明显的屈服极限 σ_s。对于另一些材料如合金钢、有色金属等则不存在明显的屈服极限，工程上一般规定以残余应变值为 0.2% 所对应点的应力 $\sigma_{0.2}$ 作为屈服极限，或称为屈服强度。由于材料的屈服可视为最大剪应力超过材料的某一极限值而引起的，因此，延性材料以屈服极限作为静载基准强度。

2. 抗拉强度 σ_b

脆性材料不发生(或很小)塑性变形,没有屈服极限,在经历很小的变形情况下即发生断裂(单向拉伸),因此这类材料在工程上一般以抗拉强度 σ_b 作为静载基准强度。

1.2.2 一般应力状态的强度理论

一般情况下材料所受的应力状态是各种各样的,这时材料的静强度不可能像单向拉伸、压缩或扭转那样可以直接通过简单的试验测定,因此需要根据各种材料性质和不同的破坏形式,对破坏判据提出各种假设,以利用简单的破坏试验建立起适用于各种应力状态下的强度条件,称为强度理论(强度准则)。也就是说,强度理论是关于材料失效现象主要原因的假设,即认为不论是简单应力状态还是复杂应力状态,材料某一类型的破坏是由于某一种因素引起的。据此,可以利用简单应力状态的强度指标,来建立复杂应力状态的强度条件。

下面列出几种经典的或经过改进的强度理论及其适用范围。

1. 脆性断裂的强度理论

——最大拉应力理论(第1强度理论)。

【基本假设】 最大拉应力是引起材料断裂破坏的主要因素。

【断裂准则】 $\sigma_1=\sigma_b$

【强度条件】 $\sigma_1\leqslant[\sigma]$ (1-4)

【适用范围】 该理论适用于铸铁、大理石、混凝土等脆性材料的断裂破坏及三向等应力拉伸状态的延性材料的断裂破坏(即使是延性材料也将在没有塑性变形状态下发生脆性破坏),应用较广。但没有考虑到 σ_2 和 σ_3 对破坏的影响,对没有拉应力的应力状态则无法应用此理论检验其强度。

——最大拉应变理论(第2强度理论)。

【基本假设】 最大拉应变(伸长线应变)是引起材料断裂破坏的主要因素。

【断裂准则】 $\varepsilon_1=\dfrac{1}{E}[\sigma_1-\mu(\sigma_2+\sigma_3)]=\dfrac{1}{E}\sigma_b=\varepsilon_b$

【强度条件】 $\sigma_1-\mu(\sigma_2+\sigma_3)\leqslant[\sigma]$ (1-5)

【适用范围】 该理论在形式上除了考虑第一主应力 σ_1 外,还考虑了第二、第三主应力的影响。但实践表明,它仅对岩石、合金、铸铁等少数脆性材料在以压应力为主的应力状态下,才与实验结果相符合,目前已很少采用。

2. 塑性屈服的强度理论

——最大切应力理论(第3强度理论)。

【基本假设】 最大切应力是引起材料屈服破坏(塑性流动)的主要因素。

【屈服准则】 $\tau_{\max}=\dfrac{1}{2}(\sigma_1-\sigma_3)=\dfrac{1}{2}\sigma_s=\tau_{13}$

【强度条件】 $\sigma_1-\sigma_3\leqslant[\sigma]$ (1-6)

【适用范围】 该理论虽未考虑另两个主剪应力 τ_{23}、τ_{12} 的影响,但与材料的试验结果符合较好,它适合于延性材料,如低碳钢、铜、软铝、退火球墨铸铁等;也适用于拉伸时无颈缩现象而剪断的材料。可选用该理论的范围有:单向拉伸、二向应力状态(二向拉伸、一向拉伸一向压缩、二向压缩)和三向压缩状态。按第3强度理论计算出的构件尺寸往往偏于安全。

——畸变能密度理论(第 4 强度理论)。

【基本假设】　畸变能密度(最大形状改变比能)是引起材料屈服破坏的主要因素。

【屈服准则】　$u_d=\frac{1+\mu}{6E}[(\sigma_1-\sigma_2)^2+(\sigma_2-\sigma_3)^2+(\sigma_3-\sigma_1)^2]=\frac{1+\mu}{6E}(2\sigma_s^2)$

【强度条件】　$\sqrt{\frac{1}{2}[(\sigma_1-\sigma_2)^2+(\sigma_2-\sigma_3)^2+(\sigma_3-\sigma_1)^2]}\leqslant[\sigma]$　(1-7)

【适用范围】　由于既正确地突出最大剪应力的作用,又考虑了次主剪应力的影响,因此该理论与延性材料的试验结果符合得很好,它与第 3 强度理论的适用范围相同,在土建工程中(采用第 4 强度理论较多)和机械工程中(采用第 3 强度理论较多)得到广泛应用。

3. 统一形式

以上四种强度理论可写成统一形式

$$\sigma_{ri}\leqslant[\sigma]\qquad(i=1,2,3,4\text{ 表示第 }i\text{ 强度理论})\tag{1-8}$$

其中,σ_{ri} 称为计算应力,从第 1 到第 4 强度理论的次序分别为

$$\left.\begin{aligned}&\sigma_{r1}=\sigma_1\\&\sigma_{r2}=\sigma_1-\mu(\sigma_2+\sigma_3)\\&\sigma_{r3}=\sigma_1-\sigma_3\\&\sigma_{r4}=\sqrt{\frac{1}{2}[(\sigma_1-\sigma_2)^2+(\sigma_2-\sigma_3)^2+(\sigma_3-\sigma_1)^2]}\end{aligned}\right\}\tag{1-9}$$

$[\sigma]$为许用应力,　$[\sigma]=\frac{\sigma_u}{n},\sigma_u=\begin{Bmatrix}\sigma_b\\\sigma_s\end{Bmatrix}$

n 为安全系数,根据有关技术标准选用。

4. 莫尔强度理论

【基本假设】　以实验资料为基础,考虑了材料拉、压强度的不同,承认最大切应力是引起屈服剪断的主要原因并考虑了剪切面上正应力的影响。

【强度条件】　$\sigma_1=\frac{[\sigma_t]}{[\sigma_c]}\sigma_3\leqslant[\sigma]$　(1-10)

【适用范围】　该理论适用于材料抗拉和抗压强度不等的脆性材料,在单向拉伸应力和二向拉伸、一向拉伸和一向压缩等各种二向应力状态均可参考选用。该理论尤其符合脆性材料(如岩石混凝土等)的破坏特点,但未考虑中间主应力 σ_2 的影响是其不足之处。

1.3　强度理论问题

在上面的强度理论中都有强度准则的适用范围,显然,按传统强度理论和强度方法设计并不是万无一失,特别是出现了大量的低应力脆断事故。

1.3.1　低应力脆断事故

1. 工程事故案例

自第二次世界大战以来,随着高强材料和大型结构的广泛应用,一些按传统强度理论和常规设计方法设计、制造并经严格检查合格的产品,都先后发生了不少灾难性断裂事故。例如:

——1912 年,英国皇家邮轮“TITANIC”号巨轮在“处女航”中因撞冰山而断裂沉入大海,死亡 1 500 多人。

——1943—1947 年,美国 5 000 余艘焊接船竟然连续发生了一千多起断裂事故,其中 238 艘完全毁坏。

——1949 年,东俄亥俄煤气公司的圆柱形液态天然气罐爆炸,使周围街市变为废墟。

——1950 年,美国北极星导弹固体燃料发动机壳体在试验时爆炸。

——1965 年,美国著名的 260SL－1 固体火箭发动机压力壳在水压试验时发生脆断,脆断时应力为 657MPa,而所用材料的屈服极限为 1 720 MPa。

——1969 年,美国俄亥俄河上的大桥突然断裂为 24 块,死亡 26 人,伤 9 人,当时载荷仅为设计载荷的 40%。

——1977 年,美国火车铁轨断裂事故 800 起,损失超过 60 亿美元。甚至经过严格检验的国防尖端产品,也时有断裂事故发生。

——1978 年,西班牙一个液体丙烯储罐爆炸,死伤 260 人。

——1999 年,重庆市綦江县城跨越綦河(长江支流)两岸、连接城东城西的人行彩虹桥(形似彩虹而名,系綦江县形象工程)整体垮塌,40 人遇难,包括 18 名年轻武警战士。

2. 工程事故分析

经过对以上这类事故的调查分析,得到以下几点共识。

——断裂时构件上受到的工作应力较低,一般不超过该材料的屈服极限,有时还低于许用应力,尽管构件是由塑性材料制成,也会出现脆性断裂现象,因而常称之为低应力脆性断裂。

——低应力脆性断裂往往是由于构件内部或表面上存在着长度为 0.1～10mm 的裂纹源扩展引起的。这种宏观裂纹的存在是由于材料的冶炼缺陷、焊接缺陷或工艺工程中的划痕、凹坑或使用过程中腐蚀、疲劳产生的。

——中、低强度钢的低应力脆性断裂一般发生在较低的温度(15℃以下),高强度钢的脆性断裂不随温度而变化。

通过以上分析可知,过去材料力学的传统设计方法虽然也考虑了应力集中系数,但把研究对象当作均匀连续的变形体,而没有考虑到任何材料或受力构件都不可避免地存在着某种缺陷或裂纹,正是由于这种裂纹或类似裂纹的存在,使构件有可能在较低的应力下遭到断裂。

1.3.2　强度设计缺陷

传统的强度设计基于任一构件受载时最大特征(当量)应力达到材料抗力时便发生破坏的思想。

但是随着现代生产的发展,新材料、新工艺不断涌现,在机械、结构等运行使用中经常发生脆断破坏事故。现在,我们还常从新闻中听到某大桥或大厦突然断裂或坍塌的报道。

这些器械或结构是在负载“还远低于传统的设计强度指标时发生断裂的”,用材料力学的传统强度理论和常规设计方法是无法解释该类现象的。

传统的强度设计方法存在以下缺点:

——从物理学角度看,它不能识别固体材料的典型特征破坏过程。

——从力学角度看,它不能描述由于裂纹状缺陷存在而在裂纹尖端产生的严重应力集中。

——从材料科学角度看,它不能解释理论强度远高于实际强度的原因。

——从工程应用角度看，它不足以防止工程结构的破坏。

显然，这些缺陷是不能由强度理论自圆其说的，需要探讨的不是简单否定强度理论，而是还要研究是否尚有没被人们认识的其他力学参量或力学理论。断裂力学的产生与发展都是试图探讨或研究这些问题，最有特征的就是从材料力学假设的无缺陷变形体中转化到更切合实际的含裂纹体来，从而开拓了固体力学的一个新领域。

第2章 断裂问题

人们历来十分重视材料的断裂问题，尤其是材料的脆性断裂，因为构件、部件的断裂常常是产生重大事故的内在原因。预防断裂事故发生的最有效的方法是提高材料的断裂强度及韧性。本章主要介绍断裂的定义和分类、完整晶体的理论断裂强度。

2.1 断裂的定义和分类

2.1.1 定义

一个物体在力的作用下分成两个独立的部分，这一过程称之为断裂，或称之为完全断裂。如果一个物体在力的作用下其内部局部区域内材料发生了分离，即其连续性发生了破坏，则称物体中产生了裂纹。在很多情况下，把物体中尺寸足够大的裂纹也称为断裂，只不过这是一种不完全断裂。

显然，在塑性材料的单向拉伸试验中，材料开始颈缩时实际上已经开始不完全断裂，只是这个不完全断裂是从试样轴心开始的，只有在试样完全断裂后的杯状断口中可以分析得出其断裂过程和应力作用。

2.1.2 分类

断裂过程包括裂纹的形成和扩展。从不同的角度，断裂有不同的分类方法。

——按断裂程度分类，可分为完全断裂和不完全断裂。

——按断裂应变分类，可分为脆性断裂和韧性(或延性)断裂。

【脆性断裂】 材料(或构件)断裂前没有宏观塑性变形或塑性变形很小，即断裂应变很小。

【韧性断裂】 材料(或构件)断裂前有明显的塑性变形，即断裂应变较大。

——按断裂路径分类，可分为穿晶断裂、沿晶断裂和混合断裂。

【穿晶断裂】 裂纹穿过晶粒内部而延伸的断裂，如图 2-1(a)所示。

【沿晶断裂】 裂纹沿晶粒边界扩展的断裂，如图 2-1(b)所示。

【混合断裂】 同一裂纹体中的裂纹既可能发生穿晶，也可能发生沿晶，呈混合状，从而成为混合断裂。

一般来说，穿晶断裂可以是韧性的，也可以是脆性的，这主要取决于晶体材料的塑性变形能力、外部环境条件及力学约束条件。沿晶断裂主要是由于杂质元素的晶界偏聚或其他原因弱化了晶界使晶界强度低于晶内强度所引起的。在大多数情况下，沿晶断裂是脆性的，但是也有晶界相发生塑性变形而表现出韧性的情况。

——按断裂机理来分类，可分为解理断裂与剪切断裂。

【解理断裂】 断裂面严格地沿晶体中某一晶面分离的断裂称为解理断裂，该晶面即称为

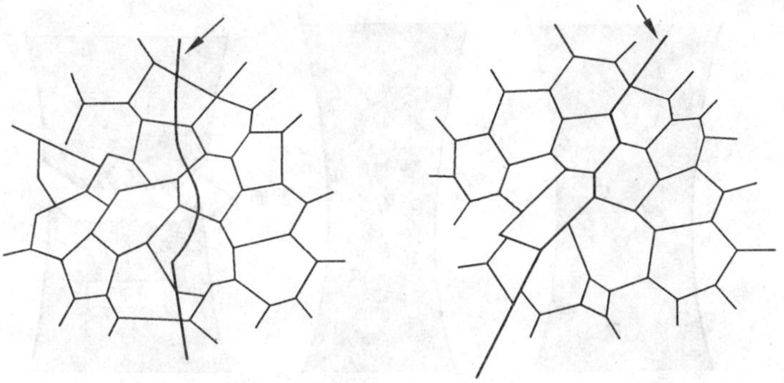

图2-1　穿晶断裂与沿晶断裂示意图

解理面。关于晶体中的解理面，一般认为沿着这个结晶面断裂时，与其他结晶面断裂相比，理论断裂强度最低。

通常，解理断裂总是脆性断裂，但有时在断裂前也会表现出一定的塑性，所以解理断裂与脆性断裂不能完全等同，前者是指断裂的机理而言，后者则是表示断裂的宏观性质。

【剪切断裂】　在切应力的作用下，金属材料沿滑移面滑移而造成的断裂称为剪切断裂。由于材料性质的不同，剪切断裂有两种类型：一类称为纯剪切断裂或滑断，另一类称为微孔聚集型断裂。

纯剪切断裂一般发生于非常纯的单相金属、特别是塑性较好的纯的单晶体中。在外力作用下，金属沿最大切应力方向的滑移面发生滑移，最后因滑移面滑动分离而断裂，所以这是一种由纯粹的滑移流变所造成的断裂。单向拉伸时，其最大切应力方向与拉伸轴呈45°角，所以其断口常呈锋利的楔形或尖刀形，其断裂特征如图2-2所示。

微孔聚集型断裂多见于钢铁等工程结构材料，由于该类材料具有较高的流变抗力，而且在这类材料的组织中存在着大量的第二相或多相夹杂，阻碍着滑移的充分进行，在外力作用下，位错容易堆积在夹杂物界面引起较大的应力集中，在试件的局部区域内（如缩颈部分）处于三向应力状态，约束了塑性变形的发展，因而可能引起夹杂物的破碎或夹杂物与基体界面的脱离而形成微小孔洞，这种孔洞在切应力作用下不断长大，聚集连接并同时不断产生新的微小空洞，最终导致了整个材料的破断，如图2-3所示。

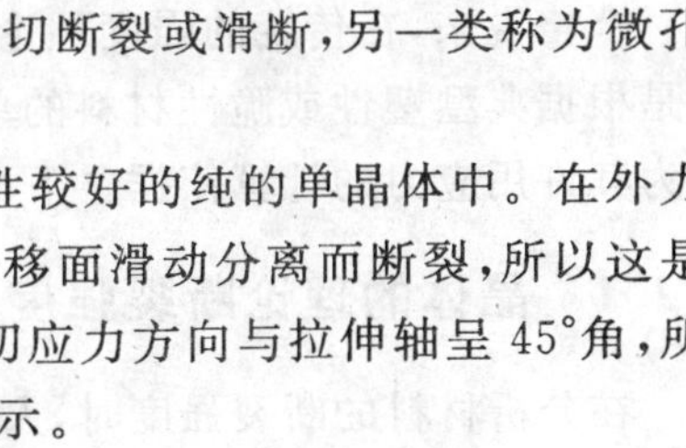

图2-2　纯剪切断裂示意图

——按断口形貌分类，可分为解理断裂（对应解理断口）、准解理断裂（对应准解理断口）、沿晶断裂（对应沿晶断口）、纯剪切断裂及微孔聚集型断裂（对应韧窝断口，如图2-2所示）。在大多数情况下，断裂面显示混合断口，宏观断口的不同区域显示不同的微观断口形貌。

——按断裂原因分类，可分为过载断裂、疲劳断裂、蠕变断裂、环境断裂。

【过载断裂】　由于作用（静）载荷超过许用载荷造成的断裂。

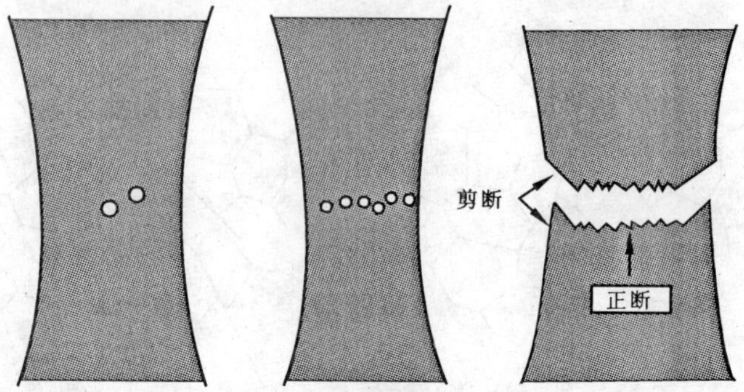

图 2-3　微孔聚集型断裂示意图

【疲劳断裂】　由于作用循环载荷而性能变劣造成的断裂。

【蠕变断裂】　由于作用持久载荷及高温造成的断裂。

【环境断裂】　由于作用载荷基腐蚀介质造成的断裂。

2.2　断裂强度

严格说来，在传统的强度理论和设计准则中，没有直接定义、计算和测试材料的断裂强度，而是根据典型塑性或脆性材料的单向拉伸应力-应变曲线分析，分别选用屈服极限和强度极限作为其许用应力的计算依据。下面讨论完整晶体的理论断裂强度。

2.2.1　晶体的理论断裂强度

在分析材料的断裂强度时，人们希望了解在断裂前材料所能承受的最大应力，即从理论上来说材料的强度应有多高。有几种推算晶体材料理论强度的方法，其中以双原子作用力模型应用得较为普遍。

图 2-4 所示为晶体中两个相邻原子的作用力曲线。图中 O、A 为两相邻原子的中心，a_0 为晶格常数，亦为无外力作用时两原子的平衡距离。两原子受静电吸引力的作用。曲线 1 是吸引力随距离的变化曲线，在很远处其吸引力趋于零；曲线 2 是两原子核的排斥力曲线，两原子距离越小其排斥力增加越快；曲线 3 为排斥力与吸引力的合力曲线。可以看出，要使材料断裂，或要使两原子发生分离，其外力需达到吸引力的最大值 σ_{max} 才有可能。下面计算 σ_{max} 之值。

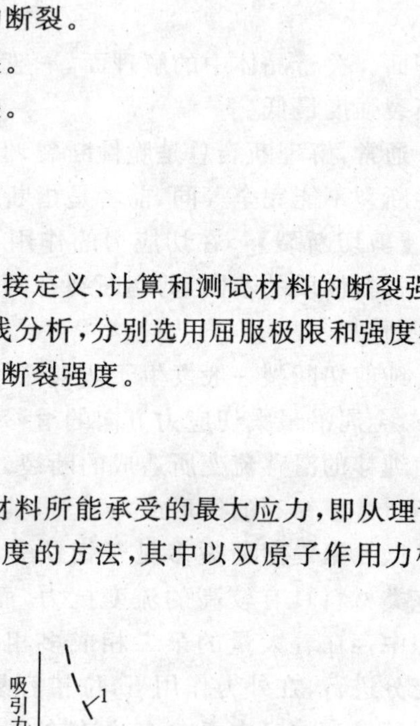

图 2-4　双原子作用模型

设原子间作用力（吸引力）随原子距离变化按正弦曲线变化（图 2-5），其周期为 λ，A 点即为图 2-4 中 A 原子的中心位置，外加应力 σ 与两原子间距离的增加值 x 的关系可用下式表示

$\sigma=\sigma_{max}\sin\frac{2\pi x}{\lambda}$

当 x 很小时，$\sin x\approx x$，则

$$\sigma=\sigma_{max}\frac{2\pi x}{\lambda} \tag{2-1}$$

在正应力作用下材料只发生弹性变形和断裂，设在断裂前的弹性变形范围内虎克定律仍然适用，则

$$\sigma=E\varepsilon=E\frac{x}{a_0} \tag{2-2}$$

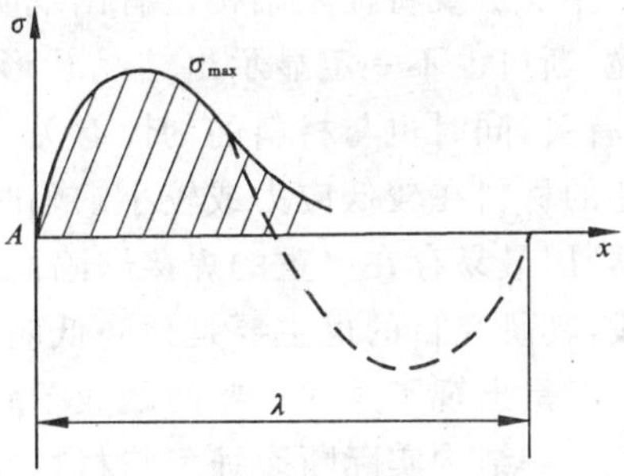

图 2-5 晶格中应力-应变关系

式中，x/a_0 为应变；E 为弹性模量。

对比式(2-1)与式(2-2)，有

$$E\frac{x}{a_0}=\sigma_{max}\frac{2\pi x}{\lambda}$$

即

$$\sigma_{max}=\frac{\lambda E}{2\pi a_0} \tag{2-3}$$

下面求解 λ。脆性物体发生断裂时不发生塑性变形，所以没有消耗塑性变形功。外力拉伸物体时，物体中储存弹性应变能，断裂时，弹性应变能释放，转变为表面能，只有当弹性应变能等于物体断裂后产生新的表面的表面能时，断裂才可以发生。拉伸时两原子之间弹性应变能为图 2-5 中应力曲线以下的面积(图中阴影部分)。

其应变能密度为

$$U=\int_0^{\frac{\lambda}{2}}\sigma_{max}\sin\left(2\pi\frac{x}{\lambda}\right)dx=\sigma_{max}\frac{\lambda}{2\pi}\left[-\cos\left(\frac{2\pi x}{\lambda}\right)\right]_0^{\frac{\lambda}{2}}=\frac{\lambda}{\pi}\sigma_{max} \tag{2-4}$$

该能量应等于两个新的断面的表面能，设 γ 为单位面积的表面能，则有

$$\frac{\lambda\sigma_{max}}{\pi}=2\gamma$$

$$\lambda=\frac{2\pi\gamma}{\sigma_{max}} \tag{2-5}$$

将 λ 代入式(2-3)，可求出

$$\sigma_{max}=\left(\frac{E\gamma}{a_0}\right)^{\frac{1}{2}} \tag{2-6}$$

该式表明，完整晶体的理论断裂强度与材料的晶格常数 a_0、弹性模量 E 及表面能密度 γ 有关。

以上推导过程以后又有了新的发展，考虑了次近邻原子的作用，对金属材料，若将 γ、E、a_0 代入，一般情况下 $\sigma_{max}=\frac{E}{15}\sim\frac{E}{4}$之间。若将 Fe 的 $E=214\ 000$MPa 代入，取 $\sigma_{max}=\frac{E}{5}$，则 Fe 的理论断裂强度约为 40 000MPa，而实际上对多晶 Fe，其断裂强度仅为 250MPa，相差 160 倍。

对其他材料的分析表明，材料的理论断裂强度与实际断裂强度相差几个数量级，为了探讨这种差别的原因，1920 年 Griffith 提出了裂口强度理论。

2.2.2 低应力脆断问题

在应力水平较低，甚至低于材料的屈服点应力情况下结构发生的突然断裂，称为低应力脆

断。主要宏观特征是结构没有出现明显的塑性变形，类似于脆性材料的断裂特征，但材料不一定脆，断口也不一定显示出结晶状形貌。低应力脆断多与结构件中存在宏观缺陷（主要是裂纹）有关，同时也与材料的韧性有关。韧性好的材料在较大应力或较大缺陷时才会断裂。而韧性差的材料在较低应力或较小缺陷时就会断裂。焊接结构（如压力容器、船舶、钢结构桥梁、航天器）因最易存在严重的焊接缺陷而常发生低应力脆断。断裂力学是研究低应力脆断的主要手段，其研究目的也主要是预防低应力脆断。

于是出现了这样一些问题或矛盾：

——结构实际断裂强度与材料实测断裂强度的矛盾（低应力脆断问题）；

——材料实测断裂强度与晶体理论断裂强度的矛盾（几个数量级差）；

——带裂纹的构件根本承受不了任何外载（Inglis 奇论）；

——裂纹或缺陷的生成与扩展问题；

——金属的韧脆转变问题；

等等，这些有关断裂的问题都需要研究和回答。

由前面低应力脆断事故的分析与调查可知，过去材料力学的传统设计方法虽然也考虑了应力集中系数，但把研究对象当作均匀连续的物体，而没有考虑到任何材料或受力构件都不可避免地存在着某种缺陷或裂纹，正是由于这种裂纹或类似裂纹的存在，使构件有可能在较低的应力下遭到断裂。

材料力学与断裂力学的研究目的都是防止构件断裂，但它们之间有区别。断裂力学的研究对象是带裂纹的物体，研究内容是裂纹扩展规律，其目的不仅是一般地防止构件断裂，特别应注意研究构件的低应力脆性断裂。

断裂力学是在分析与解决低应力脆断事故的基础上发展起来的，它的出现促使许多部门的设计思想发生了改变，尤其是对传统的强度设计思路给予了补充，为发展新的设计方法，选择新的材料提供了理论基础。但是，必须指出断裂力学的产生不能完全取代传统的强度设计方法，这是由于断裂力学是一门年轻的学科，无论是理论或实验都有待于进一步完善；另一方面断裂力学主要是从分析低应力脆性断裂发展起来的，对许多复杂的断裂现象及原因，仍需要用传统的力学方法与理论来共同分析研究。

第3章　疲劳问题

强度、刚度和疲劳寿命是对结构工程和机械工程使用的三个基本要求。疲劳(Fatigue)与断裂(Fracture)是引起结构构件和机械零件失效的最主要的原因。引起疲劳失效的循环载荷的峰值往往远小于根据静态断裂分析估算出来的“安全”载荷。因此开展结构疲劳研究有着重要的意义。

在进入21世纪的今天,人们对传统强度(静载荷作用、无缺陷材料的强度)的认识已相当深刻,工程中强度设计的实践经验和积累也十分丰富,对于传统强度的控制能力也大大增强。因此,疲劳与断裂引起的失效在工程中越来越突出。

3.1　疲劳描述

人们认识和研究疲劳问题已经有160多年的历史。在不懈地探究材料与结构疲劳奥秘的实践中,对疲劳的认识不断地得到修正和深化。

法国的J. V. 彭赛列于1839年首先论述了疲劳问题并提出“疲劳”这一术语。但疲劳研究的奠基人则是德国的A. 沃勒。他在19世纪50～60年代首先得到表征疲劳性能的$S-N$曲线,并提出疲劳极限的概念。疲劳研究虽有百余年历史,文献极多,但理论不够完善。近年来,断裂力学的进展,丰富了传统疲劳理论的内容,促进了疲劳理论的发展。当前的发展趋势是把微观理论和宏观理论结合起来从本质上探究疲劳破坏的机理。

3.1.1　疲劳定义

什么是疲劳？疲劳一词的英文是fatigue,意思是“劳累、疲倦”。作为专业术语,用来表达材料在循环载荷作用下的损伤和破坏。

国际标准化组织(ISO)在1964年发表的报告《金属疲劳试验的一般原理》中对疲劳所作的定义是:金属材料在应力或应变的反复作用下可发生的性能变化叫做疲劳;虽然在一般情况下,这个术语特指那些导致开裂或破坏的性能变化。这一描述也普遍适用于非金属材料。

这里还引述美国试验与材料协会(ASTM)在“疲劳试验及数据统计分析之有关术语的标准定义”(ASTM E206-72)中所作的定义:

在某点或某些点承受扰动应力,且在足够多的循环扰动作用之后形成裂纹或完全断裂的材料中所发生的局部的、永久结构变化的发展过程,称为疲劳。

显然,疲劳可以概述为材料承受交变循环应力或应变时引起的局部结构变化和内部缺陷发展的过程,它使材料的力学性能下降并最终导致龟裂或完全断裂。

在循环加载下,发生在材料某点处局部的、永久性的损伤递增过程。经足够的应力或应变循环后,损伤累积可使材料产生裂纹(图3-1),或使裂纹进一步扩展至完全断裂(图3-2)。

简单地说,材料在应力或应变的反复作用下所发生的性能变化叫做疲劳,若出现可见裂纹

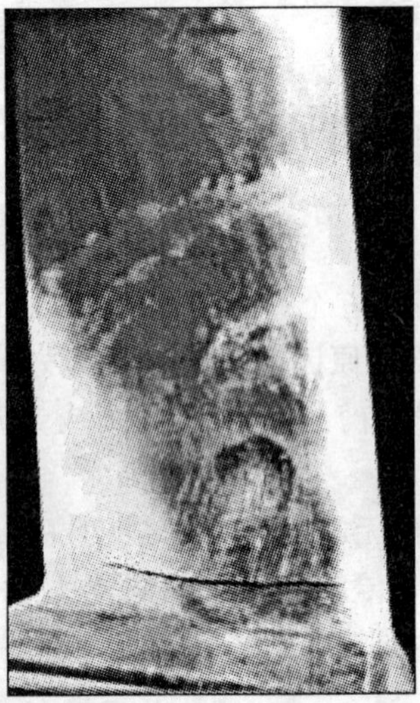

图 3-1　疲劳裂纹外观图

图 3-2　疲劳断裂外观图

或者完全断裂都叫疲劳破坏，其中导致材料开裂称为疲劳断裂，有时也简称疲劳。

许多机械零件，如轴、齿轮、轴承、叶片、弹簧等，在工作过程中各点的应力随时间作周期性的变化，这种随时间作周期性变化的应力称为交变应力(也称循环应力)。在交变应力的作用下，虽然零件所承受的应力低于材料的屈服点，但经过较长时间的工作后产生裂纹或突然发生完全断裂的现象称为金属的疲劳。

疲劳破坏是机械零件失效的主要原因之一。据统计，在机械零件失效中大约有 80%以上属于疲劳破坏，而且疲劳破坏前没有明显的变形，所以疲劳破坏经常造成重大事故，据此对于轴、齿轮、轴承、叶片、弹簧等承受交变载荷的零件要选择疲劳强度较好的材料来制造。

3.1.2　疲劳特点

上述定义清楚地指出疲劳问题具有下述特点。

——只有在承受交变的循环(扰动)应力或循环应变作用的条件下，材料或构件因疲劳发生而损伤破坏。

所谓扰动应力，是指随时间变化的应力。更一般地，也可称之为扰动载荷，载荷可以用力、应力、应变、位移等表示。载荷随使用时间的变化可以是有规则的，也可以是不规则的，甚至是随机的。

如当弯矩不变时。旋转弯曲轴中某点的应力，是恒幅循环 (或等幅循环)应力。

载荷起重行车吊钩分批吊起不同的重物，承受变幅循环的应力。

车辆在不平的道路上行驶，弹簧等零、构件承受的是随机载荷。

描述载荷-时间变化关系的图或表，称为载荷谱。图 3-3 给出了应力随时间的变化的疲劳载荷形式。由应力给出的载荷谱称为应力谱。类似地，还有应变谱、位移谱、加速度谱等。显然，在研究疲劳问题时，首先要研究载荷谱的描述与简化，其力学描述参量在后详述。

——疲劳破坏起源于高应力或高应变的局部。

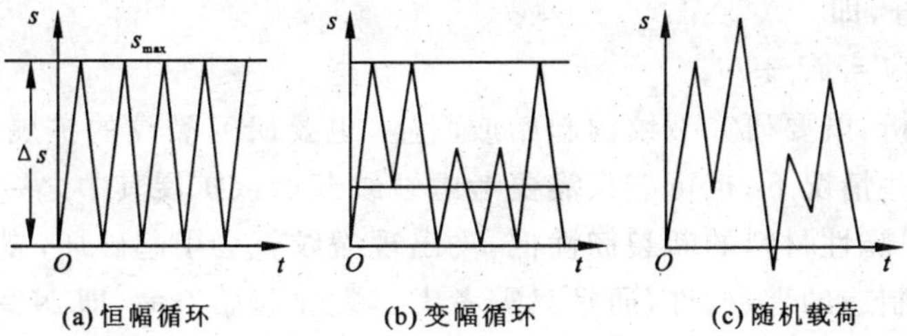

图 3-3　疲劳载荷形式分类

静载破坏取决于结构整体。

疲劳破坏则由应力或应变较高的局部开始，形成损伤并逐渐累积，导致破坏发生。微裂纹群的发展、聚集和宏裂纹的形成，造成疲劳损伤的非均匀性与局部性。可见，局部性是疲劳的明显特点。

零、构件应力集中处，常常是疲劳破坏的起源。因此，要注意细节设计，尽可能减小应力集中。疲劳研究所关心的正是这些由几何形状变化或材料缺陷等引起应力集中的局部细节，要研究这些细节处的应力应变。

——疲劳破坏是在足够多次的扰动载荷作用之后，形成裂纹或完全断裂。

足够多次的扰动载荷作用之后，从高应力或高应变的局部开始，形成裂纹，称为裂纹起始（或裂纹萌生）。此后，在扰动载荷作用下，裂纹进一步扩展，直至到达临界尺寸而发生完全断裂。

裂纹萌生—扩展—断裂三个阶段是疲劳破坏的又一特点。

研究疲劳裂纹萌生和扩展的机理及规律是疲劳研究的主要任务。

——疲劳破坏是一个损伤累积的发展过程。

通常认为，这个累积过程包括微裂纹的生成与扩散、宏裂纹的形成与扩展、最后导致材料的断裂破坏。

由于扰动应力的作用，零、构件或结构一开始使用，就进入了疲劳的“发展过程”。所谓裂纹萌生和扩展，是这一发展过程中不断形成的损伤累积的结果。最后的断裂，标志着疲劳过程的终结。这一发展过程所经历的时间或扰动载荷作用的次数，称为“寿命”。它不仅取决于载荷水平，还依赖于其作用次数或时间，取决于材料抵抗疲劳破坏的能力。

疲劳研究的目的就是要预测寿命，因此，要研究寿命预测的方法。

3.1.3　疲劳寿命

疲劳寿命是指结构或机械直至破坏所作用的循环载荷的次数或时间。所谓疲劳破坏或疲劳失效的定义或准则是多种多样的。

从设计准则看，又有安全寿命、经济寿命、可靠性寿命、使用寿命、设计寿命、剩余寿命等；从疲劳损伤发展过程看，有二阶段疲劳寿命模型、三阶段疲劳寿命模型和多阶段疲劳寿命模型，一般以三阶段疲劳寿命模型为主研究。

材料发生疲劳破坏，要经历裂纹起始或萌生、裂纹稳定扩展和裂纹失稳扩展（断裂）三个阶段，疲劳总寿命也由相应的部分组成。因为裂纹失稳扩展是快速扩展，对寿命的影响很小，在估算寿命时通常不予考虑。故一般可将总寿命 N_t 分为裂纹起始(或萌生)寿命 N_i 与裂纹扩展寿命 N_p 两部分,即

$$N_t = N_i + N_p \tag{3-1}$$

完整的疲劳分析,既要研究裂纹的起始或萌生,也要研究裂纹的扩展,并应注意两部分寿命的衔接。但在某些情况下,也可能只需要考虑裂纹起始或扩展其中之一,并由此给出其寿命的估计。例如,高强脆性材料的断裂韧性低,一出现裂纹就会引起破坏,裂纹扩展寿命很短,故对于由高强度材料制造的零、构件,通常只需考虑其裂纹起始寿命,即 $N_t = N_i$。延性材料构件有相当长的裂纹扩展寿命,则一般不宜忽略。而对于一些焊接、铸造的构件或结构,因为在制造过程中已不可避免地引入了裂纹或类裂纹缺陷,故可以忽略其裂纹起始寿命,取 $N_t = N_p$,即只需考虑其裂纹扩展寿命即可。

进行疲劳裂纹起始寿命分析时,一般按应力-寿命或应变-寿命关系进行,称为传统疲劳;疲劳裂纹扩展寿命分析则必须考虑裂纹的存在,需用断裂力学方法研究,故称为断裂疲劳。在后面的疲劳断裂篇即按此分类编写了传统疲劳和断裂疲劳两章。

3.1.4 疲劳强度

疲劳强度是指(金属)材料在无限多次交变载荷作用下而不破坏(无限寿命)的最大应力称为疲劳强度或疲劳极限。实际上,金属材料并不可能作无限多次交变载荷试验。一般试验时规定,钢在经受 10^7 次、非铁(有色)金属材料经受 10^8 次交变载荷作用时不产生断裂的最大应力称为疲劳强度。当施加的交变应力是对称循环应力时,所得的疲劳强度用 σ_{-1} 表示。

3.1.5 疲劳参量

作为疲劳的力学参量的循环载荷可以用应力或应变表示,下面以单轴疲劳的应力参量为例加以说明。

最简单的循环载荷(应力)是恒幅应力循环载荷。图 3-4 所描述的是正弦波型恒幅循环应力。

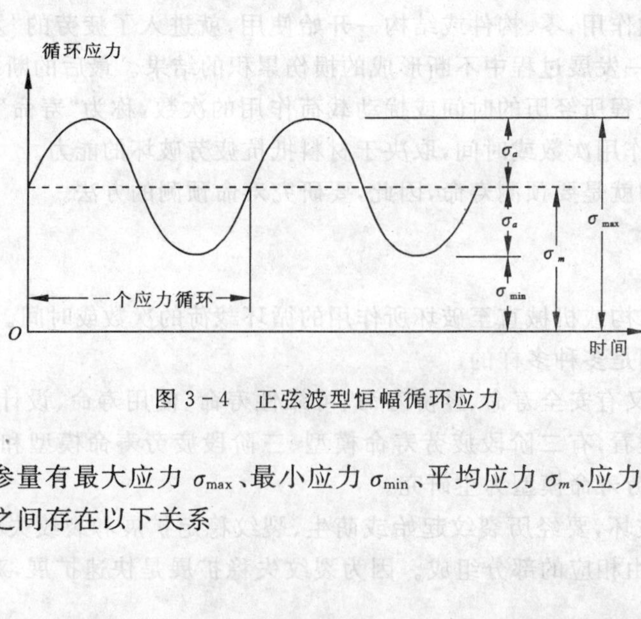

图 3-4 正弦波型恒幅循环应力

用应力表示的参量有最大应力 σ_{max}、最小应力 σ_{min}、平均应力 σ_m、应力幅 σ_a 和应力比(循环特性)r_σ 五个,它们之间存在以下关系

$$\sigma_m=\frac{\sigma_{max}+\sigma_{min}}{2} \tag{3-2}$$

$$\sigma_a=\frac{\sigma_{max}-\sigma_{min}}{2} \tag{3-3}$$

$$r_\sigma=\frac{\sigma_{min}}{\sigma_{max}} \tag{3-4}$$

显然，描述一个应力循环，至少需要两个量。其中最大应力 σ_{max} 和最小应力 σ_{min} 是描述循环应力水平的基本参量，其余参量在疲劳分析中常常使用。

上述参量中，需且只需已知其中任意两个，即可确定循环应力水平。为使用方便，设计时，一般用最大应力 σ_{max} 和最小应力 σ_{min}，二者比较直观，便于设计控制；实验时，一般用平均应力 σ_m 和应力幅 σ_a，便于施加载荷；分析时，一般用应力幅 σ_a 和应力比（循环特性）r_σ，便于按循环特性分类研究。此外，还有循环频率和应力波形的不同，但其影响是次要的。

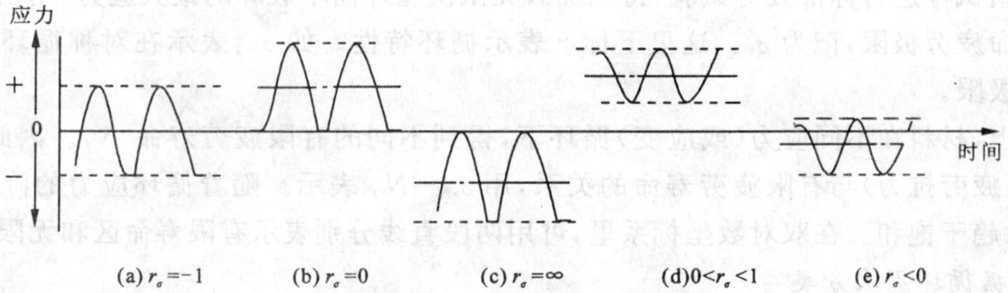

图 3-5 循环应力的变动示意图

应力循环特性有几种特殊情况，现以正弦波变化的应力为例（图 3-5）说明如下。

——静应力。

$\sigma_{max}=\sigma_{min}=\sigma_m$ 且 $r_\sigma=1$

——对称循环应力［图 3-5(a)］

$\sigma_{max}=-\sigma_{min}$ 和 $r_\sigma=-1$

——非对称循环应力［图 3-5(d)、(e)］

$\sigma_{max}>\sigma_{min}$ 并 $-1<r_\sigma<1$

——脉动循环应力［图 3-5(b)］。

$\sigma_{min}=0$ 或 $\sigma_m=\sigma_a=\sigma_{max}/2$ 且 $r_\sigma=0$

用应变表示的参量有最大应变 ε_{max}、最小应变 ε_{min}、平均应变 ε_m、应变幅 ε_a 和应变比（循环特性）r_ε 五个，它们之间存在以下关系

$$\varepsilon_m=\frac{\varepsilon_{max}+\varepsilon_{min}}{2} \tag{3-5}$$

$$\varepsilon_a=\frac{\varepsilon_{max}-\varepsilon_{min}}{2} \tag{3-6}$$

$$r_\varepsilon=\frac{\varepsilon_{min}}{\varepsilon_{max}} \tag{3-7}$$

类似于应力循环，应变循环也可分为 4 种类型。

——静应变：$r_\varepsilon=1$；

——对称循环应力： $r_\varepsilon = -1$；

——非对称循环应力： $-1 < r_\varepsilon < 1$；

——脉动循环应力： $r_\varepsilon = 0$。

对于剪切疲劳或纯扭疲劳问题，还可以用剪应力或剪应变表示循环加载；对于在复杂应力作用下的疲劳问题，可以用应力张量或应变张量以及用 Von Mises 等价应力或累积塑性应变等作为基本力学参量。

3.1.6 疲劳分类

疲劳的分类有多种方法，主要有六种。

1. 根据循环寿命分类

根据循环寿命可以分为无限寿命疲劳与有限寿命疲劳。

在经典疲劳理论中，疲劳破坏的主要指标是疲劳强度或称疲劳极限。

用一组试样进行标准疲劳试验，得到加载无限次循环而不破坏的最大应力，用以定义材料的无限寿命疲劳极限，记为 σ_r。这里下标 r 表示循环特性。如 σ_{-1} 表示在对称循环应力作用下的疲劳极限。

实际上，材料在不同应力(或应变)循环下，得到不同的有限疲劳寿命 N_f。因此，材料的疲劳强度(疲劳抗力)与有限疲劳寿命的关系，用 $\sigma_{rN}-N_f$ 表示。随着循环应力的降低而寿命增长，最后趋于饱和。在双对数坐标系里，可用两段直线分别表示有限寿命区和无限寿命区。

2. 根据循环周次分类

根据循环周次可以分为高周疲劳和低周疲劳。

为便于分析研究，常按破坏循环次数的高低将疲劳分为两类。①高循环疲劳(高周疲劳)。作用于零件、构件的应力水平较低，破坏循环次数一般高于 $10^4 \sim 10^5$ 的疲劳，弹簧、传动轴等的疲劳属此类。②低循环疲劳(低周疲劳)。作用于零件、构件的应力水平较高，破坏循环次数一般低于 $10^4 \sim 10^5$ 的疲劳，如压力容器、燃气轮机零件等的疲劳。

所有的疲劳断裂都可以按照循环周次的高低而纳入高周和低周两类疲劳范畴之内。

3. 根据表征参量分类

根据表征参量可以分为应力疲劳和应变疲劳。

在循环载荷较低时，疲劳力学参量用应力表示，称为应力疲劳。在这种情况下，由于循环应力较低，材料的疲劳寿命很长，破坏循环 N_f 达到很高周次，也称为高周疲劳。

当循环应力(或应变)超过材料的屈服极限，需要用应变作为循环载荷参量，故称应变疲劳。在这种情况下，由于局部应力超过屈服极限，材料的疲劳寿命较短，即材料破坏只经受了较短的循环周次(一般 $N_f < 10^4 \sim 10^5$)，常称为低周疲劳。

4. 根据载荷类型分类

根据载荷类型可以分为拉-拉疲劳、拉-压疲劳、弯曲疲劳(单项、双向)、扭转疲劳(单项、双向)、接触疲劳、振动疲劳和复合载荷下的疲劳等。

根据载荷频率的高低，机械疲劳还可以分为高频疲劳和低频疲劳。

5. 根据工作环境分类

根据工作环境可以分为热疲劳、机械疲劳、环境疲劳。

热疲劳是由于温度的循环变化而引起应变的循环变化，并由此产生的疲劳失效。产生热疲劳的两个必要条件是温度循环变化和机械约束。温度变化，使材料膨胀，但由于受到约束而产生热应力。

机械疲劳是指零部件在交变机械应力（交变应力由机械力引起）作用下而引起的断裂失效。

环境疲劳是指在交变应力和环境共同作用下而产生的疲劳断裂失效，包括腐蚀疲劳、高温疲劳和微振疲劳等。

6. 根据服役条件分类

根据服役条件（载荷、温度、介质）可以分为如图 3－6 所示类别。

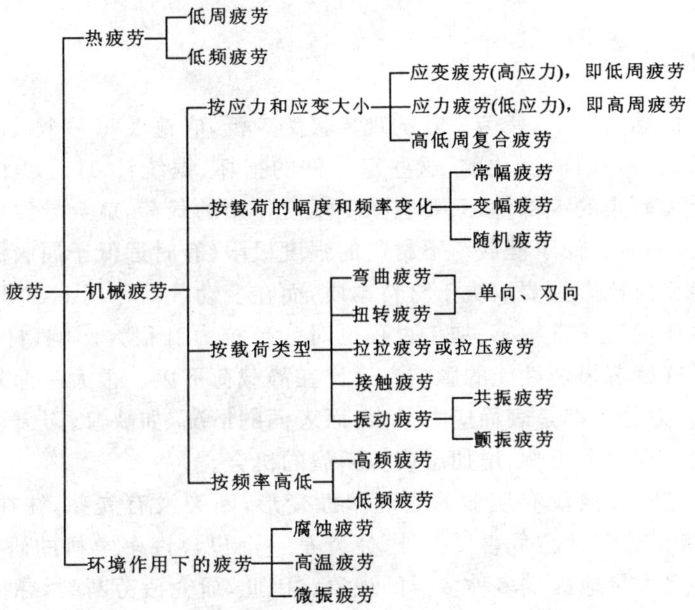

图 3－6　服役条件类别

当然，根据载荷、温度、介质的综合条件还可有静疲劳、热-机械疲劳、应力腐蚀等。

3.2　疲劳断裂

19 世纪中叶以来，人们为认识和控制疲劳破坏进行了不懈的努力，在疲劳现象的观察、疲劳机理的认识、疲劳规律的研究、疲劳寿命的预测和抗疲劳设计技术的发展等方面都积累了丰富的知识。

20 世纪 50 年代断裂力学的发展，进一步促进了疲劳裂纹扩展规律及失效控制的研究。

3.2.1　事故案例

发生断裂是因为有裂纹存在，而裂纹萌生并扩展到足以引起断裂的原因则很少不是由于疲劳引起的。

——如二次世界大战期间美国制造的全焊接船舶，有近千艘出现开裂，200 余艘发生严重断裂破坏。

——1952 年，第一架喷气式客机（英国的彗星号）在试飞 300 多小时后投入使用。1954 年 1 月一次检修后的第 4 天，客机在飞行中突然失事坠入地中海。打捞起残骸并进行研究后的结论为：事故是由压力舱的疲劳破坏引起的，疲劳裂纹起源于机身开口的拐角处。

——1967 年 12 月 15 日，美国西弗吉尼亚的 Point Pleasant 桥突然毁坏，造成 46 人死亡，事故原因是由一根带环拉杆中的缺陷在疲劳、腐蚀的作用下扩展到临界尺寸而引起的。

——1980 年 3 月 27 日下午 6 时半，英国北海 Ekofisk 油田的 Alexander L. Kiellarld 号钻井平台倾覆，有 127 人落水，只救起 89 人。事故分析表明，裂纹由 ϕ325mm 的撑管与支腿连接的焊缝处起始，在疲劳载荷（主要是波浪力）的作用下，扩展 100 多毫米后发生断裂，导致平台倾覆的事故。

3.2.2 重要程度

在工程机构和机械设备中，疲劳失效的现象极为广泛，它遍及每一个运动的零部件。绝大多数零部件承受的应力是周期变化的，这些零部件的损坏，据统计 81%以上是由于疲劳断裂引起的。甚至看上去静止的零部件，只要它承受反复作用的载荷，就会导致疲劳断裂失效。疲劳断裂时，最高应力一般远低于静载荷下材料的强度极限（有时远低于屈服极限），甚至低于弹性极限。材料对静负荷抗力主要取决于材料本质，而在变动载荷作用下，对形状、尺寸、表面状态、使用条件、外界环境等非常敏感；加工过程也对疲劳抗力有很大影响，材料内部宏观、微观的不均匀性对材料抗疲劳损伤性能的影响也远比在静载荷下大。很大一部分零部件承受弯曲应力，这种情况下应力分布都是表面应力最大，而表面的情况，如缺口、刀痕、氧化、腐蚀、脱碳、光洁等都对疲劳抗力有极大影响，增加了疲劳断裂的机会。

疲劳断裂失效在断裂前没有明显的宏观塑性变形，断裂没有先兆，往往造成灾难性的后果，引起巨大的经济损失和社会危害。另外，疲劳是一个包含许多学科的研究分支，它可以为基础研究和应用研究大量地提供多种多样的现象。因此，研究疲劳断裂，寻找提高材料疲劳抗力的途径和预防疲劳断裂的各种措施以防止疲劳断裂事故的发生，对于国民经济和科学技术都有重大意义。

20 世纪 80 年代初，美国众议院科技委员会委托国家标准局进行了一次关于断裂所造成损失的大型综合调查。

报告指出，断裂使美国一年损失 1 190 亿美元，占 1982 年美国国家总产值的 4%。遭受损失最严重的三个行业是：车辆业（125 亿美元/a）、建筑业（100 亿美元/a）、航空工业（67 亿美元/a）。

值得注意的是：报告还指出，向工程技术人员普及关于断裂和疲劳的基本概念及知识，可减少损失 29%（345 亿美元/a），应用现有成果，可再减少损失 24%（285 亿美元/a）。因此，向工程技术人员普及关于断裂和疲劳的基本概念及知识，是十分必要的。

工程实际中发生的疲劳断裂破坏，占全部力学破坏的 50%～90%，是机械、结构失效的最常见形式。因此，工程技术人员必须认真考虑可能的疲劳断裂问题。

疲劳断裂失效涉及到扰动使用载荷的多次作用，涉及到材料缺陷的形成与扩展，涉及到使用环境的影响等，问题的复杂性是显而易见的。因此，对于疲劳断裂许多问题的认识和根本解决，还有待进一步深入研究。

尽管如此，了解现代研究成果，掌握疲劳与断裂的基本概念、规律和方法，对于广大工程技术人员在工程实践中成功地进行抗疲劳断裂设计和安全评定无疑是十分有益的。

3.2.3 破坏特征

疲劳断裂属于低应力脆性断裂。

一个构件或者是一个含有初始裂纹的构件在低于其强度极限或断裂临界应力σ_c的静应力作用下是不会断裂的，但是若该构件在远低于材料的抗拉强度或临界应力变动载荷的长期作用下，由于在构件中产生累积损伤也会在其中产生裂纹及裂纹发生扩展而导致断裂，这种现象称为疲劳断裂或简称为疲劳。

疲劳断裂是构件最常见的破坏形式。据统计在各种金属构件的断裂事故中有80%以上属于疲劳断裂，所以疲劳是一个重要的研究领域。疲劳抗力也是一个重要的材料性能指标。

与静载或一次冲击加载断裂相比，疲劳断裂有如下特征：

——疲劳断裂是一种循环载荷或变动载荷作用下的低应力断裂，断裂前的应力循环或变动次数与应力大小有关，应力越小，则应力循环的次数越高，构件的使用寿命越长；

——疲劳断裂是脆性断裂，其原因在于断裂前承受的应力低于其屈服强度，所以即使材料本身具有很大的延性，宏观上材料不会发生明显的塑性变形；

——疲劳断裂常是一种突发性的断裂，由于断裂前无明显的塑性变形出现，构件在使用过程中疲劳裂纹缓慢地扩展到某一临界尺寸时(该临界尺寸与外加载荷有关)，断裂才突然发生，所以不易被及时察觉，因此疲劳断裂是一种很危险的断裂；

——材料的表面质量对疲劳断裂有重要影响；

——疲劳破坏的断口特征与静载破坏有明显不同。

由上述特征可以看出，疲劳断裂与静载断裂是两种不同类型的断裂。

3.2.4 破坏过程

疲劳破坏过程比较复杂，受很多因素影响，但是按其发展过程大致可以分为以下四个阶段。

1. 裂纹成核阶段

对于一个无裂纹或类裂纹缺陷的光滑试样，在交变应力作用下，虽然名义应力不超过材料的屈服极限，但由于材料组织性能不均匀，在试样的表面局部区域仍然产生滑移，这是因为试样表面是平面应力状态，容易塑性滑移。多次反复的循环滑移应变，产生金属的挤出和挤入的滑移带，从而形成微裂纹的核。

2. 微观裂纹扩展阶段

一旦微观裂纹生核，微裂纹就沿着滑移面扩展，这个面是与主应力约成45°角的最大剪应力作用面。此阶段扩展深入表面很浅，大约十几微米(裂纹长度大致在0.05mm以内)，而且不是单一的裂纹，是许多沿滑移带的裂纹，称其为裂纹扩展的第一阶段。若继续加载，微观裂纹就会发展成为宏观裂纹。

3. 宏观裂纹扩展阶段

此时裂纹扩展方向基本上与主应力垂直，且为单一裂纹扩展。一般认为裂纹长度a在$0.01\text{mm}<a<a_c$(a_c为裂纹临界尺寸)范围内的扩展为宏观裂纹扩展阶段，又称为第二阶段。借助电子显微镜可在断口表面上观察到此阶段中每一应力循环所遗留的疲劳条带。

4. 瞬时断裂阶段

当裂纹扩大到临界尺寸 a_c 时，产生失稳扩展而很快断裂。

在疲劳宏观断口上往往有两个区域，即光滑区域和颗粒状区域。

疲劳裂纹的起始点称作疲劳源。实际构件上的疲劳源总是出现在应力集中区，裂纹从疲劳源向四周扩展。由于反复变形，裂纹的两个表面时而分离，时而挤压，这样就形成了光滑区域，即疲劳裂纹第二阶段扩展区域。

第三阶段的瞬时断裂区域表面呈现较粗糙的颗粒状。如果循环应力的变化不是稳态的，应力幅不保持恒定，裂纹扩展忽快、忽慢或者停顿，则在光滑区域上用肉眼可看到贝壳状或海滩状纹迹的疲劳弧线(图 3-7)。

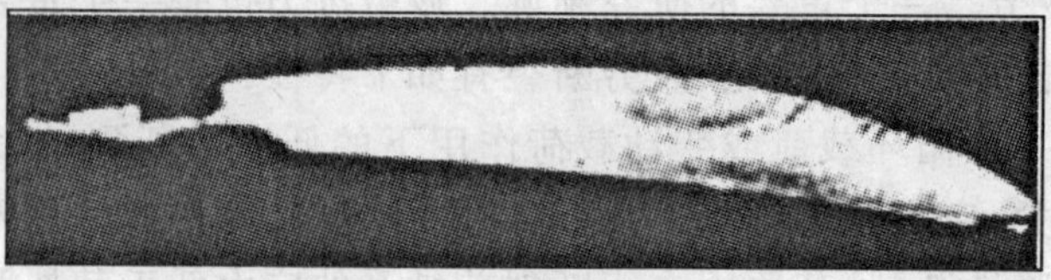

图 3-7 贝壳状疲劳弧线

3.2.5 断口形貌

与其他类型的断口一样，疲劳断口记录了断裂过程的许多信息。由于应力条件的差异，疲劳断口有其独特的特征，而这些特征又因材料本身的性质、应力大小及状态、环境因素的影响而变化，所以疲劳断口的分析是研究疲劳断裂机理、分析断裂原因的重要手段之一。

疲劳断口分析也分为宏观断口分析与微观断口分析。

1. 宏观断口形貌

根据疲劳裂纹的形成及扩展过程，典型的疲劳宏观断口可分为三个区域(也称三要素)，即疲劳源、稳扩区(疲劳裂纹的缓慢扩展区)和瞬断区(瞬时断裂区)，如图 3-8、图 3-9 所示。

图 3-8 典型疲劳断口形貌

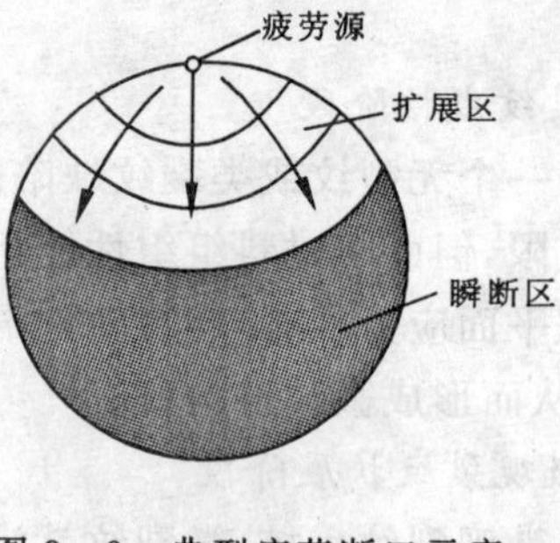

图 3-9 典型疲劳断口示意

——疲劳源是疲劳裂纹的萌生地。

该区一般在构件的表面。构件表面的组织缺陷，不恰当的结构形状(如拐角、缺口或直径的剧烈变化)、工艺缺陷(如切削刀痕)等均有可能引起局部的应力集中而诱发疲劳裂纹的萌生。在有些情况下，若在材料的次表面存在严重的冶金缺陷(如夹渣、疏松、偏折)时，按裂纹形成及扩展的强度原则，疲劳裂纹也可能在构件的次表面产生。疲劳裂纹萌生后，构件并不会立即断裂，此后还会发生裂纹的缓慢扩展过程，在这个过程中构件还会经受很多次数的应力循环，产生的断裂面还会经受反复的压合、张开及摩擦，所以在很多情况下，裂纹萌生区常被破坏以至于无法在断口上明显地看清裂纹萌生的许多细节，但是由疲劳断口的整体形貌特征仍可确定疲劳源的大体位置。

有些条件下，如受构件的受力状态、构件的形状或材料本身性质影响的原因，在一个疲劳断口中还可以出现一个以上的疲劳源区，如在承受双向弯曲的构件中可能有两个疲劳源，名义应力较高时，可能出现多个疲劳源。一般来说，可以根据疲劳源区及裂纹缓慢扩展区的形貌特征确定疲劳源的先后产生次序。

——贝纹线是疲劳裂纹缓慢扩展的重要特征和疲劳断裂的主要证据。

所谓贝纹线是指以疲劳源区为出发点向外凸出的一层一层的波纹线（图 3－8），因其外貌像贝壳的表面花纹而得名。其凹侧指向疲劳源，凸侧指向裂纹扩展方向，由此特征很容易分辨出疲劳裂纹扩展途径。贝纹线之间的间距一般不同，在靠近疲劳源区附近其间距较密，表示在此期间裂纹扩展比较缓慢，远离疲劳源区贝纹线间距较大，表示裂纹扩展速度较快。

贝纹线的产生是由于在疲劳裂纹的扩展过程中构件承受载荷的剧烈变动所引起的。这种变动不同于构件运行中正常的载荷的循环变动。机器在运行时的启动或在运动过程中的突然过载等均可能使裂纹前沿产生较大的应力而留下塑性变形的痕迹，所以贝纹线的间距与机件过载的频率有关，若过载频率较高，则贝纹线间距较密，反之则较疏。

贝纹线的粗细也与材料的性质有关，若材料的塑性较好，则贝纹线较粗而明显；反之，若材料塑性很差，贝纹线则较细，甚至不具有明显的贝纹线。

疲劳裂纹的缓慢扩展区也称为疲劳裂纹的亚临界扩展区。

——瞬断区是裂纹最后失稳扩展所形成的断口区域。

在疲劳裂纹缓慢扩散阶段，随着应力循环次数的增加，裂纹尺寸不断扩大，当裂纹长度达到临界尺寸时，由于裂纹顶端的应力场强度因子 K_{I} 达到材料的断裂韧性 $K_{\mathrm{I}c}$，或裂纹顶端由于应力集中达到材料的断裂强度 σ_b 时，裂纹会发生快速扩展导致构件最后瞬时断裂。

瞬时断裂区断口的宏观特征同静载断裂的断口一样，对于脆性材料其断口为结晶状断口，若为延性材料，在构件中部的三向应力区，其断口为放射性或人字纹花样，在构件边缘形成剪切唇。

疲劳断口的总体形貌受许多因素所控制。在不同的情况下其各区所占的比例也不相同，各类疲劳断口宏观形貌如表 3－1 所示。

表 3－1　各类疲劳断口宏观形貌的示意

加载方式	较高应力		较低应力	
	无应力集中	强应力集中	无应力集中	强应力集中
拉伸	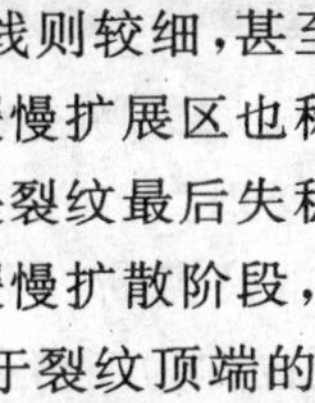	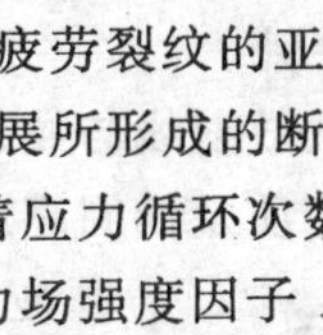	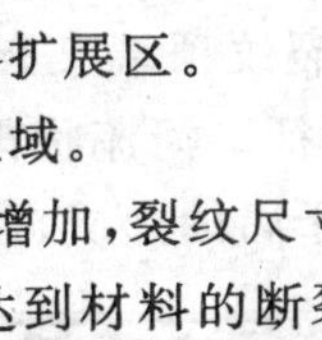	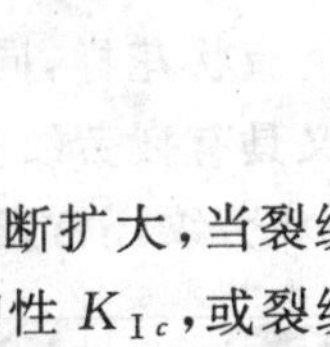
旋转弯曲	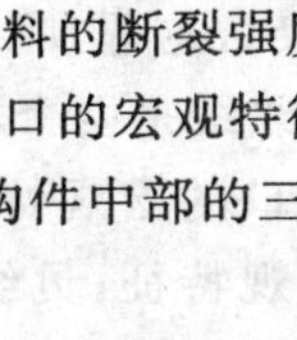	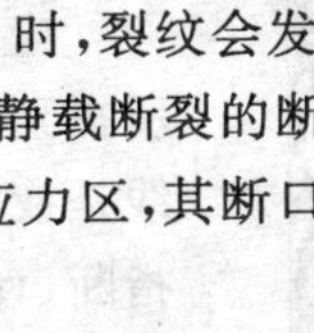	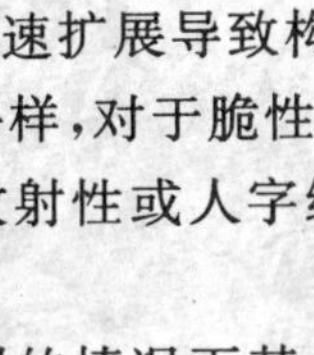	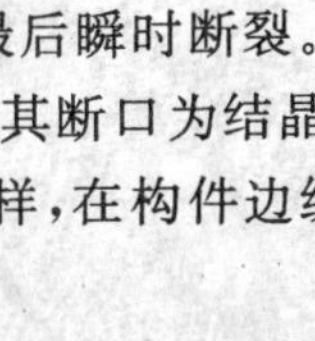

2. 微观断口形貌

疲劳纹是疲劳断口最典型的微观特征。

该特征出现于疲劳断口中裂纹缓慢扩展的区域、在高倍电子显微镜下观察，疲劳纹具有略呈弯曲并且互相平行的沟槽花样(图 3 - 10)，这是裂纹扩展时留下的微观痕迹。每一条疲劳纹可以看作是一次应力循环裂纹扩展的距离。裂纹扩展的方向与纹带垂直。在疲劳断裂的断口分析中常利用疲劳纹之间的距离分析疲劳裂纹的扩展速率。应当注意的是虽然疲劳纹是疲劳断口最典型的微观特征，但并不是在每种疲劳断口上均可观察到明显的疲劳纹。一般来说，塑性较好，如滑移系较多的面心立方金属 Al、Cu 及其合金中，其疲劳纹往往比较明显；而滑移系较少或组织状态比较复杂的钢铁材料其疲劳纹往往较短、小，甚至看不出疲劳纹。

在塑性较差的金属材料中，其疲劳断口上常产生脆性疲劳纹，也称为解理疲劳纹。与韧性疲劳纹相比，脆性疲劳纹的特征在于把解理台阶和疲劳纹两种特征结合在一起(图 3 - 11)。裂纹扩展的特点不是由于塑性变形，而主要是由于解理开裂，所以断口上有细小的晶面，它是裂纹顶端发生解理、断裂时形成的解理平面。解理平面的形成方向与裂纹扩展方向一致而与疲劳纹垂直。这些解理平面常有解理断口的特点，存在河流状花样，同时裂纹顶端又有塑性钝化，因而又具有疲劳纹的特征。河流状花样的放射线与纹带近似垂直。

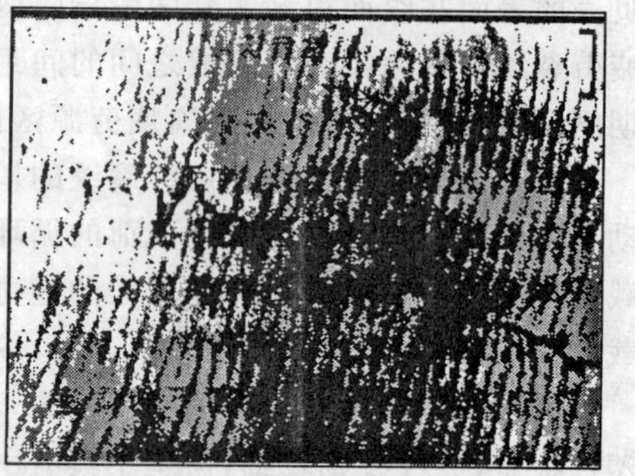

图 3 - 10　疲劳纹形貌

脆性疲劳纹还常发生于腐蚀介质、含氢介质及低周高应力的疲劳断口上。

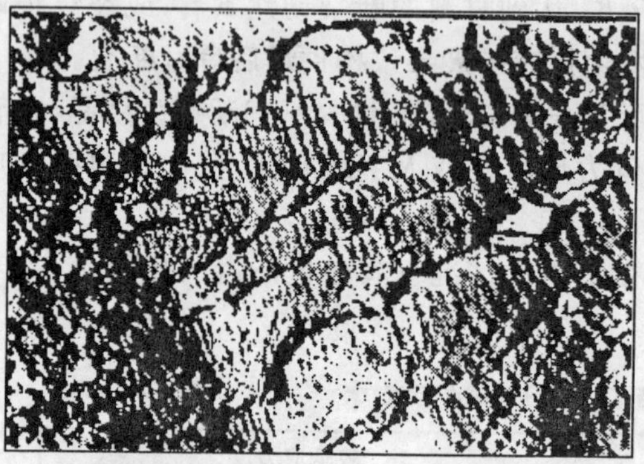

图 3 - 11　脆性疲劳纹形貌

疲劳纹也称为疲劳条纹或疲劳条带。

应该指出，这里所述的疲劳纹与前面所提到的贝纹线是两个不同的概念。贝纹线是疲劳断口的宏观特征，而疲劳纹则是指断口的微观特征；贝纹线是由于构件运行时载荷的剧烈变化所引起的，在实验室进行疲劳试验时，由于载荷平稳，可能不出现贝纹线，而疲劳纹则是每一次应力循环裂纹扩展留下的痕迹。它们都出现于疲劳裂纹的缓慢扩展区，在相邻的贝纹线之间可能有成千上万条疲劳纹。

还应当指出，疲劳纹与贝纹线可能在断口上同时出现，即既可在宏观上看到贝纹线，又可在同一断口上从微观上看到疲劳纹；两者也可以不同时出现，即在宏观上有贝纹线而微观上却看不到疲劳纹，或在微观上看得到疲劳纹却在宏观上看不到贝纹线。

3.2.6 研究方法

疲劳断裂问题，需要研究载荷谱、裂纹萌生及扩展规律、构件细节应力分析、疲劳寿命预测和抗疲劳设计方法等等。一方面，由于涉及因素多，问题复杂，难以找到解析的、普遍的寿命预测方法;另一方面,工程应用的需求迫切。因此,研究问题时必须抓住主要因素，建立简化模型,逐步深化认识。

对于载荷谱,先研究恒幅循环载荷的最简单情况,再考虑变幅载荷下的损伤累积,最后考虑随机载荷。

对于裂纹萌生及扩展规律,则先研究不含缺陷的光滑材料在恒幅循环载荷作用下的裂纹萌生规律,给出应力-寿命、应变-寿命以及不引发裂纹的疲劳极限等的基本关系;其次讨论应用于构件时所需进行的必要修正,建立裂纹萌生寿命估算方法,满足无限寿命设计、安全寿命设计的需求;再讨论含裂纹材料的断裂和疲劳裂纹扩展规律,研究断裂判据,研究在不同载荷谱作用下裂纹扩展寿命的预测,建立损伤容限设计方法。

关于寿命预测和抗疲劳设计方法,是依赖于对问题的认识水平,从不考虑裂纹向考虑裂纹,从确定性分析向可靠性分析,从控制构件和结构的安全向综合控制设计—制造—使用—维修,以安全和经济为目标,逐步发展和丰富。

此外,还应研究疲劳破坏的基本机理,不断积累、深化对于疲劳断裂破坏的更本质的认识,不断提高抗疲劳设计能力。疲劳断裂研究的基本思路如图 3－12 所示。

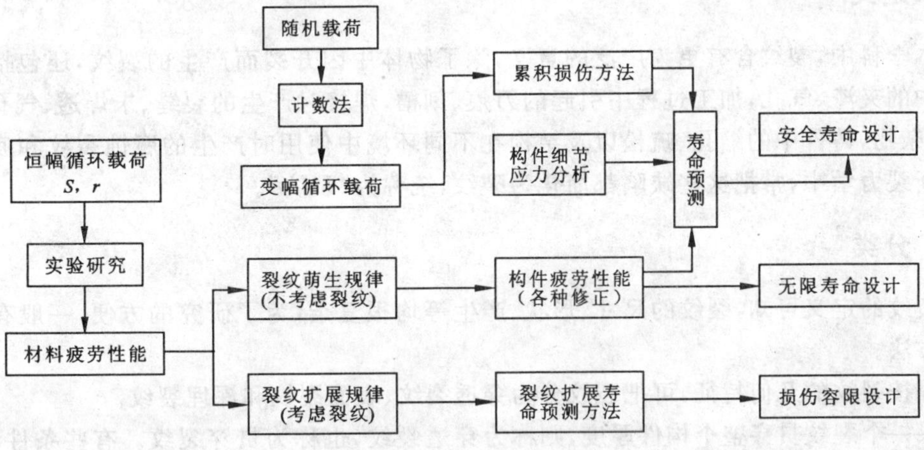

图 3－12　疲劳断裂研究基本思路框图

第4章 裂纹问题

断裂力学是研究带有裂纹的物体(简称裂纹体)在载荷等因素作用下裂纹扩展规律的一门学科,所以也称裂纹力学。这一章将讨论裂纹的定义与分类、裂纹对材料强度的影响以及探伤结果与裂纹尺寸的换算。

4.1 裂纹的定义与分类

既然断裂力学是以含有裂纹(或缺陷)的材料和结构为研究对象的,所以首先阐述什么是裂纹(或缺陷)。

4.1.1 定义

在本学科中,裂纹含有更为广泛的意义,除了物体中因开裂而产生的裂纹,还包括材料冶炼过程中的夹渣、气孔,加工过程中引起的刀痕、刻槽,焊接时产生的裂缝、未焊透、气孔、咬边、过烧、夹杂物,铸件中的缩孔、疏松以及结构在不同环境中使用时产生的腐蚀裂纹和疲劳裂纹等。在断裂力学中,常把这些缺陷都简化为裂纹,统称为“裂纹”。

4.1.2 分类

由裂纹的定义可知,裂纹的尺寸、形状、产生等均很复杂,为了研究的方便,一般有以下几种分类方法。

——按裂纹的几何特征,可把裂纹分为穿透裂纹、表面裂纹和深埋裂纹。

如果一个裂纹贯穿整个构件厚度,则称为穿透裂纹,也称为贯穿裂纹。有些条件下,虽然裂纹并没有穿透构件厚度,仅在构件的一面出现裂纹,但若其深度已达到构件厚度一半以上时,该裂纹也常按穿透裂纹处理。构件中的穿透裂纹常当作理想尖裂纹处理,即裂纹尖端的曲率半径趋近于零,这种简化偏于保守,但在实际应用中比较安全,所以工程中易于接受。

若裂纹位于构件的表面或裂纹的深度与构件的厚度相比较小,则称为表面裂纹。在工程中表面裂纹常简化为半椭圆形裂纹。裂纹处于构件内部,在表面上看不到开裂的痕迹,这种裂纹称为深埋裂纹。计算时,常简化为椭圆片状或圆片状裂纹。

——按裂纹的形状特征,可分为圆形、椭圆形、表面半圆形、表面半椭圆形以及贯穿直裂纹。

——按裂纹的产生特征,可分为疲劳裂纹、温差裂纹、焊接裂纹、腐蚀裂纹等。

——按裂纹的力学特征,分为三种类型,即Ⅰ、Ⅱ、Ⅲ型。

Ⅰ型裂纹即为张开型裂纹,如图4-1(a)所示,拉应力垂直于裂纹扩展面,裂纹上下表面沿作用力的方向张开,裂纹沿裂纹面往前扩展。工程中属于这类裂纹的,例如板中有一穿透裂纹,其方向与板所受拉应力方向垂直,或一压力容器中的纵向裂纹[图4-1(b)]等。

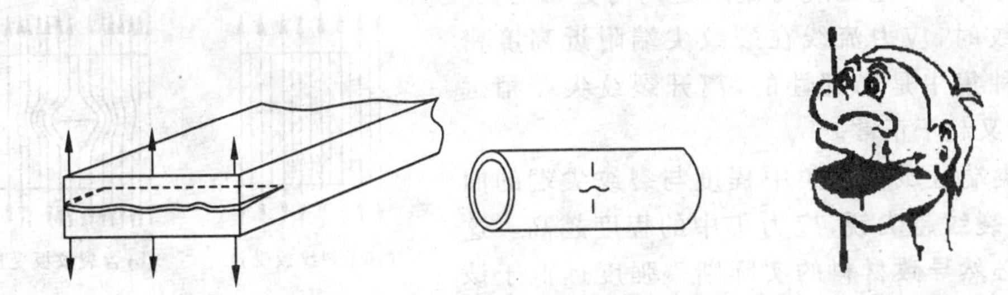

(a) 拉应力及其裂纹扩展面　(b) 压力容器中的纵向裂纹　(c) Ⅰ型裂纹示意图

图 4-1　张开型(Ⅰ型)裂纹

Ⅱ型裂纹即为滑开型裂纹。其特征为裂纹的扩展受切应力控制，切应力平行作用于裂纹面而且垂直于裂纹线，裂纹沿裂纹面平行滑开扩展[图 4-2(a)]。属于这类裂纹的有：齿轮或长键根部沿切线方向的裂纹引起的开裂；受扭转的薄壁圆管上贯穿管壁的环向裂纹在扭转力的作用下引起的开裂[图 4-2(b)]等，均属于Ⅱ型裂纹。

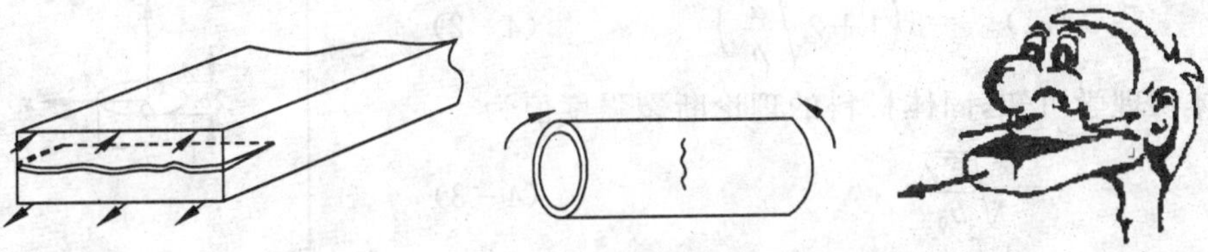

(a) 剪应力及其扩展面　(b) 压力容器中的环向裂纹　(c) Ⅱ型裂纹示意图

图 4-2　滑开型(Ⅱ型)裂纹

Ⅲ型裂纹即为撕开型裂纹。在平行于裂纹面而与裂纹前沿线方向平行的剪应力的作用下，裂纹面产生沿裂纹面的撕开扩展(图 4-3)。

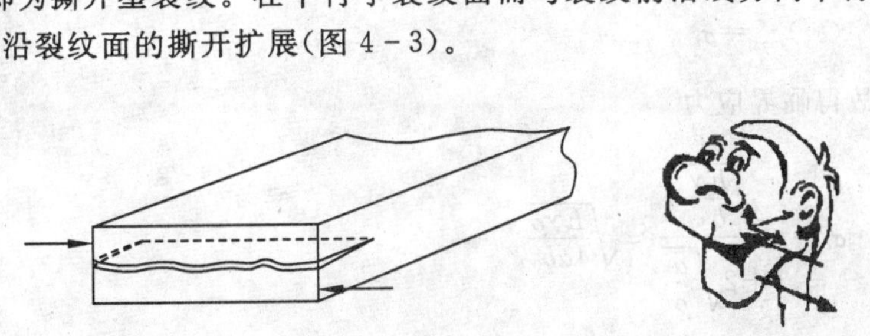

(a) 剪应力及其扩展面　(b) Ⅲ型裂纹示意图

图 4-3　撕开型(Ⅲ型)裂纹

在这三种裂纹中，以Ⅰ型裂纹最为常见，也是最为危险的一种裂纹，所以在研究裂纹体的断裂问题时，这种裂纹研究得最多。

4.2　裂纹对强度的影响

具有裂纹的弹性体受力以后，在裂纹尖端区域将产生局部应力集中现象。如图 4-4 所示的受拉板，若无裂纹，它的应力流线是均匀分布的；当存在一个裂纹时，应力流线在裂纹尖端附近高度密集。但是这种集中是局部性的，离开裂纹尖端稍远处，应力分布又趋于正常。

在裂纹尖端区域应力集中程度与裂纹尖端的曲率半径有关，裂纹越尖锐，应力集中的程度越高。这种应力集中必然导致材料的实际断裂强度远低于该材料的理论断裂强度。

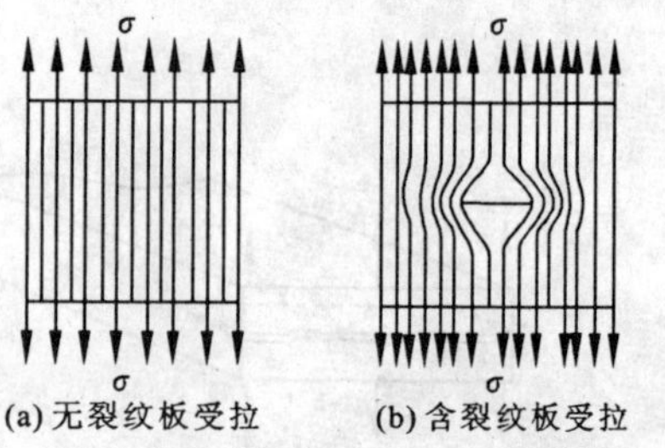

图 4-4　应力流线图

图 4-5 所示为“无限大”薄平板，承受单向均匀拉应力作用。板中存在贯穿的椭圆形切口，其长轴为 $2a$，短轴为 $2b$，这个问题在弹性力学中作过详细讨论，最大拉应力发生在椭圆长轴端点 A(或 A')处。其值为

$$(\sigma_y)_{\max}=\sigma\left(1+2\,\frac{a}{b}\right) \tag{4-1}$$

该点处的曲率半径 $\rho=\dfrac{b^2}{a}$，故式(4-1)又可写为

$$(\sigma_y)_{\max}=\sigma\left(1+2\sqrt{\frac{a}{\rho}}\right) \tag{4-2}$$

由固体物理学可知，固体材料的理论断裂强度值为

$$\sigma_t=\sqrt{\frac{E\gamma}{b_0}} \tag{4-3}$$

式中，E 为材料弹性模量；γ 为固体材料的表面能密度；b_0 为固体材料的原子间距。

按照传统强度观点，当切口端点处的最大应力达到材料的理论强度时，材料断裂，即

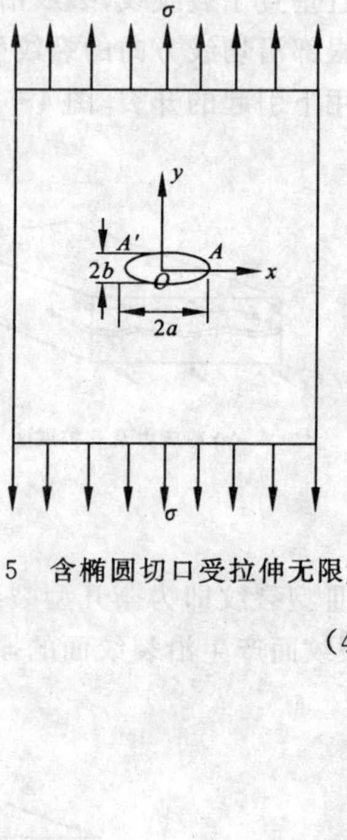

图 4-5　含椭圆切口受拉伸无限大板

$$(\sigma_y)_{\max}=\sigma_t \tag{4-4}$$

因为 $\dfrac{a}{\rho}\gg 1$，故得临界应力

$$\sigma_c=\frac{\sqrt{\dfrac{E\gamma}{b_0}}}{1+2\sqrt{\dfrac{a}{\rho}}}\approx\sqrt{\frac{E\gamma\rho}{4ab_0}} \tag{4-5}$$

由(4-5)式可见，当为理想尖裂纹($\rho\to 0$)时，$\sigma_c\to 0$，这就意味着不管承受的应力 σ 值为多大，裂纹尖端的局部应力都会超过 σ_c。也就是说，固体一旦有了理想尖裂纹，就不再有强度了，这显然与事实不符。这一疑问的答案正是连续介质力学与弹性理论的界限。因为固体是由原子组成的，因此，当固体材料中的缺陷是尖裂纹缺陷时，就可用原子间距 b_0 代替裂尖曲率半径 ρ，(4-5)式可以写为

$$\sigma_c=\sqrt{\frac{E\gamma}{4a}} \tag{4-6}$$

这表明，当固体有非常尖锐的裂纹存在时，固体材料的实际断裂强度较理论断裂强度低得多。研究表明，固体材料的表面能密度值 $\gamma=0.01b_0E$ 时，如果取宏观裂纹尺寸 $2a\approx 5\,000b_0$，

则其断裂应力比材料的理论值降低约 100 倍。这就从应力集中观点解释了固体材料的实际断裂强度远较其理论强度为低这一客观事实。

从(4-6)式可见,当应力达到 σ_c 值时,裂纹开裂,而使裂纹长度 $2a$ 增加,这样又将使 σ_c 值降低,则裂纹继续扩展,最后导致整个固体材料断裂,所以它是裂纹失稳扩展的条件。

4.3 裂纹探伤的尺寸换算

工程结构中裂纹(缺陷)尺寸的大小,往往需要根据无损检测探伤结果加以换算而确定。目前流行的无损探伤技术有超声波探伤、磁粉探伤和萤光粉探伤等技术。而缺陷的测量又与无损检测方法、探伤所用的仪器精度及探伤者的经验有关,同时还受到材料特性、裂纹形状位置、构件表面粗糙度、构件形状、工作环境等多种因素的影响。

然而下面几点是可以确定的:

(1)对确定的探伤设备及方法,就具体的结构而言,缺陷小于某一界限值后就探测不到了,设该界限值为 a_0。因此,如果结构中含有这种尺寸为 a_0 的缺陷时,探伤设备也没有显示,此时应假设结构中有 a_0 尺寸的初始缺陷。裂纹的检测概率曲线可以通过统计测定确定(详见第 9 章)。

(2)将探伤结果与解剖后实测缺陷尺寸对比,可大致得到经验探伤结果与真实缺陷的换算比。例如对超声波探伤,前苏联、英国、德国的研究表明,实际缺陷面积是探伤缺陷面积的 2~3 倍。德国得到的实际缺陷面积是探伤面积的 2.25 倍。我国在用超声波探伤方法时,实际缺陷面积与探伤缺陷面积之比,一般亦取 2~3 倍。例如某汽轮机厂对叶轮剖解,分析 100 个缺陷,其中 50 个缺陷在面积上比探伤结果放大了 2.7 倍。

实际计算时还可以引入安全系数。如派森斯(Parsons)公司评定汽轮机的中压和低压转子时,保守地假定实际缺陷面积为仪器指示的 4 倍。

在第 8 章中将具体分析裂纹尖端的应力场、应变场和位移场,在第 13 章中将具体研究疲劳裂纹的扩展规律和寿命估算。

第5章　平面问题

物体在空间力系的作用下，其应力和应变状态是空间坐标的函数，弹性力学问题一般是空间问题。当物体具有某种特殊形状，且受到某一具有特定规律分布的载荷作用时，空间问题可以近似地作为弹性平面问题处理，使问题的求解可以较大地简化，而精度仍能满足工程的要求。

根据应力和应变的特征，弹性力学的平面问题可以分为平面应变和平面应力问题，本章主要介绍平面问题的基本方程和求解方法，为第8章断裂力学平面问题的应力分析作准备。

5.1　弹性力学问题

弹性力学是固体力学的重要分支，研究弹性物体在外力和其他外界因素作用下产生的变形和内力，称为弹性理论。它是材料力学、结构力学、塑性力学和某些交叉学科的基础，广泛应用于建筑、机械、土木、航天等工程领域。

弹性体是变形体的一种，它的特征为：在外力作用下物体变形，当外力不超过某一极限时，除去外力后物体即恢复原状。绝对弹性体是不存在的。物体在外力除去后的残余变形很小时，一般就把它当作弹性体处理。

5.1.1　基本方程

由应力分析、应变分析和应力应变分析可以得到弹性力学空间问题的平衡方程、几何方程及物理方程，合并在一起即构成了求解弹性力学问题的基本方程组。

——平衡方程为

$$\left.\begin{aligned}
&\frac{\partial\sigma_x}{\partial x}+\frac{\partial\tau_{xy}}{\partial y}+\frac{\partial\tau_{xz}}{\partial z}+X=0\\
&\frac{\partial\tau_{yx}}{\partial x}+\frac{\partial\sigma_y}{\partial y}+\frac{\partial\tau_{yz}}{\partial z}+Y=0\\
&\frac{\partial\tau_{zx}}{\partial x}+\frac{\partial\tau_{zy}}{\partial y}+\frac{\partial\sigma_z}{\partial z}+Z=0
\end{aligned}\right\}\tag{5-1}$$

或

$$\sigma_{ij,j}+F_i=0\tag{5-2}$$

——几何方程为

$$\left.\begin{aligned}
&\varepsilon_x=\frac{\partial u}{\partial x},\quad {}_y=\frac{\partial v}{\partial y},\quad \varepsilon_z=\frac{\partial w}{\partial z}\\
&\gamma_{xy}=\frac{\partial u}{\partial y}+\frac{\partial v}{\partial x}\\
&\gamma_{yz}=\frac{\partial v}{\partial z}+\frac{\partial w}{\partial y}\\
&\gamma_{zx}=\frac{\partial w}{\partial x}+\frac{\partial u}{\partial z}
\end{aligned}\right\}\tag{5-3}$$

或　　$$\varepsilon_{ij}=\frac{1}{2}(u_{i,j}+u_{j,i}) \tag{5-4}$$

——物理方程为(用应力表示应变的关系式)

$$\left.\begin{aligned}
\varepsilon_x&=\frac{1}{E}[\sigma_x-\mu(\sigma_y+\sigma_z)]\\
\varepsilon_y&=\frac{1}{E}[\sigma_y-\mu(\sigma_x+\sigma_z)]\\
\varepsilon_z&=\frac{1}{E}[\sigma_z-\mu(\sigma_x+\sigma_y)]\\
\gamma_{xy}&=\frac{1}{G}\tau_{xy}\\
\gamma_{yz}&=\frac{1}{G}\tau_{yz}\\
\gamma_{zx}&=\frac{1}{G}\tau_{zx}
\end{aligned}\right\} \tag{5-5}$$

或　　$$\varepsilon_{ij}=\frac{1+\mu}{E}\sigma_{ij}-\frac{\mu}{E}\delta_{ij}\Theta \tag{5-6}$$

式中，E 为弹性模量；μ 为泊松比；G 为剪切弹性模量；$\Theta=\sigma_x+\sigma_y+\sigma_z$。

物理方程也可用应变表示应力的关系式表示，即

$$\left.\begin{aligned}
\sigma_x&=\lambda\Theta+2G\varepsilon_x\\
\sigma_y&=\lambda\Theta+2G\varepsilon_y\\
\sigma_z&=\lambda\Theta+2G\varepsilon_z\\
\tau_{xy}&=G\gamma_{xy}\\
\tau_{yz}&=G\gamma_{yz}\\
\tau_{zx}&=G\gamma_{zx}
\end{aligned}\right\} \tag{5-7}$$

或　　$$\sigma_{ij}=\lambda\delta_{ij}\Theta+2G\varepsilon_{ij}$$

式中，$\Theta=\varepsilon_x+\varepsilon_y+\varepsilon_z$，为体积应变；$\lambda=\dfrac{E\mu}{(1-2\mu)(1+\mu)}$。

总起来看，在上述各方程组中，有 15 个独立方程联系着 15 个未知数，这一组方程就是求解弹性力学问题的基本方程组。

弹性力学方程组反映了一个物体内部的应力、应变和位移变化所遵循的普遍规律，但是只靠这 15 个方程还不能解决实际问题，对于每一个具体问题还必须根据其边界状况提出适当的边界条件，与基本方程组构成一个完整的微分方程边值问题，这样才能得到特定问题的解答。

5.1.2　边界条件

所谓边界条件，是指在物体边界上(即表面上)给定的外力和位移的情况。按给定边界条件的性质，可有三种类型的边界条件。

——应力边界条件。

它给出了物体全部边界上的面力分布，即给出了物体表面上每一点处的三个面力分量，如

$$\left.\begin{aligned}
X_V&=F_1(x,y,z)\\
Y_V&=F_2(x,y,z)\\
Z_V&=F_3(x,y,z)
\end{aligned}\right\} \tag{5-8}$$

则外力与物体中的应力关系为

$$\left.\begin{aligned}X_V&=\sigma_x l+\tau_{xy}m+\tau_{xz}n\\Y_V&=\tau_{yx}l+\sigma_y m+\tau_{yz}n\\Z_V&=\tau_{zx}l+\tau_{zy}m+\sigma_z n\end{aligned}\right\}\tag{5-9}$$

或

$$\sigma_{ij}n_j=F_i\tag{5-10}$$

这类边界条件即称为外应力边界条件，也称为第一类边界条件。

——位移边界条件。

若物体表面上的位移为已知，如

$$u_1=\varphi_1(x,y,z),\ v_1=\varphi_2(x,y,z),\ w_1=\varphi_3(x,y,z)$$

即物体边界上任一点的位移可用 u_1，v_1，w_1 描述，这类问题称为位移边界条件，也称为第二类边界条件。

——混合边界条件。

若在物体的部分边界上给定应力，另一部分边界上给定位移，则称为混合边界条件，显然也称为第三类边界条件。

5.2　平面问题基本方程组

线弹性断裂力学问题可以简化为线弹性的平面问题。

根据物体的几何形状特征和力的作用特征，线弹性的平面问题可以分为平面应力问题与平面应变问题。

5.2.1　平面应变问题的基本方程组

如果将平面应变问题作为空间问题的一个特例，其方程数目可减少为 8 个（即 4 个方程组），需要求解的未知数也为 8 个，其方程如下。

——平衡方程为

$$\left.\begin{aligned}\frac{\partial\sigma_x}{\partial x}+\frac{\partial\tau_{xy}}{\partial y}+X=0\\\frac{\partial\tau_{yx}}{\partial x}+\frac{\partial\sigma_y}{\partial y}+Y=0\end{aligned}\right\}\tag{5-11}$$

——几何方程为

$$\left.\begin{aligned}\varepsilon_x&=\frac{\partial u}{\partial x}\\\varepsilon_y&=\frac{\partial v}{\partial y}\\\gamma_{xy}&=\frac{\partial u}{\partial y}+\frac{\partial v}{\partial x}\end{aligned}\right\}\tag{5-12}$$

——物理方程为

$$\left.\begin{aligned}\varepsilon_x&=\frac{1}{E_1}(\sigma_x-\mu'\sigma_y)\\\varepsilon_y&=\frac{1}{E_1}(\sigma_y-\mu'\sigma_x)\\\gamma_{xy}&=\frac{\partial u}{\partial y}+\frac{\partial v}{\partial x}\end{aligned}\right\}\tag{5-13}$$

或

$$\left.\begin{aligned}\sigma_x&=\frac{E_1}{1-\mu'^2}(\varepsilon_x+\mu'\varepsilon_y)\\\sigma_y&=\frac{E_1}{1-\mu'^2}(\varepsilon_y+\mu'\varepsilon_x)\\\tau_{xy}&=\frac{E_1}{2(1+\mu')}\gamma_{xy}\end{aligned}\right\}\tag{5-14}$$

式中，$E_1=\dfrac{E}{1-\mu^2}$；$\mu'=\dfrac{\mu}{1-\mu}$；E 为弹性模量；μ 为泊松比。

——相容方程为

$$\frac{\partial^2\varepsilon_x}{\partial y^2}+\frac{\partial^2\varepsilon_y}{\partial x^2}==\frac{\partial^2\gamma_{xy}}{\partial x\partial y}\tag{5-15}$$

——边界条件为

$$\left.\begin{aligned}X_V&=\sigma_x l+\tau_{xy}m\\Y_V&=\tau_{yx}l+\sigma_y m\end{aligned}\right\}\tag{5-16}$$

5.2.2 平面应力问题的基本方程组

对于平面应力问题，未知数的数量也可减少为 8 个，其 8 个偏微分方程如下。

——平衡方程为

$$\left.\begin{aligned}&\frac{\partial\sigma_x}{\partial x}+\frac{\partial\tau_{xy}}{\partial y}+X=0\\&\frac{\partial\tau_{yx}}{\partial x}+\frac{\partial\sigma_y}{\partial y}+Y=0\end{aligned}\right\}\tag{5-17}$$

——几何方程为

$$\left.\begin{aligned}\varepsilon_x&=\frac{\partial u}{\partial x}\\\varepsilon_y&=\frac{\partial v}{\partial y}\\\gamma_{xy}&=\frac{\partial u}{\partial y}+\frac{\partial v}{\partial x}\end{aligned}\right\}\tag{5-18}$$

——物理方程为

$$\left.\begin{aligned}\varepsilon_x&=\frac{1}{E}(\sigma_x-\mu\sigma_y)\\\varepsilon_y&=\frac{1}{E}(\sigma_y-\mu\sigma_x)\\\gamma_{xy}&=\frac{2(1+\mu)}{E}\tau_{xy}\end{aligned}\right\}\tag{5-19}$$

——相容方程为

$$\frac{\partial^2 \varepsilon_x}{\partial y^2}+\frac{\partial^2 \varepsilon_y}{\partial x^2}==\frac{\partial^2 \gamma_{xy}}{\partial x \partial y} \tag{5-20}$$

——边界条件为

$$\left.\begin{aligned} X_V&=\sigma_x l+\tau_{xy} m \\ Y_V&=\tau_{yx} l+\sigma_y m \end{aligned}\right\} \tag{5-21}$$

5.3 平面问题应力法求解

5.3.1 平面问题基本方程组

在平面应变或平面应力问题中，其求解方程数目为 8 个，其中有 2 个力的平衡方程、3 个几何方程、3 个物理方程以及形变连续方程。求解平面问题时，利用上述 8 个方程的相互关系，消去一些未知量，可得到 3 个基本求解方程为

$$\left.\begin{aligned} &\frac{\partial \sigma_x}{\partial x}+\frac{\partial \tau_{xy}}{\partial y}+X=0 \\ &\frac{\partial \tau_{yx}}{\partial x}+\frac{\partial \sigma_y}{\partial y}+Y=0 \\ &\nabla^2(\sigma_x+\sigma_y)=-\frac{1}{1-\mu}\left(\frac{\partial X}{\partial x}+\frac{\partial Y}{\partial y}\right)(\text{平面应变}) \\ &\nabla^2(\sigma_x+\sigma_y)=-(1+\mu)\left(\frac{\partial X}{\partial x}+\frac{\partial Y}{\partial y}\right)(\text{平面应力}) \end{aligned}\right\} \tag{5-22}$$

对比平面应变与平面应力问题的求解方程组可以看出，若体积力 X、Y 为常数，X、Y 与坐标无关，即 $\frac{\partial X}{\partial x}+\frac{\partial Y}{\partial y}=0$，则平面应变与平面应力问题的求解方程组具有完全相同的形式，即

$$\left.\begin{aligned} &\frac{\partial \sigma_x}{\partial x}+\frac{\partial \tau_{xy}}{\partial y}+X=0 \\ &\frac{\partial \tau_{yx}}{\partial x}+\frac{\partial \sigma_y}{\partial y}+Y=0 \\ &\nabla^2(\sigma_x+\sigma_y)=0 \end{aligned}\right\} \tag{5-23}$$

对于平面应变或平面应力条件下的断裂问题，利用式(5-23)及问题的边界条件可求出三个应力分量 σ_x、σ_y、τ_{xy}，再利用其余关系式可求出三个应变分量 ε_x、ε_y、γ_{xy} 及两个位移分量 u、v。应当注意的是，虽然平面应变与平面应力问题具有完全相同的形式，但是，由于两种问题具有不同的边界条件且物理方程有差异，这两种问题的求解结果是不会相同的。

5.3.2 平面问题应力函数解

由弹性力学平面问题的求解方法可知，求解方程组(5-23)可归结为要求出一个应力函数 φ(Airy 应力函数)，该函数满足问题的边界条件、满足双调和方程，即

$$\nabla^4 \varphi=0$$

则应力分量可以用下式求出

$$
\left.\begin{aligned}
&\sigma_x=\frac{\partial^2\varphi}{\partial y^2}\\
&\sigma_y=\frac{\partial^2\varphi}{\partial x^2}\\
&\tau_{xy}=-\frac{\partial^2\varphi}{\partial x\partial y}\\
&\sigma_z=0 \qquad \text{(平面应力)}\\
&\sigma_z=\varphi(\sigma_x+\sigma_y) \qquad \text{(平面应变)}
\end{aligned}\right\} \tag{5-24}
$$

将 σ_x、σ_y、τ_{xy} 代入物理方程，便可求出应变分量为

$$
\left.\begin{aligned}
&\varepsilon_x=\frac{1}{2G(1+\mu')}(\sigma_x-\mu'\sigma_y)\\
&\varepsilon_y=\frac{1}{2G(1+\mu')}(\sigma_y-\mu'\sigma_x)\\
&\gamma_{xy}=\frac{1}{G}\tau_{xy}
\end{aligned}\right\} \tag{5-25}
$$

式中，μ 为泊松比；G 为剪切弹性模量，$G=\dfrac{E}{2(1+\mu')}$。

$$\mu'=\mu \qquad \text{(平面应力)}$$

$$\mu'=\frac{\mu}{1-\mu} \qquad \text{(平面应变)}$$

断裂理论篇

第6章　格里菲斯裂口断裂理论

20 世纪 20 年代初，英国科学家格里菲斯(Griffith)最先应用能量原理的方法对玻璃、陶瓷等脆性材料进行了断裂分析，不仅有力地驳斥了“英格里斯(Inglis)奇论”，而且成功地解释了“为什么玻璃等材料的实际断裂强度比用分子结构理论所预期的强度低得多”的问题，更重要的是建立了断裂应力、裂纹尺寸与材料性质三者之间的关系，奠定了线弹性断裂力学的理论基础。

6.1　理论描述

裂口断裂理论主要利用了应力集中的观点和英格里斯关于裂纹体的应力分析结果。

6.1.1　研究背景

早在 20 世纪初，人们在使用各种材料尤其是金属材料的长期实践中，就已经观察到大量的断裂现象，并注意到结构的脆性断裂问题。在 1913 年，英格里斯对平板椭圆孔引起的应力集中进行了分析，分析结果表明，带裂纹的构件根本承受不了任何外载，称为“英格里斯奇论”。

格里菲斯解决了英格里斯的上述奇论。在 20 世纪 20 年代初，格里菲斯研究了玻璃平板的脆断问题，试图解释玻璃的实际强度远低于理论强度的矛盾。格里菲斯以材料内部存在缺陷的观点提出：在一定条件下微小缺陷或裂纹将失稳扩展，从而导致材料或结构的破坏。他推测玻璃内部的细小缺陷或裂纹引起应力集中，使断裂在较低的名义应力下发生。进而，格里菲斯还从能量观点出发提出了裂纹失稳扩展条件：如果裂纹扩展释放的弹性应变能克服了材料阻力所做的功，则裂纹失稳扩展。在此基础上还推导出含裂纹构件发生断裂时的应力。

6.1.2　主要内容

从玻璃工业的实际经验中，格里菲斯认识到微小裂纹对玻璃强度有很大的影响，并从中得到启发，材料的实际强度比理论强度低得多的原因可能是由于材料中微裂纹的存在。1920 年，格里菲斯提出：

——脆性材料中存在微裂纹，在外力作用下裂纹尖端引起的应力集中会大大地降低材料的断裂强度；

——对应于一定尺寸的裂纹 a，有一临界应力值 σ_c，当外加应力大于 σ_c 时，裂纹便迅速扩展而导致材料断裂；

——裂纹扩展的条件是裂纹扩展所需要的表面功能由系统所释放的弹性应变能所提供。

6.2　断裂分析

1921 年，在英格里斯工作的基础上，格里菲斯利用能量原理的方法，分析了物体中存在的裂纹长度对开裂应力的影响，并首次得出了脆性材料中的这种定量关系。

下面讨论格里菲斯的分析方法。

6.2.1　能量分析

设有一相当大的板状试样，单位厚度($B=1$)，上下端施加均布载荷 σ。达到稳定状态后把上下端固定起来，构成能量的封闭体系，此时板中储存的初始弹性应变能 U_0 为

$$U_0=\frac{1}{2}\sigma\varepsilon V=\frac{1}{2}\sigma\frac{\sigma}{E}V=\frac{\sigma^2}{2E}V \tag{6-1}$$

式中，$\frac{1}{2}\sigma\varepsilon$ 为弹性应变能密度，表示单位体积物体中储存的弹性应变能，在此条件下，应力应变满足虎克定律 $\varepsilon=\frac{\sigma}{E}$；$V$ 为板的体积。

如图 6-1 所示。设想在板上割开一个垂直于拉伸方向的穿透裂纹，长度为 $2a$(若为边缘裂纹时，长度为 a)，出现裂纹以后，裂纹的上下表面不再有应力，所以靠近裂纹表面区域的应力、应变被松弛，系统将释放出部分能量，格里菲斯从整个试样的应力和应变分布计算了其释放的能量为

$$\left.\begin{aligned}U_1&=-\frac{\pi\sigma^2a^2}{E}\quad(\text{平面应力})\\U_1&=-\frac{\pi(1-\mu^2)\sigma^2a^2}{E}\quad(\text{平面应变})\end{aligned}\right\} \tag{6-2}$$

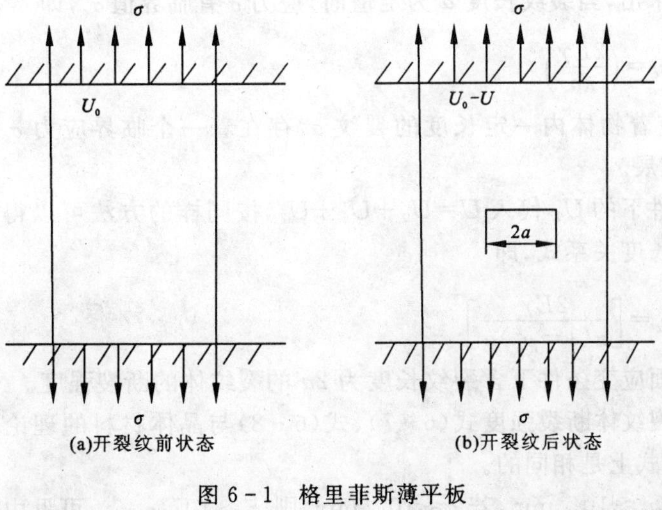

图 6-1　格里菲斯薄平板

割开长度为 $2a$ 的裂纹以后，形成了裂纹表面，从而增加了表面能，设 γ 为单位面积的表面能，则新增加的表面能为(厚度 $B=1$)

$$U_2=4a\gamma \tag{6-3}$$

因此，在形成裂纹后平面应力条件下系统总的能量 U 为

$$U=U_0+U_1+U_2=\frac{\sigma^2}{2E}V-\frac{\pi\sigma^2 a^2}{E}+4a\gamma \tag{6-4}$$

式(6-4)中，E、π、V、γ 均为常数，所以系统内能是外加应力与裂纹长度的函数。

6.2.2 结果分析

下面考察系统内能与裂纹长度或外加应力之间的关系。

将式(6-4)对裂纹长度 a 求一次偏微分并令其为零，有

$$\frac{\partial U}{\partial a}=\frac{2\pi\sigma^2 a}{E}+4\gamma=0 \tag{6-5}$$

式(6-5)表明，当裂纹扩展单位面积释放的应变能恰好等于形成其自由表面所需之表面能时，裂纹就处于不稳定平衡状态；若裂纹扩展单位面积释放的应变能大于形成其自由表面所需之能量，裂纹就会失稳扩展而断裂；当然若此应变能小于形成其自由表面所需之能量，裂纹就不会扩展(处于静止状态)。

若给定应力，则裂纹长度有一临界值 a_c，且

$$a_c=\frac{2E\gamma}{\pi\sigma^2} \tag{6-6}$$

该式表明，当裂纹长度等于上式时，系统内能具有极值，其二次偏微分为

$$\frac{\partial^2 U}{\partial a^2}=-\frac{2\pi\sigma^2}{E}<0$$

所以当 $a_c=\frac{2E\gamma}{\pi\sigma^2}$时，系统内能有极大值。该式说明，当裂纹长度 $a<a_c$ 时，a 的增加会引起系统内能的增加，若外界无能量补充，则裂纹不会扩展；若 $a>a_c$，裂纹长度的增加会引起系统内能的下降，所以裂纹的扩展是自发趋势，裂纹将失稳扩展。

由式(6-5)可求出，当裂纹长度 a 为定值时，应力 σ 有临界值 σ_c，即

$$\sigma_c=\left(\frac{2E\gamma}{\pi a}\right)^{\frac{1}{2}} \tag{6-7}$$

该式表明，对应着物体内一定长度的裂纹 a，存在着一个临界应力 σ_c，当外加应力 $\sigma>\sigma_c$ 时，裂纹便会失稳扩展。

将平面应变条件下的 U_1 代入 $U=U_0+U_1+U_2$，按同样的方法可以得到平面应变条件下的临界应力与裂纹长度关系式，即

$$\sigma_c=\left[\frac{2E\gamma}{\pi(1-\mu^2)a}\right]^{\frac{1}{2}} \tag{6-8}$$

该式表示在平面应变条件下含裂纹长度为 $2a$ 的裂纹体的断裂强度。

比较格里菲斯裂纹体断裂强度式(6-7)、式(6-8)与晶体材料的理论断裂强度式(2-6)可以看出，它们在形式上是相同的。

作数量级估计，$a_0\approx10^{-9}$ mm，若 $a\approx10^{-1}$ mm，则 $\sigma_c\approx10^{-4}\sigma_{max}$。可见由于裂纹的存在显著

降低了材料的断裂强度。

由裂纹体断裂强度式(6－6)、式(6－7)还可以看出,承受拉应力时,若材料中存在的裂纹尺寸 a 越大,则材料的临界开裂应力越小,材料的强度也就会越低。

6.2.3　重要结论

将式(6－7)、式(6－8)改写为以下形式

$$\sigma_c\sqrt{a}=\begin{cases}\left[\dfrac{E\gamma}{\pi}\right]^{\frac{1}{2}} & \text{(平面应力)}\\ \left[\dfrac{2E\gamma}{\pi(1-\mu^2)}\right]^{\frac{1}{2}} & \text{(平面应变)}\end{cases} \tag{6-9}$$

式(6－9)的右边为常数项,均仅与材料本身的特性有关,由此可得出

$$\sigma_c\sqrt{a}=\text{常数} \tag{6-10}$$

式(6－10)表明,材料的断裂应力 σ 和材料中存在的裂纹长度 $\sqrt{a}$ 之积为一常数,该常数反映了材料抵抗断裂的能力。这是一个非常重要的结论,这一概念在断裂力学中得到了充分的应用与发展。

6.2.4　格里菲斯裂纹

现在把式(6－7)与式(2－6)作一比较,因为两式左端为同一量,所以有

$$\sigma_c=\sqrt{\frac{2E\gamma}{\pi a}}=\sqrt{\frac{E\gamma\rho}{4ab_0}}=\sqrt{\left(\frac{2E\gamma}{\pi a}\right)\left(\frac{\pi\rho}{8b_0}\right)}$$

或

$$\rho=\frac{8}{\pi}b_0 \tag{6-11}$$

因此,当裂纹尖端的曲率半径满足

$$0\leqslant\rho\leqslant\frac{8}{\pi}b_0 \tag{6-12}$$

时,式(6－7)和式(2－6)相当。往往把满足式(6－12)的裂纹,称为格里菲斯裂纹。

格里菲斯理论研究仅限于材料是完全脆性的情况,而绝大多数金属材料断裂前裂尖存在塑性区域,不能应用该理论,这就是格里菲斯理论长期得不到重视的原因。

6.3　理论修正

应当注意的是,在格里菲斯公式的导出过程中,没有考虑物体在断裂过程中发生塑性变形而消耗的塑性变形功,所以上述公式仅适用于脆性断裂或裂纹顶端的塑性变形可以被忽略的情况。

6.3.1　G－O－I理论

格里菲斯在他的著作中讨论了如何修正上述脆断理论,以适用于非理想脆性材料的理论假设。但该设想的实施却是由英国人奥罗万(Orowan)和美国人欧文(Irwin)各自独立完成的。

对金属材料而言，断裂时所消耗的塑性变形功远大于材料断裂时新表面的表面能(4～6个数量级)，所以在格里菲斯公式提出30年后，1947年奥罗万和1948年欧文在分析了金属构件的断裂现象后几乎同时对格里菲斯公式提出了修正。他们认为产生裂纹所释放的应变能不仅能转化为表面能，也应转化为裂纹前沿的塑性应变功，而且由于塑性应变功比表面能大很多，以至于可以不考虑表面能的影响。以上观点称为G-O-I理论。

欧文论证了：①塑性变形仅局限于裂纹尖端(即塑性区尺寸远小于 a 或其他特征尺寸)；②裂纹扩展所释放的机械能大部分消耗于裂纹尖端的塑性变形功；③塑性功的大小足以表征材料的断裂性能，若以上假设成立，就可以把格里菲斯脆断理论扩展到工程准脆性材料。

这时材料的临界断裂应力的表达式修正为

$$\sigma_c=\left[\frac{2E(\gamma+U_p)}{\pi a}\right]^{\frac{1}{2}} \tag{6-13}$$

其中，U_p 为塑性变形功，由于 $\gamma \ll U_p$，所以上式中 γ 可以略去，则有

$$\sigma_c=\left(\frac{2EU_p}{\pi a}\right)^{\frac{1}{2}} \tag{6-14}$$

奥罗万在显微观察中确实看到了裂纹面表层的塑性流动，并给出了形成 U_p 的物理机理和预测公式。

奥罗万虽然对格里菲斯公式提出了修正，但其思考方法仍属于格里菲斯处理断裂问题的范畴。奥罗万公式虽然有所进步，但仍未超出经典的格里菲斯公式的范围，而且同表面能一样，形变功 U_p 也是难以测量的，因而该式仍难以实现工程上的应用。

6.3.2 存在问题

由式(2-6)可知，对于晶体材料，其理论断裂强度为

$$\sigma=\left(\frac{E\gamma}{a_0}\right)^{\frac{1}{2}} \tag{6-15}$$

式中，E 为该材料的弹性模量；γ 为其表面能密度；a_0 为相邻原子的平衡距离。

若将金属中的一般数据代入式(6-15)中，便可求得理论断裂强度。

作为数量级估计

$$\gamma \approx 0.01Ea_0 \tag{6-16}$$

$$\sigma_{max} \approx 0.1E \tag{6-17}$$

将铁、铝、铜的 E 值214 000MPa、72 000MPa、121 000MPa分别代入式(6-17)中，则它们的理论断裂强度分别为21 400MPa、7 200MPa及12 100MPa，实际上，它们的断裂强度仅约为250MPa、80MPa、200MPa，其理论与实际断裂强度相差几个数量级。值得注意的是，这种理论值与实际值的差别不能认为是由于计算时条件设定的误差或计算误差所引起的。有人采用了晶体结构比较完整的晶体进行了强度试验，其结果表明，在数量级上与式(6-17)所示的结果相近，这一事实促使人们认识到晶体中的缺陷即位错的存在对晶体强度的巨大影响。

格里菲斯假定材料中存在原始的裂纹，从能量平衡的角度导出了材料断裂应力为

$$\sigma_c=\left(\frac{2E\gamma}{\pi a}\right) \tag{6-18}$$

式中，E、γ 分别为材料的弹性模量及表面能密度；a 为材料中存在的裂纹的半长度。

该理论在用于处理玻璃等脆性材料的强度评估方面取得了巨大的成功，但在应用于解释金属材料的断裂强度时却存在着明显的不合理的现象。格里菲斯裂口理论认为，材料的实际强度与理论强度存在巨大差别的原因是材料中存在着一定尺寸的裂纹，这种裂纹就称之为格里菲斯裂纹，材料科学工作者也曾试图在金属材料中找出这种裂纹，经过努力，其结论为：不能认为在金属中事先就存在着一定尺寸的裂纹。

格里菲斯理论认为材料低应力脆性断裂的原因是由于裂纹顶端的应力集中使局部应力达到很大值，以至高于材料的强度极限而导致裂纹的扩展直至断裂。对于金属材料而言，即使存在裂纹，其裂纹顶端的应力也未必能达到其理论断裂强度而引起断裂，因为对金属而言，当应力高达一定程度以后总会或多或少地发生塑性变形，而这种塑性变形会松弛裂纹顶端的应力；另外，随着裂纹的生核、长大，均伴随着塑性变形的发生，这种塑性变形需要一定的能量，而且研究表明，塑性变形能比表面能要大几个数量级，例如对低碳钢的脆性断口而言，其塑性变形能大约为 $105 J/m^2$，而其表面能仅为 $1 J/m^2$，在格里菲斯理论分析的能量平衡计算中，并没有包含这一部分能量，此外，格里菲斯理论不能解释金属材料的脆性转变问题，如金属中存在的脆性转变温度及金属断裂时断口的结晶学特征。

总之，格里菲斯裂口断裂理论在解决非金属晶体的断裂强度问题时，一般可以得到令人满意的结果，但对金属的断裂强度的解释，有时出现明显的不合理现象。存在如下几个主要缺点。

——该理论首先承认在固体中事先就存在一定大小的裂纹，这一点对金属晶体而言是不合适的。由于金属晶体形变的不均匀性，故应力集中现象并不是无界的，应力集中因子最大也不超过 20，所以用裂纹尖端的应力集中程度未必能达到其理论断裂强度。

——裂纹在生核、长大过程中一定要伴随塑性形变的产生，也就是说，在断口表面总会有一塑性形变层。

——由于金属晶体的形变与温度的依存关系虽不如非晶体那么敏感，但公式中无论表面能还是弹性模量与温度的关系都不能解释金属的脆性转变问题。

——这一理论不能描述金属断裂时在结晶学上的特点，如断口形貌。

第7章 能量平衡断裂理论

格里菲斯裂口断裂理论及以后欧文和奥罗万的修正都属于能量分析理论的范畴。需要说明的是，能量平衡断裂理论是欧文在格里菲斯裂口断裂理论的基础上，经过近十年的研究而发展起来的，其重要的成果标志在于1956年引入了能量释放率的概念和提出了基于G的断裂判据，并建立了G_1的柔度表达和标定方法。

7.1 能量释放率

研究裂纹体断裂常采用能量分析的方法，即考虑裂纹扩展前后的能量变化，建立能量平衡方程从而导出裂纹扩展时的能量判据，由此可以更清楚地揭示断裂韧性的物理意义。

7.1.1 能量分析

现在我们从能量守恒和功能转换关系来研究裂纹扩展过程。很显然，裂纹扩展过程要消耗能量。

设有一裂纹体，其裂纹面积为A，若其裂纹面积扩展了$\mathrm{d}A$，在这个过程中载荷所作的功为$\mathrm{d}W$，体系弹性应变能变化了$\mathrm{d}U$，塑性功变化了$\mathrm{d}U_P$，裂纹表面能的增加为$\mathrm{d}\Lambda$。如果不考虑热功间的转换，则根据能量守恒和转换定律，体系内能的增加等于外力功，即

$$\mathrm{d}W=\mathrm{d}U+\mathrm{d}U_P+\mathrm{d}\Lambda \tag{7-1}$$

式中，$\mathrm{d}U_P$与$\mathrm{d}\Lambda$表示裂纹扩展$\mathrm{d}A$时所需要的塑性功和释放的表面能(对于金属材料，$\mathrm{d}\Lambda$相对于$\mathrm{d}U_P$项可略去不计)，它们可视为裂纹扩展所要消耗的能量，也即是阻止裂纹扩展的能量。因此要使裂纹扩展，系统必须提供能量，裂纹扩展$\mathrm{d}A$时弹性系统释放(耗散)的能量(势能)记为$-\mathrm{d}\Pi=\mathrm{d}W-\mathrm{d}U$，则由式(7-1)有

$$-\mathrm{d}\Pi=\mathrm{d}W-\mathrm{d}U=\mathrm{d}U_P+\mathrm{d}\Lambda \tag{7-2}$$

定义裂纹扩展单位面积弹性系统释放的能量为裂纹扩展能量释放率，或称为裂纹扩展单位长度时的裂纹扩展力，在当今的力学术语中用G表示，G就是用来纪念格里菲斯的。则有

$$G=-\frac{\partial \Pi}{\partial A}=\frac{\partial W}{\partial A}-\frac{\partial U}{\partial A} \tag{7-3}$$

它表示裂纹扩展单位面积时，提供给裂纹扩展所需的系统释放的能量(系统势能的减少)。如裂纹体厚度为B，裂纹长为a，则$\mathrm{d}A=B\mathrm{d}a$，式(7-3)变为

$$G=-\frac{1}{B}\frac{\partial \Pi}{\partial a} \tag{7-4}$$

定义裂纹扩展单位面积时系统能量的散逸量(或耗散量)，或称为裂纹扩展单位长度时的(裂纹)扩展阻力，用R或G_c表示，则

$$R=G_c=\frac{\partial U_P}{\partial A}+\frac{\partial \Lambda}{\partial A} \tag{7-5}$$

7.1.2　G 断裂判据

由式(7-5)可知，对一定材料而言，裂纹扩展所消耗的塑性功和裂纹表面能都是材料常数，而与外载情况以及裂纹几何形状无关，因此 G_c（或 R）反映了材料抵抗断裂破坏的能力，称为材料的断裂韧度，它可由材料实验测定。

当 G 达到 G_c 时，裂纹将失去平衡，开始失稳扩展。所以能量释放率断裂判据为

$$G=G_c \tag{7-6}$$

G 和 G_c 的量纲为[力][长度]$^{-1}$。其国际单位为 $N\cdot m^{-1}$，工程单位为 $kg\cdot mm^{-1}$。

对于Ⅰ型裂纹，由式(7-5)可知，裂纹扩展的临界条件为

$$G_{\mathrm{I}}=R=2\gamma+\frac{\mathrm{d}U_P}{\mathrm{d}a} \tag{7-7}$$

其中，G_{I} 的下标Ⅰ表示Ⅰ型裂纹。对于金属材料，塑性变形功 U_P 比表面能 γ 要大出几个数量级，因此与 U_P 相比，γ 常可忽略不计，在临界条件下，若将 $2\gamma+\frac{\mathrm{d}U_P}{\mathrm{d}a}$用 $G_{\mathrm{I}c}$来表示，则断裂判据可以统一写成

$$G_{\mathrm{I}}=G_{\mathrm{I}c} \tag{7-8}$$

该判据表明，在裂纹扩展过程中，如果裂纹扩展单位面积系统可以提供的能量 G_{I} 小于裂纹扩展单位面积所需要的能量 $G_{\mathrm{I}c}$，则裂纹不能扩展；当且仅当 G_{I} 等于或大于 $G_{\mathrm{I}c}$时，裂纹才可能失稳扩展。

对于理想弹性材料，可以不考虑其塑性变形功 U_P，所以 $G_{\mathrm{I}c}=2\gamma$；对于塑性材料，γ 与 U_P 相比，γ 可以忽略不计，则 $G_{\mathrm{I}c}=\frac{\mathrm{d}U_P}{\mathrm{d}a}$。由于 γ 和 U_P 都是材料固有的力学性能，所以 $G_{\mathrm{I}c}$（或 R）反映了材料抵抗断裂破坏的能力，也是材料固有的力学性能指标，可以通过一定的方法来测量。由于 $G_{\mathrm{I}c}$是表征材料抵抗断裂的一种性能，所以也称其为断裂韧性。

7.2　G_{I} 柔度公式

式(7-4)是裂纹扩展时能量释放率 G 的一般表达式，也表明了 G 的物理意义。但在实际工程中难以直接应用该式计算，在能量平衡断裂理论中，希望在 G_{I} 的基础上建立断裂判据，因此，需要求出可以满足工程应用的 G_{I} 表达式，解决 $G_{\mathrm{I}c}$的测量问题及判据的使用问题等。

下面讨论两种特殊情况下 G 的表达式，由于均为Ⅰ型裂纹，用 G_{I} 表示。

7.2.1　恒位移条件下的 G_{I} 表达式

如图 7-1(a)所示。弹性体受载荷 P 作用，产生位移 Δ 后，固定上下两端，构成恒位移的能量封闭系统。此时，裂纹扩展过程中外载作用点处无位移变化，即 $\mathrm{d}\Delta=0$，于是式(7-3)变为

$$G_{\mathrm{I}}=-\frac{\partial \Pi}{\partial A}=-\left(\frac{\partial U}{\partial A}\right)_{\Delta} \tag{7-9}$$

或

$$G_{\mathrm{I}}=-\frac{1}{B}\left(\frac{\partial U}{\partial a}\right)_{\Delta} \tag{7-10}$$

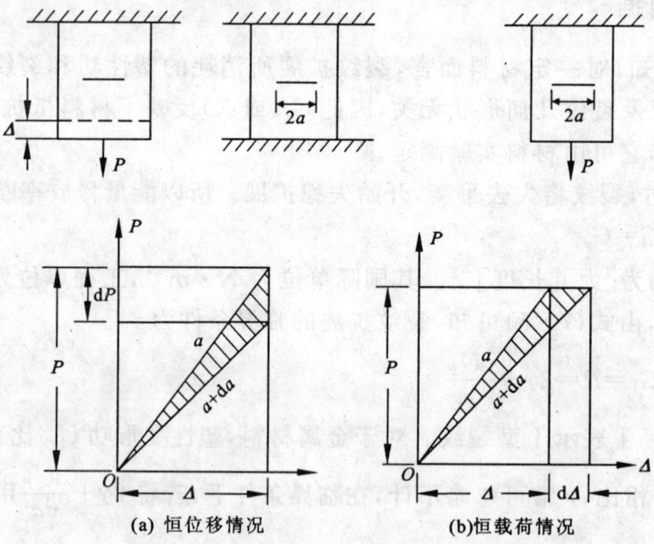

(a) 恒位移情况 (b)恒载荷情况

图 7-1 两种情况下裂纹扩展的能量释放率

上式说明在恒位移条件下,系统释放的应变能用于推动裂纹扩展,因此裂纹扩展的能量率就是弹性体的应变能释放率。式中括号外下标 Δ 表示固定位移。

在线弹性情况下,

$$U=\frac{1}{2}P\Delta \tag{7-11}$$

又知

$$\Delta=CP \tag{7-12}$$

式中,C 为弹性体的柔度,它是裂纹长度 a 的函数,即 $C=C(a)$。

对式(7-12)微分,并注意到 $\mathrm{d}\Delta\equiv 0$,得

$$\mathrm{d}\Delta=P\mathrm{d}C+C\mathrm{d}P=0 \tag{7-13}$$

再对式(7-11)微分,并注意到式(7-12)和式(7-13),有

$$\mathrm{d}U=\frac{1}{2}P\mathrm{d}\Delta+\frac{1}{2}\Delta\mathrm{d}P=\frac{1}{2}PC\mathrm{d}P=-\frac{1}{2}P^2\mathrm{d}C \tag{7-14}$$

将式(7-14)代入式(7-9),得

$$G_{\mathrm{I}}=-\frac{\partial \Pi}{\partial A}=-\left(\frac{\partial U}{\partial A}\right)_{\Delta}=\frac{1}{2}P^2\frac{\partial C}{\partial A}=\frac{1}{2B}P^2\frac{\partial C}{\partial a} \tag{7-15}$$

7.2.2 恒载荷条件下的 G_{I} 表达式

如图 7-1(b)所示。弹性体受不变的载荷 P 作用,裂纹扩展 $\mathrm{d}a$ 时,载荷不变($\mathrm{d}P=0$),位移变化为 $\mathrm{d}\Delta$,故应变能的变化为

$$\mathrm{d}U=\frac{1}{2}P\mathrm{d}\Delta=\frac{1}{2}P(P\mathrm{d}C+C\mathrm{d}P)=\frac{1}{2}P^2\mathrm{d}C \tag{7-16}$$

外力功的改变为

$$\mathrm{d}W=P\mathrm{d}\Delta=P^2\mathrm{d}C=2\mathrm{d}U \tag{7-17}$$

将式(7-16)和式(7-17)两式代入(7-3)式中,得

$$G_{\mathrm{I}}=-\frac{\partial \Pi}{\partial A}=\frac{\partial W}{\partial A}-\frac{\partial U}{\partial A}=\left(\frac{\partial U}{\partial A}\right)_{P}=\frac{1}{2}P^{2}\frac{\partial C}{\partial A}=\frac{1}{2B}P^{2}\frac{\partial C}{\partial a} \tag{7-18}$$

由式(7-18)可见，在恒载荷条件下，用于裂纹扩展的能量是外力功扣除弹性应变能增加后所剩余的能量。

7.2.3　G_{I} 的统一表达

比较式(7-15)和式(7-18)可见，不论在恒位移条件下，还是在恒载荷条件下，两者的 G_{I} 表达式具有完全相同的形式，故可写出如下 G_{I} 统一表达式：

$$G_{\mathrm{I}}=-\frac{\partial \Pi}{\partial A}=-\left(\frac{\partial U}{\partial A}\right)_{\Delta}=\left(\frac{\partial U}{\partial A}\right)_{P}=\frac{1}{2}P^{2}\frac{\partial C}{\partial A}=\frac{1}{2B}P^{2}\frac{\partial C}{\partial a} \tag{7-19}$$

同时还可以证明，当负荷 P 和位移 Δ 均有微量变化(即既非恒载荷又非恒位移条件)时，G_{I} 的表达式也具有与上式相同的结果，它反映了裂纹扩展能量释放率与试件柔度之间的关系，称为 Irwin - Kies 关系或 G_{I} 柔度公式。

下面对恒位移、恒载荷两种条件下 G_{I} 所表示的意义做进一步的讨论。

恒位移条件下，若试样为单位厚度($B=1$)，由式(7-10)，有

$$G_{\mathrm{I}}=-\frac{1}{B}\left(\frac{\partial U}{\partial a}\right)_{\Delta}$$

则

$$\partial U=-G_{\mathrm{I}}\partial a$$

该式表明，在恒位移条件下，随着裂纹的扩展，原来系统中贮存的弹性应变能要释放(∂U 为负值时表示弹性应变能因裂纹的扩展而下降)，其释放的能量用以满足裂纹扩展时所需要的能量，所以，在这里 G_{I} 称为裂纹扩展时的应变能释放率，例如，在讨论格里菲斯裂口断裂理论时，其弹性应变能释放用以增加裂纹表面能即相当于这类问题。

恒载荷条件下，若试样为单位厚度($B=1$)，由式(7-19)，有

$$G_{\mathrm{I}}=\frac{\partial U}{\partial a}$$

即

$$\partial U=G_{\mathrm{I}}\,\mathrm{d}a$$

裂纹扩展时，$\mathrm{d}a$、G_{I} 均为正值，所以∂U 亦为正。

该式说明，在恒载荷条件下，随着裂纹的扩展，系统中的弹性应变能不是释放而是增加，即由于裂纹的扩展使试样柔度 C 增加从而产生了附加的位移，因而外力功有了增加。外力功的增量除了满足裂纹扩展所需要的能量外，其余部分还用于增加体系的弹性应变能(且弹性应变能的增加量与裂纹扩展所消耗的能量相等)，在这种条件下，G_{I} 就不能称为弹性应变能释放率，所以为了避免争论，常称 G_{I} 为裂纹扩展的能量率。

由以上讨论可以看出，G_{I} 表征着系统的弹性应变能对裂纹长度的变化率，其物理意义是十分明确的。

7.3　G_{I} 力学标定

式(7-19)中含有柔度参数 $C=C(a)$，对于变量参数载荷 P 和裂纹长度 a，需要进一步得

出 $G_{\rm I}$ 的变化曲线和表达形式，一般采用试验标定的方法。

7.3.1 $G_{\rm I}$ 标定依据

前面已导出了 $G_{\rm I}$ 的表达式

$$G_{\rm I}=\frac{1}{2B}P^2\left(\frac{\partial C}{\partial a}\right) \tag{7-20}$$

而且证明了无论是恒载荷，还是恒位移或载荷、位移均不恒定的条件下 $G_{\rm I}$ 的表达式均为上述形式。式(7-20)即为 Irwin-Kies 公式，是标定 $G_{\rm I}$ 的理论基础。由该式可以看出，标定 $G_{\rm I}$ 实际上就是要求出 $\left(\frac{\partial C}{\partial a}\right)$ 之值，然后可通过运算求出 $G_{\rm I}$，为此，可采用如下方法。

7.3.2 $G_{\rm I}$ 标定方法

——制样(a_n)。

制备一组试样，使其具有相同的外形尺寸，但其中的裂纹长度各不相同，裂纹长度分别为 $a_0,a_1,a_2,\cdots,a_n$。

——试验($P-\Delta$)。

在弹性范围内作出每个试样的载荷-位移(即 $P-\Delta$)曲线，显然由于试样外形尺寸相同，而其裂纹长度不同所以其柔度是不同的，因而各试样的 $P-\Delta$ 曲线的斜率是不同的，如图 7-2 所示。同一试样在不同裂纹长度时对应不同柔度。

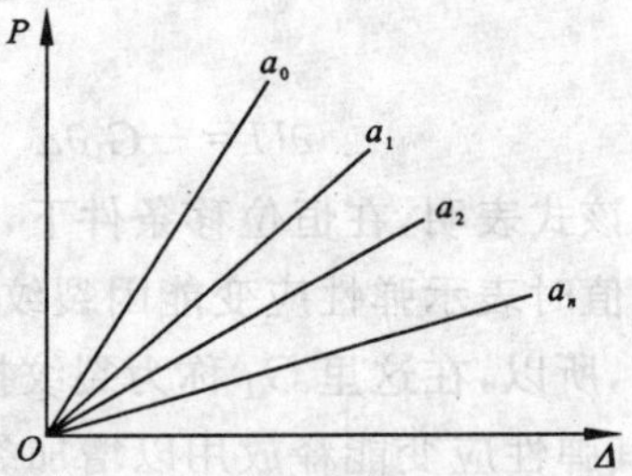

图 7-2　不同裂纹长度的 $P-\Delta$ 关系

——计算(C_i)。

由 $\Delta=CP$[式(7-12)]，可知每一直线斜率的倒数分别为各试样的柔度 C_i。

——描点(a_i,C_i)。

由此可得试样中裂纹长度 a_i 与柔度 C_i 的一组对应关系，即 $a_0-C_0,a_1-C_1,a_2-C_2,\cdots,a_n-C_n$。

——绘图($C-a$)。

分别以柔度与裂纹长度为坐标轴作出柔度-裂纹长度(即 $C-a$)的曲线(图 7-3)。

——求导$\left(\frac{{\rm d}C}{{\rm d}a}\right)$。

由 $C-a$ 曲线可以求出各裂纹长度下的 $\frac{{\rm d}C}{{\rm d}a}$，即对应于各不同裂纹长度 a_i 值的 $C-a$ 曲线的斜率。

——计算($G_{\rm I}$)。

由式(7-20)即可求出材料的 $G_{\rm I}$。

——图解(EBC)。

在图解法中常将式(7-20)改写成无量纲形式(注意到 $\Delta=P/BW$)

$$\frac{EG_{\rm I}}{\sigma^2W}=\frac{E}{2}\frac{{\rm d}(BC)}{{\rm d}(a/W)} \tag{7-21}$$

其中，B、W 分别为试样的厚度及宽度。这样一来就可用无量纲参量作为坐标来作图，其优点是所得曲线及其比例不会因所用的单位不同而变化（图 7－4），此图就称为 G_{I} 标定曲线图。

——计算（$G_{\mathrm{I}c}$）。

有了标定曲线后，就可以求出对应于不同裂纹长度 a_i 的 G_{I}。如果已由实验测得了临界应力 σ_c 和临界裂纹尺寸 a_c，也可根据 G_{I} 标定曲线图及式（7－21）计算材料的断裂韧性 $G_{\mathrm{I}c}$。

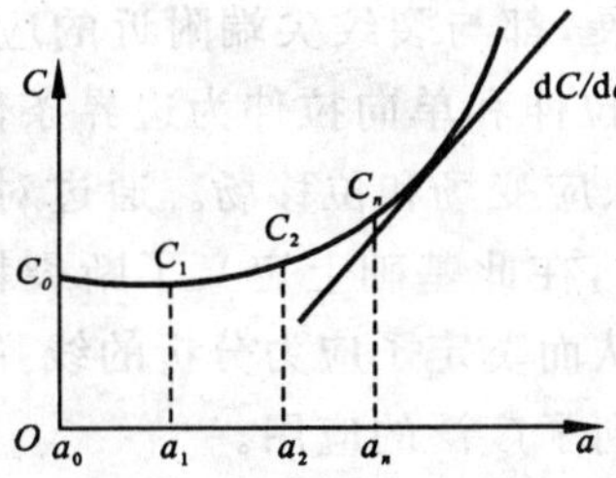

图 7－3　裂纹长度 a 与柔度 C 的关系

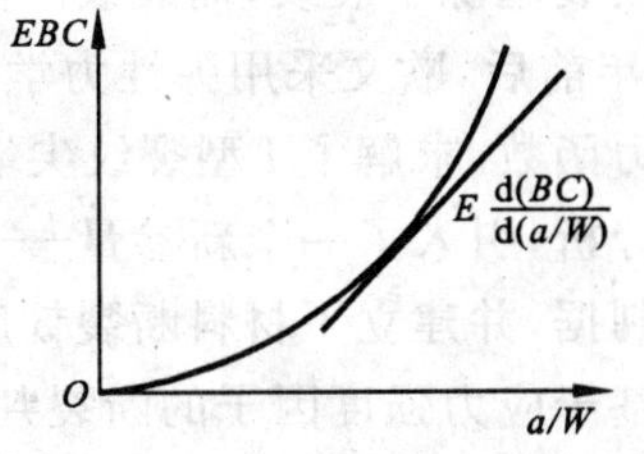

图 7－4　G_{I} 标定曲线

第 8 章　应力强度因子断裂理论

构件的断裂起源于裂纹，而裂纹的静止、平衡或发展，都与裂纹尖端附近的应力场有直接关系。1957 年前后，欧文采用弹性力学的方法，以双向拉伸和单向拉伸为边界条件，应用威斯特噶尔德应力函数，求解了 I 型裂纹尖端附近的应力场、应变场和位移场。通过对裂纹尖端附近应力场的分析，引入了一个新参量——应力强度因子，在此基础上定义了断裂韧度的概念，提出了断裂判据，并建立了材料断裂韧度的测试方法，从而奠定了应力分析的线弹性断裂力学理论基础。基于应力强度因子的断裂判据在工程上得到了广泛的应用。

8.1　平面问题的威斯特噶尔德应力函数法

弹性力学平面问题的求解，归结为要求出一个应力函数，该函数满足问题的边界条件及双调和方程，则这类问题的应力、应变和位移均可求出。在第 5 章中专门就弹性力学的平面问题作了介绍，求解了用应力函数 φ(该函数称为 Airy 应力函数)表示的平面问题解。也就是说，为了求解弹性平面问题，需要找出一个函数 φ(Airy 应力函数)满足问题的边界条件及双调和方程，则应力、应变及位移均可求出。欧文利用威斯特噶尔德应力函数法，成功解决了求解 I 型裂纹的断裂问题，下面分析其解法。

8.1.1　威斯特噶尔德应力函数

1939 年，威斯特噶尔德应用复变函数的方法选取某一解析函数 $Z(z)$的一次和二次积分的线性组合作为应力函数以求解弹性平面问题，威斯特噶尔德提出的应力函数为

$$\varphi=\mathrm{Re}\bar{\bar{Z}}+y\mathrm{Im}\bar{Z} \tag{8-1}$$

式中，Z 为一解析函数；$\bar{Z}$ 和 $\bar{\bar{Z}}$ 分别为函数 Z 的一次积分和二次积分。

可以证明，上述函数是应力函数，即满足双调和方程。

8.1.2　威斯特噶尔德应力函数解

由平面问题的求解方法和思路可以看出，函数 φ 是平面问题的应力函数，若函数 Z 满足问题的边界条件，则可根据式(5－24)求出应力分量为

$$\begin{aligned}\sigma_x&=\frac{\partial^2\varphi}{\partial y^2}=\frac{\partial^2}{\partial y^2}(\mathrm{Re}\bar{\bar{Z}}+y\mathrm{Im}\bar{Z})\\&=\frac{\partial}{\partial y}\left(\frac{\partial\mathrm{Re}\bar{\bar{Z}}}{\partial y}+y\frac{\partial\mathrm{Im}\bar{Z}}{\partial y}+\mathrm{Im}\bar{Z}\right)\\&=\frac{\partial}{\partial y}(-\mathrm{Im}\bar{Z}+y\mathrm{Re}Z+\mathrm{Im}\bar{Z})=\frac{\partial}{\partial y}(y\mathrm{Re}Z)\\&=y\frac{\partial\mathrm{Re}Z}{\partial y}+\mathrm{Re}Z=\mathrm{Re}Z-y\mathrm{Im}Z'\end{aligned}$$

按同样的方法可求出 σ_y、τ_{xy}，则有

$$\left.\begin{aligned}\sigma_x&=\mathrm{Re}Z-y\mathrm{Im}Z'\\ \sigma_y&=\mathrm{Re}Z+y\mathrm{Im}Z'\\ \tau_{xy}&=-y\mathrm{Re}Z'\end{aligned}\right\}\tag{8-2}$$

坐标系 z 方向的应力

$$\sigma_z=0\quad(\text{平面应力})$$

$$\sigma_z=\mu(\sigma_x+\sigma_y)=2\mathrm{Re}Z\quad(\text{平面应变})\tag{8-3}$$

将应力分量代入物理方程式(5-13)，可用 Z 函数表示应变，即

$$\begin{aligned}\varepsilon_x&=\frac{1}{2G(1+\mu')}(\sigma_x-\mu\sigma_y)\\ &=\frac{1}{2G(1+\mu')}[(1-\mu')\mathrm{Re}Z-(1+\mu')y\mathrm{Im}Z']\end{aligned}$$

同理可求出 ε_x、γ_{xy}，将三式归结如下

$$\left.\begin{aligned}\varepsilon_x&=\frac{1}{2G(1+\mu')}[(1-\mu')\mathrm{Re}Z-(1+\mu')y\mathrm{Im}Z']\\ \varepsilon_y&=\frac{1}{2G(1+\mu')}[(1-\mu')\mathrm{Re}Z+(1+\mu')y\mathrm{Im}Z']\\ \gamma_{xy}&=-\frac{1}{2G}y\mathrm{Re}Z'\end{aligned}\right\}\tag{8-4}$$

式中，G 为剪切弹性模量；μ 为泊松比，

$$\mu'=\mu\quad(\text{平面应力})$$

$$\mu'=\frac{\mu}{1-\mu}\quad(\text{平面应变})$$

坐标系 z 方向的应变

$$\varepsilon_z=-\frac{\mu}{E}(\sigma_x+\sigma_y)=-\frac{2\mu}{E}\mathrm{Re}Z\quad(\text{平面应力})$$

$$\varepsilon_z=0\quad(\text{平面应变})\tag{8-5}$$

对几何方程进行积分，可以求得位移

$$u=\int\varepsilon_x\mathrm{d}x=\frac{1}{2G(1+\mu')}[(1-\mu')]\int\mathrm{Re}Z\mathrm{d}x-(1+\mu')\int y\mathrm{Im}Z'\mathrm{d}x$$

注意到

$$\mathrm{Re}Z=\frac{\partial\mathrm{Re}\bar{Z}}{\partial x},\mathrm{Re}\bar{Z}=\int\mathrm{Re}Z\mathrm{d}x$$

$$\mathrm{Im}Z'=\frac{\partial\mathrm{Im}Z}{\partial x},\mathrm{Im}Z=\int\mathrm{Im}Z'\mathrm{d}x$$

代入上式可得下面第一式，按同样的方法可得另一位移分量即下面第二式

$$\left.\begin{aligned}u&=\frac{1}{2G(1+\mu')}[(1-\mu')\mathrm{Re}\bar{Z}-(1+\mu')y\mathrm{Im}Z]\\ v&=\frac{1}{2G(1+\mu')}[2\mathrm{Im}\bar{Z}-(1+\mu')y\mathrm{Re}Z]\end{aligned}\right\}\tag{8-6}$$

由此可以看出，对某一断裂力学的平面问题，如果找到一个解析函数 Z，使其满足具体问题的边界条件，并将其按威斯特噶尔德应力函数的方法组合起来[式(8-1)]，则该问题中的应

力、应变及位移均可由式(8－2)、式(8－3)、式(8－4)、式(8－5)、式(8－6)求出。

8.2 I 型裂纹问题

I 型裂纹的问题，主要就是 I 型裂纹的平面问题。对平面应力与平面应变问题，虽然其求解的基本方程是一样的，但由于两种问题的条件不同，所以满足其各自边界条件的函数 Z 是不同的，其求解结果也不会相同。下面就经典的双向拉伸和单向拉伸的 I 型裂纹，通过已知的边界条件和特解，可以求解复变函数 Z，从而完全解决了应力法求解 I 型裂纹的平面问题。

8.2.1 双向拉伸的 I 型裂纹

1. 边界条件描述

如图 8－1 所示。在一无限大平板内有一条长为 $2a$ 的中心穿透裂纹，该板在无限远处受双向张应力 σ 的作用，因为该物体为板状，所以是一个平面问题。若板很厚，就是平面应变问题；若板很薄，就是平面应力问题。根据该问题的条件，其边界条件描述如下。

①当 $y=0$，$-a<x<a$ 时，$\sigma_y=0$；

②当 $y=0$，$|x|>a$ 时，$\sigma_y>\sigma$，且 x 越接近 a，则 σ_y 越大，这是因为裂纹顶端的应力集中的原因；

③当 $y=0$，$x\to\infty$ 时，$\sigma_y=\sigma$，$\sigma_x>\sigma$，根据圣维南原理，裂纹引起的应力集中只对离裂纹不远处的应力分布产生影响，而在离裂纹很远处其影响趋近于零。

2. 求解函数 Z

下面讨论如何根据边界条件来确定威斯特噶尔德应力函数中的函数 Z。

由式(8－2)有

$$\left.\begin{aligned}\sigma_x&=\mathrm{Re}Z-y\mathrm{Im}Z'\\ \sigma_y&=\mathrm{Re}Z+y\mathrm{Im}Z'\\ \tau_{xy}&=-y\mathrm{Re}Z'\end{aligned}\right\}$$

当 $y=0$ 时(图 8－1)，$\sigma_y=\mathrm{Re}Z$，因为复数 $z=x+\mathrm{i}y$；当 $y=0$，$z=x$，所以在 x 轴上 Z 仅是 x 的函数，即 $Z=f(x)$。

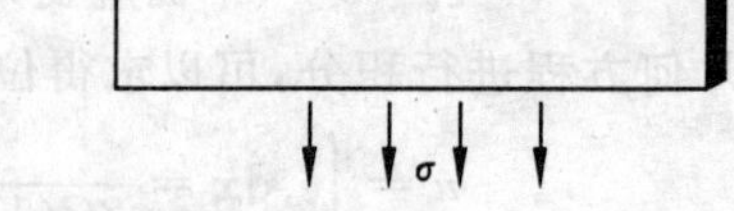

图 8－1 带裂纹板的双向拉伸

由边界条件③，当 $x\to\infty$ 时，$\sigma_y=\sigma$，该条件可由下面函数满足

$$\sigma_y=\frac{\sigma}{1-\dfrac{1}{x}}$$

再考虑边界条件②，当 $x>a$ 时，$\sigma_y>\sigma$，且当 x 越接近 a，则 σ_y 越大，于是上面函数可变为

$$\sigma_y=\frac{\sigma}{1-\dfrac{a}{x}}$$

又考虑到对称性，即当 $x\to-\infty$ 时，$\sigma_y=\sigma$；当 $-x<-a$ 时，$\sigma_y>\sigma$，所以该函数应为

$$\sigma_y=\frac{\sigma}{1-\left(\dfrac{a}{x}\right)^2}$$

上式满足边界条件②③的要求。下面再来考虑边界条件①。当$|x|<a$时，$\sigma_y=0$，即为$\sigma_y=\mathrm{Re}Z=0$，由此式可以看出，在$y=0$时，σ_y是Z函数的实部，所以如果能保证当$|x|<a$时，Z函数是一个纯虚函数，这样其实部为零，可满足$\sigma_y=\mathrm{Re}Z=0$；同时还要保证当$|x|>a$时，Z是纯实函数，这样就可以满足边界条件①。所以可以把上面函数的分母进行开方处理，即

$$Z(x,0)=\frac{\sigma}{\sqrt{1-\left(\frac{a}{x}\right)^2}}=\frac{\sigma x}{\sqrt{x^2-a^2}} \tag{8-7}$$

可以看出，当$|x|<a$时，

$$Z(x,0)=\frac{\sigma x}{\mathrm{i}\sqrt{a^2-x^2}}$$

上述函数为纯虚函数，无实部，则有

$$\sigma_y=\mathrm{Re}Z=0$$

当$|x|>a$时，

$$Z(x,0)=\frac{\sigma x}{\sqrt{x^2-a^2}}$$

该函数为纯实函数

$$\sigma_y=\mathrm{Re}Z=\frac{\sigma x}{\sqrt{x^2-a^2}}$$

这样，函数式(8-7)就满足了全部边界条件，但是该函数是在$y=0$、$z=x$这个特殊条件下推导出来的。对于$y\neq0$的一般情况，可把上式中的x用$z=x+\mathrm{i}y$来代替，这样就得到满足边界条件的Z函数为

$$Z=\frac{\sigma z}{\sqrt{z^2-a^2}} \tag{8-8}$$

用该函数组成的应力函数$\varphi=\mathrm{Re}\overline{\overline{Z}}+y\mathrm{Im}\overline{Z}$满足双调和方程和问题的边界条件，所以Ⅰ型裂纹的应力、应变的求解问题从理论上来说是可以解决的。

3. *求解应力-应变场*

在Ⅰ型裂纹问题中，由于裂纹的扩展只取决于裂纹顶端区域的应力-应变场，所以在以下的讨论中也只讨论裂纹顶端区域的应力、应变和位移。

为了便于求解，可以将图8-1中的坐标原点移到裂纹的顶端，则新旧坐标系中复数z_1、z的关系(图8-2)为

$$z_1=(x-a)+\mathrm{i}y=x+\mathrm{i}y-a=z-a$$

由此

$$z=z_1+a=r\mathrm{e}^{\mathrm{i}\theta}+a \tag{8-9}$$

将此式代入Z函数的表达式中，可得出在新坐标系中Z函数的表达式为

$$Z(z)=\frac{\sigma z}{\sqrt{z^2-a^2}}=\frac{\sigma(r\mathrm{e}^{\mathrm{i}\theta}+a)}{(r\mathrm{e}^{\mathrm{i}\theta}+a)^2-a^2}$$

$$=\frac{\sigma(r\mathrm{e}^{\mathrm{i}\theta}+a)}{\sqrt{r^2\mathrm{e}^{2\mathrm{i}\theta}+2ar\mathrm{e}^{\mathrm{i}\theta}}}$$

由前所述，现讨论的是裂纹顶端小范围内应力分部情况，在此区域内，$r\ll a$或$x\to0$，所以

上式中 $re^{i\theta}$ 与 a 相比，可以忽略不计，高次项 $r^2e^{2i\theta}$ 也可以忽略不计，所以上述函数可近似记为

$$Z(z)=\frac{\sigma a}{\sqrt{2are^{i\theta}}}=\frac{\sigma\sqrt{a}}{2r}e^{-\frac{i\theta}{2}}$$

$$=\frac{\sigma\sqrt{a}}{\sqrt{2r}}\left(\cos\frac{\theta}{2}-i\sin\frac{\theta}{2}\right)\qquad(8-10)$$

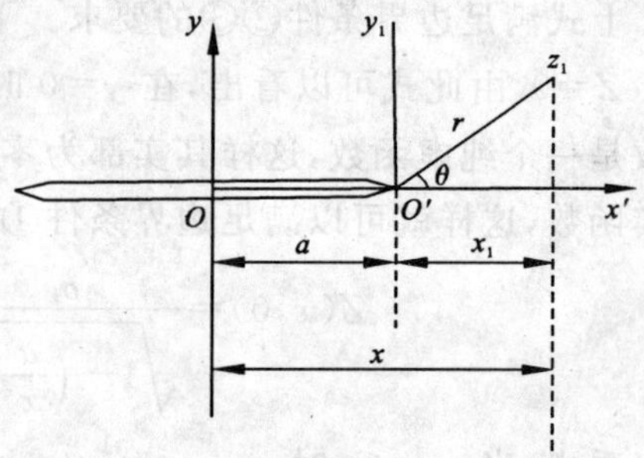

图 8-2　以裂纹中心及顶端为坐标系原点的新旧坐标系

因此，由此函数的二次积分的实部和一次积分的虚部的线性组合即可构成威斯特噶尔德应力函数。实际上，我们已不必再去具体地描述应力函数的形式，而可直接由求解应力和表达式计算应力[式(8-2)]，即

$$\left.\begin{aligned}\sigma_x&=\mathrm{Re}Z-y\mathrm{Im}Z'\\\sigma_y&=\mathrm{Re}Z+y\mathrm{Im}Z'\\\tau_{xy}&=-y\mathrm{Re}Z'\end{aligned}\right\}$$

由上式，只要求出 $\mathrm{Re}Z$、$\mathrm{Im}Z'$、$\mathrm{Re}Z'$、y，则 σ_x、σ_y、τ_{xy} 可直接求出。由式(8-10)，有

$$\mathrm{Re}Z=\frac{\sigma\sqrt{a}}{\sqrt{2r}}\cos\frac{\theta}{2}\qquad(8-11)$$

下面求 Z'，由式(8-8)，有

$$Z'=\left(\frac{\sigma z}{\sqrt{z^2-a^2}}\right)'_z=\sigma\left[z(z^2-a^2)^{-\frac{1}{2}}\right]'_z$$

$$=\sigma\left\{\left[z\left(-\frac{1}{2}\right)(z^2-a^2)^{-\frac{3}{2}}2z\right]+(z^2-a^2)^{-\frac{1}{2}}\right\}$$

$$=\frac{\sigma a^2}{(z^2-a^2)^{\frac{3}{2}}}$$

以上函数是在以裂纹中心为原点的坐标系中推导出的，所以将其转换到新坐标系中，以 $z=re^{i\theta}+a$[式(8-9)]代入上式，则有

$$Z'(z)=\frac{-\sigma a^2}{[(re^{i\theta}+a)^2-a^2]^{\frac{3}{2}}}=\frac{-\sigma a^2}{(r^2e^{2i\theta}+2are^{i\theta})^{\frac{3}{2}}}$$

略去高阶小量，则简化为

$$Z'(z)=\frac{-\sigma a^2}{(2are^{i\theta})^{\frac{3}{2}}}=\frac{-\sigma\sqrt{a}}{(2re^{i\theta})^{\frac{3}{2}}}$$

$$=\frac{-\sigma\sqrt{a}}{(2r)^{\frac{3}{2}}}e^{-\frac{3}{2}i\theta}=\frac{-\sigma\sqrt{a}}{(2r)^{\frac{3}{2}}}\left(\cos\frac{3}{2}\theta-i\sin\frac{3}{2}\theta\right)$$

由此式可分别求出 $\mathrm{Im}Z'$、$\mathrm{Re}Z'$ 为

$$\left.\begin{aligned}\mathrm{Re}Z'&=-\frac{\sigma\sqrt{a}}{(2r)^{\frac{3}{2}}}\cos\frac{3}{2}\theta\\\mathrm{Im}Z'&=\frac{\sigma\sqrt{a}}{(2r)^{\frac{3}{2}}}\sin\frac{3}{2}\theta\end{aligned}\right\}\qquad(8-12)$$

又由图 8-2 可知

$$y=r\sin\theta=2r\sin\frac{\theta}{2}\cos\frac{\theta}{2} \tag{8-13}$$

由式(8-12)、式(8-13)有

$$y\mathrm{Im}Z'=y\frac{\sigma\sqrt{a}}{(2r)^{\frac{3}{2}}}\sin\frac{3}{2}\theta$$

$$=2r\sin\frac{\theta}{2}\cos\frac{\theta}{2}\frac{\sigma\sqrt{a}}{(2r)^{\frac{3}{2}}}\sin\frac{3}{2}\theta$$

$$=\frac{\sigma\sqrt{a}}{\sqrt{2r}}\sin\frac{\theta}{2}\cos\frac{\theta}{2}\sin\frac{3}{2}\theta \tag{8-14}$$

$$y\mathrm{Re}Z'=-y\frac{\sigma\sqrt{a}}{(2r)^{\frac{3}{2}}}\cos\frac{3}{2}\theta$$

$$=-\frac{\sigma\sqrt{a}}{\sqrt{2r}}\sin\frac{\theta}{2}\cos\frac{\theta}{2}\cos\frac{3}{2}\theta \tag{8-15}$$

将上述各量代入应力分量表达式，则有

$$\sigma_x=\mathrm{Re}Z-y\mathrm{Im}Z'$$

$$=\sigma\frac{\sqrt{a}}{\sqrt{2r}}\cos\frac{\theta}{2}-\frac{\sigma\sqrt{a}}{\sqrt{2r}}\sin\frac{\theta}{2}\cos\frac{\theta}{2}\sin\frac{3}{2}\theta$$

$$=\frac{\sigma\sqrt{\pi a}}{2\pi a}\cos\frac{\theta}{2}\left[1-\sin\frac{\theta}{2}\sin\frac{3}{2}\theta\right]$$

同理，利用 σ_y、τ_{xy} 的应力表达式可求出 σ_y、τ_{xy}。将三式集中如下

$$\begin{Bmatrix}\sigma_x\\ \sigma_y\\ \tau_{xy}\end{Bmatrix}=\frac{\sigma\sqrt{\pi a}}{\sqrt{2\pi r}}\cos\frac{\theta}{2}\begin{Bmatrix}1-\sin\frac{\theta}{2}\sin\frac{3}{2}\theta\\ 1+\sin\frac{\theta}{2}\sin\frac{3}{2}\theta\\ \sin\frac{\theta}{2}\cos\frac{3}{2}\theta\end{Bmatrix} \tag{8-16}$$

同样，将 ReZ、yImZ′、yReZ′ 代入应变分量表达式(8-4)并加以整理，可得

$$\left.\begin{aligned}\varepsilon_x&=\frac{1}{2G(1+\mu')}\frac{\sigma\sqrt{\pi a}}{\sqrt{2\pi r}}\cos\frac{\theta}{2}\left[(1-\mu')-(1+\mu')\sin\frac{\theta}{2}\sin\frac{3}{2}\theta\right]\\ \varepsilon_y&=\frac{1}{2G(1+\mu')}\frac{\sigma\sqrt{\pi a}}{\sqrt{2\pi r}}\cos\frac{\theta}{2}\left[(1-\mu')-(1+\mu')\sin\frac{\theta}{2}\sin\frac{3}{2}\theta\right]\\ \gamma_{xy}&=\frac{1}{2G}\frac{\sigma\sqrt{a}}{\sqrt{2r}}\cos\frac{\theta}{2}\sin\frac{\theta}{2}\cos\frac{3}{2}\theta\end{aligned}\right\} \tag{8-17}$$

下面进一步求解裂纹顶端区域内的位移分量 u、v。由式(8-6)可知，u、v 表达式中分别含有 Re$\overline{Z}$、Im$\overline{Z}$、ReZ、ImZ 及 y 等。ReZ、ImZ 及 y 均已求出，下面求解 Re$\overline{Z}$、Im$\overline{Z}$。

由式(8-8)，有

$$\overline{Z}=\int\frac{\sigma z}{\sqrt{z^2-a^2}}\mathrm{d}z=\sigma\sqrt{z^2-a^2}$$

换入新坐标中，以 $z=re^{i\theta}+a$ 代入，考虑到在裂纹顶端小范围区域内 $r\ll a$，所以可略去 r 的高次项，则为

$$\overline{Z}=\sigma\sqrt{(re^{i\theta}+a)^2-a^2}=\sigma\sqrt{2are^{i\theta}}$$

$$=\sigma\sqrt{2ar}\left(\cos\frac{\theta}{2}+\mathrm{i}\sin\frac{\theta}{2}\right)$$

由此

$$\left.\begin{aligned}\mathrm{Re}\overline{Z}&=\sigma\sqrt{2ar}\cos\frac{\theta}{2}\\ \mathrm{Im}\overline{Z}&=\sigma\sqrt{2ar}\sin\frac{\theta}{2}\end{aligned}\right\}$$

将 $\mathrm{Re}\overline{Z}$、$\mathrm{Im}\overline{Z}$、$\mathrm{Re}Z$、$\mathrm{Im}Z$ 及 y 代入式(8-6)，可以求解 u、v 为

$$\left.\begin{aligned}u&=\frac{\sigma\sqrt{\pi a}}{G(1+\mu')}\frac{\sqrt{r}}{\sqrt{2\pi}}\cos\frac{\theta}{2}\left[(1-\mu')+(1+\mu')\sin^2\frac{\theta}{2}\right]\\ v&=\frac{\sigma\sqrt{\pi a}}{G(1+\mu')}\frac{\sqrt{r}}{\sqrt{2\pi}}\sin\frac{\theta}{2}\left[2-(1+\mu')\cos^2\frac{\theta}{2}\right]\end{aligned}\right\}\qquad(8-18)$$

对以上各式，若为平面应变的应力状态，则

$$\sigma_z=\mu(\sigma_x+\sigma_y),\quad \varepsilon_z=0,\quad \mu'=\frac{\mu}{1-\mu}$$

若为平面应力的应力状态，则

$$\sigma_z=0,\quad \varepsilon_z=-\frac{\mu}{E}(\sigma_x+\sigma_y),\quad \mu'=\mu$$

式中，E 为弹性模量；G 为剪切弹性模量；μ 为泊松比。

由式(8-16)、式(8-17)、式(8-18)可以看出，若已知一具有中心穿透裂纹的无限大板受双向拉伸时，拉伸应力为 σ，则裂纹顶端附近区域内任意点处（由 r 及 θ 决定）的应力($\sigma_x,\sigma_y,\tau_{xy}$)、应变($\varepsilon_x,\varepsilon_y,\gamma_{xy}$)及位移($u,v$)均可通过上述各式唯一地求出。

8.2.2 单向拉伸的I型裂纹

1. 边界条件描述

前面讨论的应力、应变及位移的计算式是具有I型裂纹的板状物体在双向拉伸条件下推导出来的，即解析函数 $Z=\sigma z/\sqrt{z^2-a^2}$ 满足双向拉伸的边界条件，然后组成应力函数对问题进行求解。在实际问题中，也有类似的物体，仅受单向拉伸应力的作用，所以其边界条件发生了变化，上述解析函数已不再适用单向拉伸条件下的边界条件。下面讨论这类问题中裂纹顶端的应力、应变问题。

如图8-3所示。单向拉伸问题的边界条件可描述为：

①当 $y=0$，$|x|<a$ 时，$\sigma_y=0$；

②当 $y=0$，$|x|>a$ 时，$\sigma_y>\sigma$；

③当 $y=0$，$x\to\infty$ 时，$\sigma_y=\sigma$，$\sigma_x=0$。

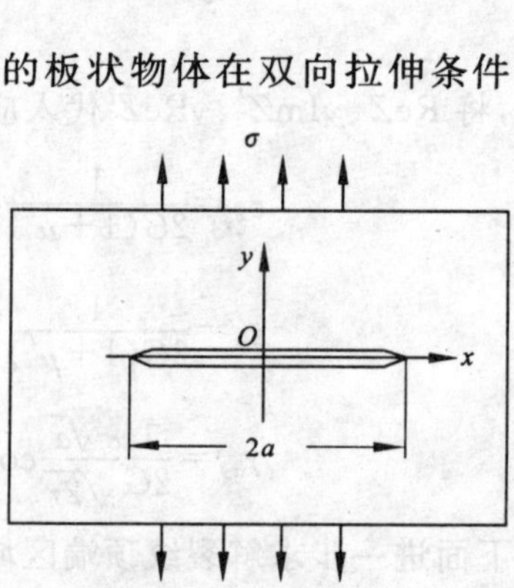

图8-3 带裂纹板的单向拉伸

2. 求解函数 Z

令应力函数为

$$\varphi=\mathrm{Re}\overline{\overline{Z}}+y\mathrm{Im}\overline{Z}+\frac{A}{2}(x^2-y^2)$$

其中，A 是由边界条件待定的常数。

上式中 $\varphi=\mathrm{Re}\overline{\overline{Z}}+y\mathrm{Im}\overline{Z}$ 是威斯特噶尔德应力函数，前面已证明该函数满足双调和方程。很容易看出，$\frac{A}{2}(x^2-y^2)$ 也满足双调和方程，所以这两式的线性组合也应满足双调和方程 $\nabla^2\nabla^2\varphi=0$，所以上述 φ 函数可以成为应力函数。下面由边界条件确定 φ 函数中的常数 A。

由应力函数关系式(5-24)，并将校正的应力函数代入，则有

$$\sigma_x=\frac{\partial^2\varphi}{\partial y^2}=\mathrm{Re}Z-y\mathrm{Im}Z'-A$$

$$\sigma_y=\frac{\partial^2\varphi}{\partial x^2}=\mathrm{Re}Z+y\mathrm{Im}Z'+A$$

$$\tau_{xy}=\frac{-\partial^2\varphi}{\partial x\partial y}=-y\mathrm{Re}Z'$$

由此，当 $y=0$ 时，有

$$\sigma_y=\mathrm{Re}Z+A$$

由边界条件①，当 $y=0$，$|x|<a$ 时，$\sigma_y=0$；

由边界条件②，当 $y=0$，$|x|>a$ 时，$\sigma_y>0$，则应有

$$\sigma_y=\frac{\sigma}{\sqrt{1-\left(\frac{a}{x}\right)^2}}\quad\text{(与双向拉伸相同)}$$

对比上面 σ_y 两式，均为 $y=0$ 时 y 方向的应力，所以

$$\sigma_y=\mathrm{Re}Z+A=\frac{\sigma}{\sqrt{1-\left(\frac{a}{x}\right)^2}}$$

由此

$$\mathrm{Re}Z=\frac{\sigma}{\sqrt{1-\left(\frac{a}{x}\right)^2}}-A$$

又由 $\sigma_x=\mathrm{Re}Z-y\mathrm{Im}Z'-A$，当 $y=0$ 时，将上式 $\mathrm{Re}Z$ 代入，则有

$$\sigma_x=\mathrm{Re}Z-A=\frac{\sigma}{\sqrt{1-\left(\frac{a}{x}\right)^2}}-A-A$$

由边界条件③，当 $y=0$，$x\to\pm\infty$ 时，$\sigma_x=0$，则

$$\sigma_x=\lim_{x\to\pm\infty}\left(\frac{\sigma}{\sqrt{1-\left(\frac{a}{x}\right)^2}}-2A\right)=0$$

$$\sigma-2A=0$$

所以

$$A=\frac{\sigma}{2}$$

至此，已由本问题的边界条件确定了修正的威斯特噶尔德应力函数中的常数 A。

最后确定满足问题的边界条件的解析函数，有

$$Z=\frac{\sigma z}{\sqrt{z^2-a^2}}-\frac{\sigma}{2} \tag{8-19}$$

由此解析函数确定的应力函数即为修正的威斯特噶尔德应力函数。

3. 求解应力-应变场

按求解双向拉伸Ⅰ型裂纹尖端应力分量、应变分量和位移分量所用的方法，将坐标原点平移到裂纹顶端，并求出 $\mathrm{Re}Z$、$\mathrm{Im}Z'$、$\mathrm{Re}Z'$、y 等后，代入 σ_x、σ_y、τ_{xy} 的表达式。

对于单向拉伸的Ⅰ型裂纹问题可用校正的威斯特噶尔德应力函数进行求解。

$$\begin{Bmatrix}\sigma_x\\ \sigma_y\\ \tau_{xy}\end{Bmatrix}=\frac{\sigma\sqrt{\pi a}}{\sqrt{2\pi r}}\cos\frac{\theta}{2}\begin{Bmatrix}1-\sin\dfrac{\theta}{2}\sin\dfrac{3}{2}\theta\\ 1+\sin\dfrac{\theta}{2}\sin\dfrac{3}{2}\theta\\ \sin\dfrac{\theta}{2}\cos\dfrac{3}{2}\theta\end{Bmatrix}-\begin{Bmatrix}\sigma\\ 0\\ 0\end{Bmatrix} \tag{8-20}$$

对比单向拉伸与双向拉伸条件下的应力式(8-20)与式(8-16)可以看出，两种应力条件下，仅在 σ_x 项单向拉伸时裂纹顶端应力比双向拉伸时小一个常数项 σ，其余应力均相同。

考虑到目前主要是分析裂纹顶端附近区域内的应力和应变，当 r 很小时，奇异项比常数项 $-\sigma$ 大很多，所以在很多情况下，就使用双向拉伸条件下所得的结果近似地表示单向拉伸时的应力、应变及位移。

8.3 应力强度因子

8.3.1 应力强度因子的概念

1. Ⅰ型裂纹顶端的应力-应变场

前面已求出了Ⅰ型裂纹在拉伸应力作用下裂纹顶端区域内的应力、位移，并可进一步通过物理方程求出其应变，其解为

$$\begin{Bmatrix}\sigma_x\\ \sigma_y\\ \tau_{xy}\end{Bmatrix}=\frac{K_{\mathrm{I}}}{\sqrt{2\pi r}}\cos\frac{\theta}{2}\begin{Bmatrix}1-\sin\dfrac{\theta}{2}\sin\dfrac{3}{2}\theta\\ 1+\sin\dfrac{\theta}{2}\sin\dfrac{3}{2}\theta\\ \sin\dfrac{\theta}{2}\cos\dfrac{3}{2}\theta\end{Bmatrix} \tag{8-21}$$

$$\begin{Bmatrix}\varepsilon_x\\ \varepsilon_y\\ \gamma_{xy}\end{Bmatrix}=\frac{K_{\mathrm{I}}}{\sqrt{2\pi r}}\cos\frac{\theta}{2}\begin{Bmatrix}\dfrac{1}{2G(1+\mu')}\left[(1-\mu')-(1+\mu')\sin\dfrac{\theta}{2}\sin\dfrac{3}{2}\theta\right]\\ \dfrac{1}{2G(1+\mu')}\left[(1-\mu')+(1+\mu')\sin\dfrac{\theta}{2}\sin\dfrac{3}{2}\theta\right]\\ \dfrac{1}{2G}\sin\dfrac{\theta}{2}\cos\dfrac{3}{2}\theta\end{Bmatrix} \tag{8-22}$$

$$\begin{Bmatrix} u \\ v \end{Bmatrix}=\frac{K_{\mathrm{I}}}{G(1+\mu')}\sqrt{\frac{r}{2\pi}}\begin{Bmatrix} \cos\frac{\theta}{2}\left[(1-\mu')+(1+\mu')\sin^2\frac{\theta}{2}\right] \\ \sin\frac{\theta}{2}\left[2-(1+\mu')\cos^2\frac{\theta}{2}\right] \end{Bmatrix} \tag{8-23}$$

式中，$K_{\mathrm{I}}=\sigma\sqrt{\pi a}$；$G$ 为剪切弹性模量；μ 为泊松比，平面应力条件下，$\mu'=\mu$，平面应变条件下，$\mu'=\mu/(1-\mu)$。

2. *应力强度因子的物理意义*

分析上述各解的表达式，其右边包含有三类物理量。

【材料常数】由材料本身所决定的材料常数，如剪切弹性模量 G、泊松比 μ 等，这些量只与材料本身的性质有关。

【坐标参数】裂纹顶端的位置坐标参数为 r、θ，当 (r,θ) 为确定值时，则对应着裂纹顶端一个确定的位置，注意到 $r\ll a$，所以上述解答仅适合于裂纹顶端附近区域，这并不影响对整个物体在应力场作用下开裂行为的分析与讨论，因为裂纹的发生与扩展正是在裂纹顶端附近区域进行的。

【复合参量】外加应力与裂纹长度的复合参量 $\sigma\sqrt{\pi a}$，对于 I 型裂纹，习惯上采用上述定义，即

$$K_{\mathrm{I}}=\sigma\sqrt{\pi a} \tag{8-24}$$

分析式(8-21)～式(8-23)，不难理解 K_{I} 的物理意义。裂纹顶端附近区域内某一点的位置一旦确定，该点处的应力、位移及应变便唯一地由 K_{I} 来确定。即 K_{I} 控制着裂纹顶端应力、位移、应变场的大小，所以称 K_{I} 为应力强度因子，其下标 I 表示的是 I 型裂纹。同理，对于Ⅱ型、Ⅲ型裂纹问题，其应力场强度因子将分别使用 K_{II}、K_{III} 来表示。

8.3.2　应力强度因子的表达

应当说明，式(8-21)、式(8-22)、式(8-23)虽然是由具有中心穿透裂纹的无限大板推导出来的，可以证明，该式不仅适合于上述特定情况，而且适用于所有的纯 I 型裂纹的应力、应变及位移场的分析。但应注意的是，由于各种 I 型裂纹的具体情况有差别，其应力强度因子的表达式是不同的。

常用的应力强度因子如下(余天庆，1997)。

——无限介质中的裂纹(图 8-4)。

$$K_{\mathrm{I}}=\sigma_\infty\sqrt{\pi a}\cos^2\alpha \tag{8-25}$$

$$K_{\mathrm{I}}=\sigma_\infty\sqrt{\pi a}\cos\alpha\sin\alpha \tag{8-26}$$

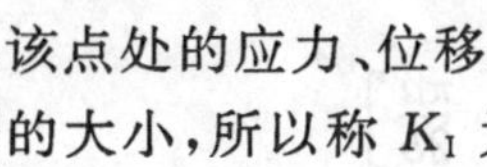

图 8-4　无限介质中的裂纹

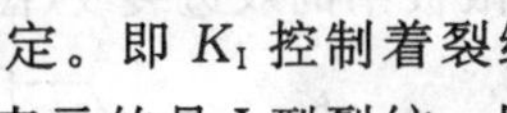

图 8-5　半无限介质中的边裂纹

——半无限介质中的边裂纹(图 8-5)。

$$K_{\mathrm{I}}=1.122\sigma_\infty\sqrt{\pi a} \tag{8-27}$$

——有限板中的中心裂纹(图 8-6)。

$$K_{\mathrm{I}} \approx \sigma_{\infty} \sqrt{\pi a}\left[1-0.025\left(\frac{a}{b}\right)^{2}+0.06\left(\frac{a}{b}\right)^{4}\right]\left[\cos \frac{\pi a}{2b}\right]^{-1/2} \tag{8-28}$$

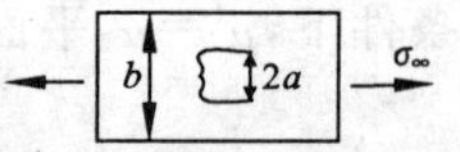

图 8-6　有限板中的中心裂纹

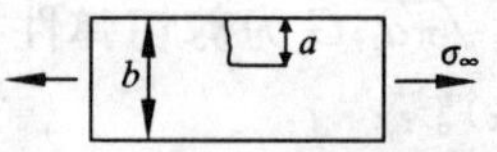

图 8-7　有限板中的边裂纹

——有限板中的边裂纹(图 8-7)。

$$K_{\mathrm{I}} \approx \sigma_{\infty} \sqrt{\pi a}\left(\frac{2b}{\pi a}\tan \frac{\pi a}{2b}\right)^{1/2} \frac{0.752+2.02\,\dfrac{a}{b}+0.37\left(1-\sin \dfrac{\pi a}{2b}\right)^{3}}{\cos \dfrac{\pi a}{2b}} \tag{8-29}$$

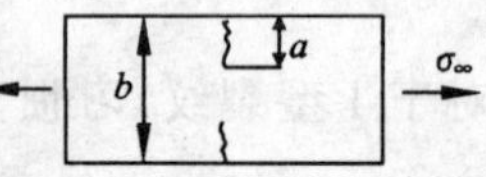

图 8-8　有限板中的双边裂纹

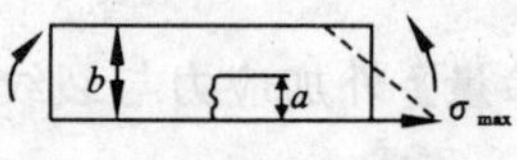

图 8-9　受弯杆件中的裂纹

——有限板中的双边裂纹(图 8-8)。

$$K_{\mathrm{I}} \approx \sigma_{\infty} \sqrt{\pi a}\left[1+0.122\cos^{4}\left(\frac{\pi a}{2b}\right)\right]\left[\frac{2b}{\pi a}\tan \frac{\pi a}{2b}\right]^{1/2} \tag{8-30}$$

——受弯杆件中的裂纹(图 8-9)。

$$K_{\mathrm{I}} \approx \sigma_{M} \sqrt{\pi a}\left[1.122-1.4\,\frac{a}{b}+7.33\left(\frac{a}{b}\right)^{2}-13.08\left(\frac{a}{b}\right)^{3}+14\left(\frac{a}{b}\right)^{4}\right] \tag{8-31}$$

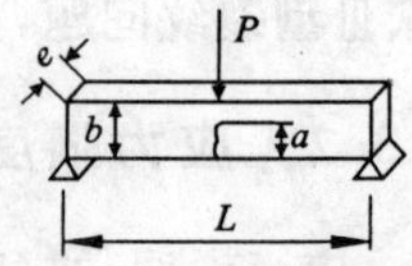

图 8-10　三点弯曲杆件中的裂纹

——三点弯曲杆件中的裂纹$\left(\dfrac{L}{b}=8\right)$(图 8-10)。

$$K_{\mathrm{I}} \approx \frac{3PL\sqrt{a}}{2b^{2}\mathrm{e}}\left[1.96-2.75\,\frac{a}{b}+13.66\left(\frac{a}{b}\right)^{2}-23.98\left(\frac{a}{b}\right)^{3}+25.22\left(\frac{a}{b}\right)^{4}\right] \tag{8-32}$$

综合上述应力强度因子的表达式,可得 I 型裂纹 K_{I} 的表达式的一般形式为

$$K_{\mathrm{I}} = Y\sigma \sqrt{\pi a} \tag{8-33}$$

其中,Y 为几何形状因子,其值随裂纹形态、试样形状与加载方式的不同而异,一般 Y 值在 1 左右。Y 是一个无量纲的系数,显然,对无限板中的贯穿裂纹问题 $Y=1$。

8.4　断裂韧度与断裂判据

8.4.1　断裂韧度

下面分析 I 型裂纹延长线上的应力(图 8-11)。

将 $\theta=0$ 代入式(8-21),可得在裂纹延长线上(x 轴上)$\tau_{xy}=0$,正应力 σ_x、σ_y 为

$$\sigma_y=\sigma_x=\frac{K_{\rm I}}{\sqrt{2\pi r}}=\frac{\sigma\sqrt{\pi a}}{\sqrt{2\pi r}} \tag{8-34}$$

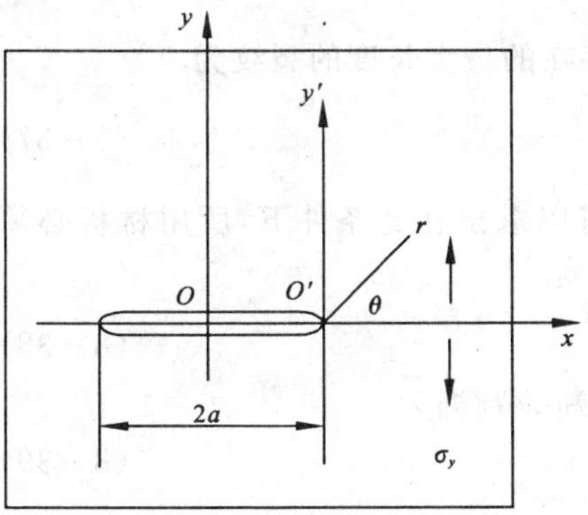

图 8-11　裂纹延长线上的应力

由于在 x 轴上剪切应力分量为零，只存在正应力分量，所以图示 x、y 方向即为主方向，σ_x、σ_y 即为主应力，且主应力 σ_y 是引起裂纹扩展的应力。由式(8-34)可知，裂纹前沿任一点 r 处的应力完全由 $K_{\rm I}$ 决定，即由 $\sigma\sqrt{a}$ 决定。当 a 一定而外加应力 σ 增加时或者外加应力 σ 一定，而裂纹半长度 a 增加时，均会引起 $K_{\rm I}$ 的增加，从而使主应力 σ_y 增加。当 $K_{\rm I}$ 增加到某一临界值从而使裂纹顶端区域内足够大的体积内都达到使材料分离的应力而导致裂纹的迅速扩展时，这时的 $K_{\rm I}$ 就称为应力强度因子的临界值，记作 $K_{\rm Ic}$ 或 K_c，称其为断裂韧性。其中，$K_{\rm Ic}$ 为Ⅰ型裂纹在平面应变的应力条件下的断裂韧性，表示材料在此条件下抵抗裂纹失稳扩展的能力；K_c 为Ⅰ型裂纹在平面应力的应力条件下的断裂韧性，表示在平面应力条件下材料抵抗裂纹失稳扩展的能力。由于平面应变状态是一种三向应力状态，对应变的约束要大，有使材料容易产生“脆化”的趋势，因而对同一材料，$K_c>K_{\rm Ic}$。

8.4.2　断裂判据

1. *表达形式*

对于同一材料而言，其强度极限具有确定的值，因而在不同的应力状态下，其断裂韧性也应是确定的，由此，可按应力强度因子及断裂韧性建立材料的断裂判据为

$$K_{\rm I}=Y\sigma\sqrt{\pi a}\leqslant K_{\rm Ic} \tag{8-35}$$

2. *物理意义*

式(8-35)的意义为：当应力强度因子 $K_{\rm I}$ 达到材料的 $K_{\rm Ic}$ 值时，裂纹即会失稳扩展，为保证带裂纹体构件的安全，其运行的 $K_{\rm I}$ 值必须低于 $K_{\rm Ic}$。

应当注意，$K_{\rm I}$ 与 $K_{\rm Ic}$ 是两个不同的概念，$K_{\rm I}$ 是应力强度因子，其值与构件中存在的裂纹长度及外加应力的大小有关，与构件材料本身无关。$K_{\rm Ic}$ 是裂纹发生失稳扩展时的应力强度因子临界值，是一个材料的性能指标，只与材料本身的组织状态有关，与外加载荷无关。$K_{\rm I}$ 与 $K_{\rm Ic}$ 的关系类似于静拉伸时的外加应力 σ 与材料的强度极限 σ_b，当 σ 达到 σ_b 时，材料便发生断裂。σ_b 是材料的性能指标，其大小仅与材料有关而与外加应力无关。

式(8-35)是在外加应力作用下含裂纹构件运行的安全判据。它将含裂纹构件中裂纹长度、外加应力及安全运行条件定量地联系起来了，与传统的构件安全运行设计思想相比较，在应用形式上是相似的，即

$$\sigma=\frac{P}{A}<[\sigma]=\frac{\sigma_s}{n}\left(\frac{\sigma_b}{n}\right)$$

式中，$[\sigma]$ 为许用应力；n 为安全系数($n>1$)；σ 为构件中的实际应力。

3. *工程意义*

将断裂韧性作为材料的一个性能指标以及根据断裂判据的物理意义，可以得出其工程意义。

(1)若已知一构件中存在一定长度的裂纹 $2a$ 及材料的断裂韧性，则可由下式确定构件允

许承担的最大应力为

$$\sigma_c=\frac{K_{\mathrm{I}c}}{Y\sqrt{\pi a}} \tag{8-36}$$

(2)若已知一构件的服役条件，可以确定构件中允许存在的最大长度的裂纹为

$$a_c=\frac{1}{\pi}\left(\frac{K_{\mathrm{I}c}}{Y\sigma}\right)^2 \tag{8-37}$$

(3)若已知构件中存在一定尺寸的裂纹及外加应力，可以求出在此条件下，所用材料必须具备的断裂韧性值，为选材提供依据，即

$$K_{\mathrm{I}c}\geqslant K_{\mathrm{I}}=Y\sigma\sqrt{\pi a} \tag{8-38}$$

同理，对于Ⅱ型、Ⅲ型裂纹的断裂韧性为 $K_{\mathrm{II}c}$、$K_{\mathrm{III}c}$，其断裂判据为

$$K_{\mathrm{II}}=K_{\mathrm{II}c},\quad K_{\mathrm{III}}=K_{\mathrm{III}c} \tag{8-39}$$

8.5 Ⅰ型裂纹顶端塑性区及 K_{I} 修正

前面在讨论Ⅰ型裂纹顶端应力强度因子 K_{I} 的计算时，是假定材料处于完全线弹性状态，没有考虑在裂纹顶端可能存在的塑性区。由式(8-21)可以看出，当 $r\to 0$ 时，σ_x、σ_y、τ_{xy} 将趋于无限大，即在弹性裂纹尖端存在着奇异性。

但是，对于金属材料来说，当裂纹尖端正应力达到材料的有效屈服应力 σ_{ys} 时，材料就要屈服，在裂纹尖端产生一个微小的塑性区域，从而使裂纹尖端区的应力松弛。也就是说，裂纹尖端附近区域的应力不可能无限增大，材料一旦屈服，就不遵从弹性规律，因而应力奇异性不可能存在。

于是就产生这么一个问题，即前面分析的应力表达式都是在物体满足线弹性条件下推导出来的，现在发生了塑性变形，线弹性条件已经破坏，是否还能用前面导出的各式来表示裂纹顶端的应力、应变及位移场呢？

严格说来，当裂纹顶端附近出现了塑性区，线弹性断裂的理论就不再适用，但是试验表明，如果塑性区尺寸很小，只要对 K_{I} 进行修正，裂纹顶端附近的应力、应变场仍可用修正以后的 K_{I} 来描述，即经过修正后，仍可用线弹性断裂力学的方法来处理。为了求出 K_{I} 的修正方法，首先需要明确塑性区的形状及尺寸。

8.5.1 塑性区形状

1. 屈服判据

所谓塑性变形就是指材料发生了屈服。在单向应力作用下，当外加应力达到材料的屈服强度 σ_s 时，材料就屈服，产生宏观塑性变形。在多向应力作用下，判断材料屈服的条件有米赛斯(Mises)判据和托雷斯卡(Tresca)判据。

——米赛斯判据。

米赛斯判据也称为形状改变能判据，此准则认为，当多向应力状态的形状改变能密度等于单向拉伸或压缩屈服时的形状改变能密度时，材料就发生屈服。计算表明，此准则的表达式为

$$(\sigma_1-\sigma_2)^2+(\sigma_2-\sigma_3)^2+(\sigma_3-\sigma_1)^2=2\sigma_s^2 \tag{8-40}$$

式中，σ_s 表示材料在单向拉伸时的屈服强度；σ_1、σ_2、σ_3 表示主应力。

——托雷斯卡判据。

托雷斯卡判据也称为最大剪应力判据。该判据认为：在多向应力条件下，当材料中最大剪应力等于材料的剪切强度时材料就发生屈服，此即

$$\tau_{\max}=\left(\frac{\sigma_1-\sigma_3}{2}\right)=\frac{\sigma_s}{2}=[\tau_s] \tag{8-41}$$

此式也可表示为

$$\sigma_1-\sigma_3=\sigma_s \tag{8-42}$$

以上屈服判据是由主应力表示的，所以需将裂纹前沿的应力用主应力表示。若已知空间一点处的 9 个应力分量而求其主应力 σ，则应使下列行列式为零。

$$\begin{bmatrix}(\sigma_x-\sigma) & \tau_{xy} & \tau_{xz}\\ \tau_{yx} & (\sigma_y-\sigma) & \tau_{yz}\\ \tau_{zx} & \tau_{zy} & (\sigma_z-\sigma)\end{bmatrix}=0$$

在平面问题上，行列式变为

$$\begin{bmatrix}(\sigma_x-\sigma) & \tau_{xy}\\ \tau_{yx} & (\sigma_y-\sigma)\end{bmatrix}=0$$

由此有

$$\sigma^2-\sigma(\sigma_x+\sigma_y)=\tau_{xy}^2-\sigma_x\sigma_y$$

两边配方，则有

$$\sigma^2-\sigma(\sigma_x+\sigma_y)+\left[\frac{1}{2}(\sigma_x+\sigma_y)\right]^2=\tau_{xy}^2-\sigma_x\sigma_y+\left[\frac{1}{2}(\sigma_x+\sigma_y)\right]^2$$

$$\left[\sigma-\frac{\sigma_x+\sigma_y}{2}\right]^2=\tau_{xy}^2+\frac{1}{2}(\sigma_x-\sigma_y)^2$$

所以

$$\sigma=\frac{\sigma_x+\sigma_y}{2}\pm\sqrt{\frac{(\sigma_x-\sigma_y)^2}{4}+\tau_{xy}^2}$$

此即

$$\left.\begin{aligned}\sigma_1&=\frac{\sigma_x+\sigma_y}{2}+\sqrt{\frac{(\sigma_x-\sigma_y)^2}{4}+\tau_{xy}^2}\\ \sigma_2&=\frac{\sigma_x+\sigma_y}{2}-\sqrt{\frac{(\sigma_x-\sigma_y)^2}{4}+\tau_{xy}^2}\\ \sigma_3&=0 \qquad \text{（平面应力）}\\ \sigma_3&=\mu(\sigma_1+\sigma_2) \qquad \text{（平面应变）}\end{aligned}\right\} \tag{8-43}$$

式(8-43)表明，若一点处的应力分量已知，则可通过式(8-43)求出该点处的主应力。将裂纹顶端附近应力分量式(8-21)代入式(8-43)，可求出裂纹顶端附近任一位置处的主应力为

$$\left.\begin{aligned}\sigma_1&=\frac{K_{\mathrm{I}}}{\sqrt{2\pi r}}\cos\frac{\theta}{2}\left(1+\sin\frac{\theta}{2}\right)\\ \sigma_2&=\frac{K_{\mathrm{I}}}{\sqrt{2\pi r}}\cos\frac{\theta}{2}\left(1-\sin\frac{\theta}{2}\right)\\ \sigma_3&=0 \qquad \text{（平面应力）}\\ \sigma_3&=\frac{2\mu K_{\mathrm{I}}}{\sqrt{2\pi r}}\cos\frac{\theta}{2} \qquad \text{（平面应变）}\end{aligned}\right\} \tag{8-44}$$

2. 边界方程

——米赛斯判据确定的塑性区边界方程。

将式(8-44)代入式(8-40),可得到裂纹顶端区域内满足屈服准则的 r、θ 之间的关系,即裂纹顶端塑性区的边界曲线方程为

$$r=\begin{cases}\dfrac{1}{2\pi}\left(\dfrac{K_{\mathrm{I}}}{\sigma_s}\right)^2\left[\cos^2\dfrac{\theta}{2}\left(1+3\sin^2\dfrac{\theta}{2}\right)\right] & \text{(平面应力)}\\[2ex] \dfrac{1}{2\pi}\left(\dfrac{K_{\mathrm{I}}}{\sigma_s}\right)^2\cos^2\dfrac{\theta}{2}\left[(1-2\mu)^2+3\sin^2\dfrac{\theta}{2}\right] & \text{(平面应变)}\end{cases} \tag{8-45}$$

当 θ 由 0°→360°变化时,由 r 描述的塑性区边界如图 8-12(a)所示,在裂纹延长线上(即 x 轴上)$\theta=0$,塑性区宽度为

$$r_0=r|_{\theta=0}=\begin{cases}\dfrac{1}{2\pi}\left(\dfrac{K_{\mathrm{I}}}{\sigma_s}\right)^2 & \text{(平面应力)}\\[2ex] \dfrac{1}{2\pi}\left(\dfrac{K_{\mathrm{I}}}{\sigma_s}\right)^2(1-2\mu)^2 & \text{(平面应变)}\end{cases} \tag{8-46}$$

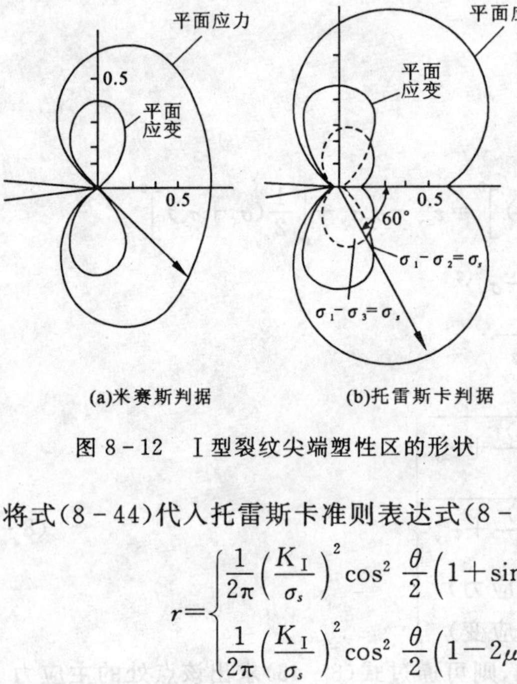

图 8-12 Ⅰ型裂纹尖端塑性区的形状

比较式(8-46)中的两式可以看出,在裂纹的延长线上平面应变状态下的塑性区宽度远小于平面应力条件下塑性区宽度(前者仅为后者的 1/6),如图 8-12(a)所示。这是因为在平面应变的应力状态下,沿板厚方向(z 方向)的弹性约束使裂纹顶端处于三向拉应力状态,不易发生塑性变形。

以上是用米赛斯屈服判据确定的塑性区尺寸。

—— 托雷斯卡判据确定的塑性区边界方程。

将式(8-44)代入托雷斯卡准则表达式(8-42),简化后有

$$r=\begin{cases}\dfrac{1}{2\pi}\left(\dfrac{K_{\mathrm{I}}}{\sigma_s}\right)^2\cos^2\dfrac{\theta}{2}\left(1+\sin\dfrac{\theta}{2}\right)^2 & \text{(平面应力)}\\[2ex] \dfrac{1}{2\pi}\left(\dfrac{K_{\mathrm{I}}}{\sigma_s}\right)^2\cos^2\dfrac{\theta}{2}\left(1-2\mu+\sin\dfrac{\theta}{2}\right)^2 & \text{(平面应变)}\end{cases} \tag{8-47}$$

当 θ 由 0°→360°变化时,由 r 描述的塑性区边界如图 8-12(b)所示,在裂纹延长线上(即 x 轴上)$\theta=0$,塑性区宽度为

$$r_0=\begin{cases}\dfrac{1}{2\pi}\left(\dfrac{K_{\mathrm{I}}}{\sigma_s}\right)^2 & \text{(平面应力)}\\[2ex] \dfrac{1}{2\pi}\left(\dfrac{K_{\mathrm{I}}}{\sigma_s}\right)^2(1-2\mu)^2 & \text{(平面应变)}\end{cases} \tag{8-48}$$

对比式(8-47)与式(8-45)可看出,使用米赛斯判据与托雷斯卡判据,得到的塑性区边界略有差别。

对比式(8-48)与式(8-46)可看出,使用两种判据在裂纹前沿得到的塑性区宽度是一致

的，如图 8－13(b)所示。

8.5.2　塑性区修正

1. 有效屈服应力

上面讨论了在平面应力和平面应变的应力状态下Ⅰ型裂纹尖端塑性区的范围，下面进一步讨论在这两种应力状态下产生塑性变形的力。

由式(8－34)可知，在裂纹延长线上(x 轴上)剪应力分量为零，因此 x 轴上的应力就是主应力，其值为

$$\left.\begin{aligned} &\sigma_1=\sigma_2=\sigma_x=\sigma_y=\frac{K_{\mathrm{I}}}{\sqrt{2\pi r}} \\ &\sigma_3=\begin{cases}0 & \text{(平面应力)} \\ \mu(\sigma_1+\sigma_2)=2\mu\sigma_1 & \text{(平面应变)}\end{cases}\end{aligned}\right\} \tag{8-49}$$

裂纹前沿的塑性变形，实际上是当最大应力达到一定数值而发生的，在平面应力条件下，由 Tresca 屈服判据，有

$$\tau_{\max}=\frac{\sigma_1-\sigma_3}{2}=\frac{\sigma_s}{2} \tag{8-50}$$

所以　$\sigma_1=\sigma_s$

该式表明，在平面应力条件下，当最大应力达到材料的屈服强度时便开始塑性变形。

在平面应变的应力条件下，由托雷斯卡屈服判据，注意到 $\sigma_3=2\mu\sigma_1$，则有

$$\tau_{\max}=\frac{\sigma_1-\sigma_3}{2}=\frac{\sigma_s}{2}$$

所以

$$\sigma_1=\frac{\sigma_s}{1-2\mu} \tag{8-51}$$

该式表明，在平面应变的应力条件下，当最大应力为 $\frac{\sigma_s}{1-2\mu}$ 时，便开始塑性变形。

若把在某种应力状态下产生屈服的应力定义为有效屈服应力，并记为 σ_{ys}，则平面应力与平面应变条件下的有效屈服应力是不同的。由式(8－50)、式(8－51)，有

$$\sigma_{ys}=\begin{cases}\sigma_s \\ \dfrac{\sigma_s}{1-2\mu}=\begin{cases}2.5\sigma_s & (\mu=0.3)\quad \text{(平面应力)} \\ 3\sigma_s & (\mu=\dfrac{1}{3})\quad \text{(平面应变)}\end{cases}\end{cases} \tag{8-52}$$

2. 塑性约束系数

可以看出，由于平面应变条件下三向应力塑性约束的结果，平面应变状态的有效屈服应力大大高于平面应力状态的有效屈服应力。为了反映应力状态对塑性变形约束的程度，常引入塑性约束系数这一概念，它是有效屈服应力 σ_{ys} 与单向拉伸屈服应力 σ_s 之比，用 θ 表示：$\theta=\sigma_{ys}/\sigma_s$，由此

$$\theta=\begin{cases}1 & \text{(平面应力)} \\ \dfrac{1}{1-2\mu} & \text{(平面应变)}\end{cases} \tag{8-53}$$

实际上在平面应变条件下，对于有限厚度的板，其表面仍处于平面应力的应力状态，而且由于塑性变形的结果，裂纹顶端的钝化会使约束放松，所以平面应变的塑性约束系数不会有那么大。有人在进行了环形切口拉伸试样的试验后，建议 $\theta \approx \sqrt{2\sqrt{2}}$ 。因此，两种应力状态下的有效屈服应力为

$$\sigma_{ys}=\begin{cases}\sigma_s & (\text{平面应力})\\ \sqrt{2\sqrt{2}}\,\sigma_s & (\text{平面应变})\end{cases} \tag{8-54}$$

3. 塑性区修正

前面讨论裂纹前沿塑性区尺寸有严重的不足之处，那就是把材料看成是完全弹性的，由此导出裂纹前沿各点处的主应力[式(8-49)]为

$$\sigma_1=\sigma_2=\sigma_x=\sigma_y=\frac{K_{\mathrm{I}}}{\sqrt{2\pi r}}$$

$$\sigma_3=\begin{cases}0 & (\text{平面应力})\\ 2\mu\sigma_1 & (\text{平面应变})\end{cases}$$

屈服区的宽度实际上是 $\sigma_1=\sigma_{ys}=\begin{cases}\sigma_s\\ \sqrt{2\sqrt{2}}\,\sigma_1\end{cases}$ 时的 r 值。因此按上式塑性区内的应力分布应当如图 8-13 所示。在塑性区边缘，$\sigma_1=\sigma_{ys}$，在塑性区内，由边界向裂纹顶端其应力是逐渐升高的，靠近裂纹顶端处应力将达到理论上的极大值。这种情况实际上也是不可能的，这是因为当应力达到 σ_{ys} 以后，材料便会产生塑性变形，若不考虑加工硬化，塑性变形的结果将使高于 σ_{ys} 部分的应力松弛并使应力维持在 σ_{ys} 的水平。同时，这部分被松弛的应力将向塑性区外传递，使塑性区的范围进一步向外扩大。从能量方面考虑，被松弛掉的积分应力(图 8-13 中阴影部分)应等于由于应力松弛而增加的积分应力(图中 $BCFE$ 面积)。若应力松弛后，裂纹前沿塑性区宽度由 $r_0 \to R_0$，则

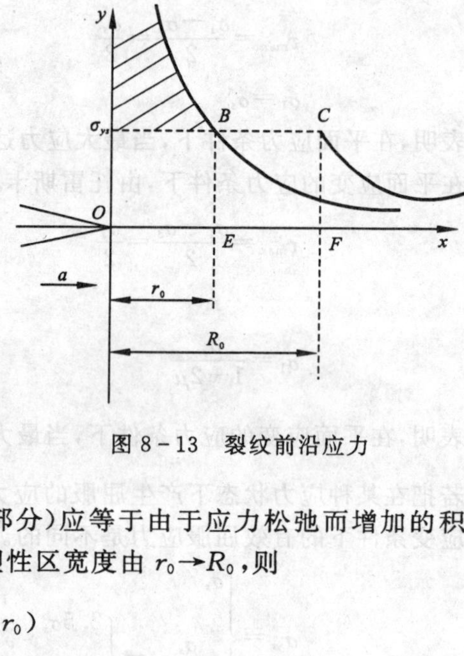

图 8-13　裂纹前沿应力

$$\int_0^{r_0}\left(\frac{K_{\mathrm{I}}}{\sqrt{2\pi r}}-\sigma_{ys}\right)\mathrm{d}r=\sigma_{ys}(R_0-r_0)$$

由此可解出

$$R_0=\frac{2K_{\mathrm{I}}}{\sqrt{2\pi}}\cdot\frac{\sqrt{r_0}}{\sigma_{ys}} \tag{8-55}$$

该式是利用平面应力塑性区分析得到的。用平面应变条件塑性区分析可以得到同样结果。

分别将平面应力、平面应变条件下的有效屈服应力式(8-54)代入式(8-55)，可以得到两种应力条件下，由于塑性变形引起的应力松弛在裂纹前沿引起的塑性区宽度为

$$R_0=\begin{cases}\dfrac{K_\mathrm{I}^2}{\pi\sigma_s^2} & (\text{平面应力})\\ \dfrac{K_\mathrm{I}^2}{2\sqrt{2}\,\pi\sigma_s^2} & (\text{平面应变})\end{cases} \tag{8-56}$$

前面已求出不考虑塑性变形的影响时，裂纹前沿塑性区宽度[式(8-48)]为

$$r_0=\begin{cases}\dfrac{1}{2\pi}\left(\dfrac{K_\mathrm{I}}{\sigma_s}\right)^2 & (\text{平面应力})\\ \dfrac{1}{2\pi}\left(\dfrac{K_\mathrm{I}}{\sigma_s}\right)^2(1-2\mu)^2=\dfrac{1}{2\pi}\dfrac{K_\mathrm{I}^2}{[\sigma_s/(1-2\mu)]^2} & (\text{平面应变})\end{cases} \tag{8-57}$$

用有效屈服应力 $\sigma_{ys}=\sqrt{2\sqrt{2}}\ \sigma_s$[式(8-54)]代表 $\sigma_s/(1-2\mu)$，则得到平面应变条件下不考虑塑性变形时的塑性区宽度为

$$r_0=\frac{1}{4\sqrt{2}\,\pi}\left(\frac{K_\mathrm{I}}{\sigma_s}\right)^2 \tag{8-58}$$

对比式(8-56)、式(8-57)、式(8-58)可以看出，考虑了因塑性变形而引起的应力松弛以后，平面应力与平面应变状态的塑性区宽度比不考虑应力松弛的塑性区宽度大了一倍，即

$$R_0=\begin{cases}2r_0 & (\text{平面应力})\\ 2r_0 & (\text{平面应变})\end{cases} \tag{8-59}$$

综合以上的讨论可见，平面应变状态塑性区比平面应力状态的塑性区要小得多(对比 R_0 可以看出，在平面应变条件下，塑性区仅约为平面应力条件下塑性区的 1/3)，所以用线弹性理论分析平面应变的小范围屈服问题近似性较好。

由塑性区宽度 R_0 的表达式还可以看出，无论是在平面应力条件下或是在平面应变条件下，其塑性区宽度总是与 $(K_\mathrm{I}/\sigma_s)^2$ 成正比。在临界条件下与 $(K_{\mathrm{I}c}/\sigma_s)^2$ 成正比。材料的 $K_{\mathrm{I}c}$ 值越高，σ_s 值越低，其塑性区宽度就越大。所以在测定材料的 $K_{\mathrm{I}c}$ 值时，为了使裂纹顶端处于小范围屈服和保证平面应变条件，需参照 $(K_{\mathrm{I}c}/\sigma_s)^2$ 值进行试样尺寸设计及试验结果的有效性检验。

8.5.3 K_I 修正

前面已经谈到，如果塑性区尺寸很小，只要对 K_I 进行修正，仍可用线弹性断裂力学的方法分析裂纹前沿的应力、应变及位移场。下面将讨论如何对 K_I 进行修正。

1. 有效裂纹长度的概念

有两种方式可以引起物体中应力场的松弛。

一是物体中一部分产生塑性变形，如前面已经讨论的裂纹顶端塑性变形引起的应力松弛；

二是若在物体的应力场中产生裂纹，也可以引起应力松弛。

于是可以从另外一个角度来考虑塑性变形后对应力强度因子的修正问题：即假设裂纹前沿的应力松弛不是由于塑性变形，而是由于在应力场中产生了一个假想的裂纹，而且适当地选择裂纹的长度可以使产生裂纹引起的应力松弛与因塑性变形引起的应力松弛大致相当，有了假设的裂纹以后，物体仍然处于弹性状态，不必再去考虑塑性变形问题。这种塑性区修正的基本方法就是引入“有效裂纹长度”这一概念。

所谓有效裂纹长度，是指在研究含裂纹物体的线弹性断裂问题时，设想：当裂纹尺寸由 a

增加到 $a^*=a+r_y$ 长度所引起的应力松弛，相当于裂纹长度为 a 而由于塑性变形引起的应力松弛，则称 a^* 为有效裂纹长度。

2. 有效裂纹长度的确定

下面讨论如何确定有效裂纹的长度。

有一含裂纹长度为 $2a$ 的物体受均匀拉伸应力 σ 作用，物体为完全弹性时，其裂纹前沿应力分布如图 8-14 中粗虚线所示。若考虑因塑性变形引起的应力松弛，其应力分布如图 8-14 中实线所示。其塑性区宽度 $R_0=OA$，且在 $r=R_0$ 处，$\sigma_1=\sigma_{ys}$。

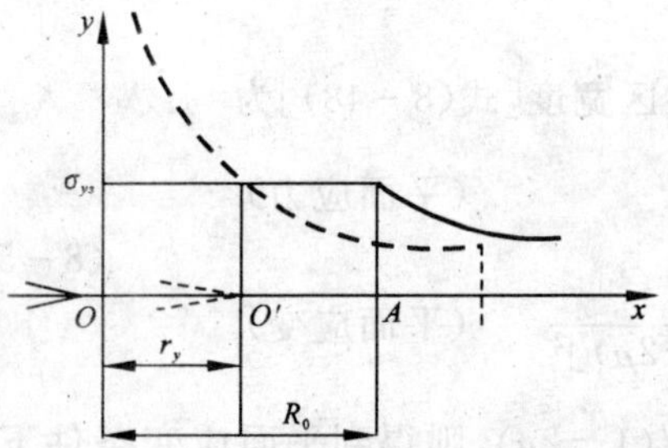

图 8-14 有效裂纹长度模型

现设裂纹顶端由 O 移到 O'，即裂纹长度增加了 r_y，则有效裂纹半长为

$$a^*=a+r_y \tag{8-60}$$

使用有效裂纹长度 a^* 后，不再考虑塑性变形的影响，所以裂纹顶端应力应满足线弹性条件，即

$$\sigma_1=\sigma_y=\frac{K_{\mathrm{I}}^*}{\sqrt{2\pi r}}=\frac{\sigma\sqrt{\pi a^*}}{\sqrt{2\pi r}} \quad (\theta=0\text{ 时的应力})$$

其中，K_{I}^* 为修正以后的应力场强度因子，且

$$K_{\mathrm{I}}^*=\sigma\sqrt{\pi a^*} \tag{8-61}$$

在点 A 处，即在新坐标系中，$r=R_0-r_y$ 处的应力为

$$\sigma_1=\sigma_y=\frac{\sigma\sqrt{\pi a^*}}{\sqrt{2\pi(R_0-r_y)}}$$

欲使因裂纹的扩展引起的应力分布和因塑性变形引起的应力分布一致，则在 A 点处 σ_1 应等于塑性变形后的有效屈服应力，故有

$$\frac{\sigma\sqrt{\pi a^*}}{\sqrt{2\pi(R_0-r_y)}}=\sigma_{ys}$$

注意到在小范围屈服条件下，$a\gg r_y$，$K_{\mathrm{I}}^*=\sigma\sqrt{\pi(a+r_y)}\approx\sigma\sqrt{\pi a}$，求解上式，则

$$r_y=R_0-\frac{K_{\mathrm{I}}^2}{2\pi\sigma_{ys}^2}$$

将式(8-54)代入上式，可得出平面应力及平面应变条件下的 r_y 值，即

$$r_y=\begin{cases}\dfrac{1}{2\pi}\left(\dfrac{K_{\mathrm{I}}}{\sigma_s}\right)^2 & (\text{平面应力})\\[2ex] \dfrac{1}{4\sqrt{2}\pi}\left(\dfrac{K_{\mathrm{I}}}{\sigma_s}\right)^2 & (\text{平面应变})\end{cases} \tag{8-62}$$

对比式(8-62)与式(8-56)，有

$$r_y=\frac{1}{2}R_0 \quad (\text{平面应力、平面应变}) \tag{8-63}$$

3. K_{I} 的修正形式

式(8-63)表明，有效裂纹的塑性修正值 r_y 正好是应力松弛后塑性区的半宽，修正后的应

力强度因子为

$$K_{\rm I}=Y\sigma\sqrt{\pi(a+r_y)}$$

将式(8－63)代入上式并化简得

$$K_{\rm I}=Y\sigma\sqrt{\pi a}\begin{cases}\dfrac{1}{\sqrt{1-\dfrac{Y^2}{2}\left(\dfrac{\sigma}{\sigma_s}\right)^2}} & (\text{平面应力})\\[2ex] \dfrac{1}{\sqrt{1-\dfrac{Y^2}{4\sqrt{2}}\left(\dfrac{\sigma}{\sigma_s}\right)^2}} & (\text{平面应变})\end{cases}\tag{8-64}$$

显然，两种状态下应力场强度因子都增大了，增大系数分别为

$$M_P=\begin{cases}\dfrac{1}{\sqrt{1-\dfrac{Y^2}{2}\left(\dfrac{\sigma}{\sigma_s}\right)^2}} & (\text{平面应力})\\[2ex] \dfrac{1}{\sqrt{1-\dfrac{Y^2}{4\sqrt{2}}\left(\dfrac{\sigma}{\sigma_s}\right)^2}} & (\text{平面应变})\end{cases}$$

这是由于塑性区中应力松弛导致 $K_{\rm I}$ 增大所致，M_P 称为塑性区修正因子。

式(8－64)即为考虑塑性区影响时，应力场强度因子修正的一般表达式。对于无限大板中心穿透裂纹问题，其几何形状因子 $Y=1$，代入式(8－64)，即得该条件下 $K_{\rm I}$ 的修正式为

$$K_{\rm I}=Y\sigma\sqrt{\pi a}\begin{cases}\dfrac{1}{\sqrt{1-0.5\left(\dfrac{\sigma}{\sigma_s}\right)^2}} & (\text{平面应力})\\[2ex] \dfrac{1}{\sqrt{1-\dfrac{1}{4\sqrt{2}}\left(\dfrac{\sigma}{\sigma_s}\right)^2}} & (\text{平面应变})\end{cases}\tag{8-65}$$

由此，在对具有小范围屈服的断裂力学问题求解时，只要用修正后的应力场强度因子表达式代替原来的 $K_{\rm I}$，原线弹性断裂力学的公式仍然适用。

应当注意的是：以上讨论虽然是针对具有中心穿透裂纹无限大板的拉伸问题，但是这种有效裂纹模型的概念对其他形状的裂纹体同样适用。

还应当说明的是：使用有效裂纹来处理塑性变形的断裂问题时，忽略了物体产生裂纹时弹性应变能的释放率与塑性区内塑性应变能之间的差别，所以这种处理方法是粗略的。当塑性区很小时，这种差别可以忽略不计。

4. $K_{\rm I}$ 的修正条件

最后还要讨论的问题是，在什么情况下需要对 $K_{\rm I}$ 进行修正。

应当注意的是，在Ⅰ型裂纹问题的求解过程中，应用了 $r\ll a$ 的条件，略去了 $r\ll a$ 的高次项，所以其计算结果只对于 $r\ll a$ 时才是足够精确的。若不考虑 $r\ll a$ 条件，求解时，需把式(8－8)用级数展开求解，其解中会含有 $r^n(n>0)$ 的多次项，而且其求解过程会比较冗长。

下面我们将根据后文的需要对裂纹延长线上应力精确解与近似解进行比较，用以判断本章 8.2.1 双向拉伸的Ⅰ型裂纹求解过程中所推导的各式的适用性能。

首先讨论裂纹延长线上应力的精确解。在裂纹的延长线上有 $Y=0$，将此条件代入函数式

(8-8)，则有

$$Z=\frac{\sigma x}{\sqrt{x^2-a^2}}$$

显然，这是一个实函数，所以有

$$\mathrm{Im}Z=\mathrm{Im}Z'=0$$

$$\mathrm{Re}Z=\frac{\sigma x}{\sqrt{x^2-a^2}}$$

代入应力表达式中可求出裂纹延长线上的应力精确解 σ_x^*、σ_y^*，即

$$\sigma_x^*(x,0)=\sigma_y^*(x,0)=\frac{\sigma x}{\sqrt{x^2-a^2}}$$

$$\tau_{xy}(x,0)=0$$

将坐标原点移到裂纹顶端，把 $x=a+r$ 代入上式，有

$$\sigma_x^*=\sigma_y^*=\frac{\sigma(r+a)}{\sqrt{2ar+r^2}}$$

此即为裂纹延长线上裂纹顶端区域内的应力精确解，若略去 r^2 项，即为裂纹延长线上应力的近似解，应力近似解也可用式(8-16)直接求出，即

$$\sigma_y=\frac{\sigma\sqrt{\pi a}}{\sqrt{2\pi r}}\cos\frac{\theta}{2}\left(1+\sin\frac{\theta}{2}\sin\frac{3}{2}\theta\right)$$

将 $\theta=0$ 代入，有

$$\sigma_y=\frac{\sigma\sqrt{a}}{\sqrt{2r}}=\frac{\sigma a}{\sqrt{2ar}}$$

下面可求出近似解与精确解的相对误差。

$$\text{相对误差}=\frac{\text{近似解}-\text{精确解}}{\text{精确解}}=\frac{\sigma_y-\sigma_y^*}{\sigma_y^*}$$

$$=\frac{\dfrac{\sigma a}{\sqrt{2ar}}-\dfrac{\sigma(a+r)}{\sqrt{2ar+r^2}}}{\dfrac{\sigma(a+r)}{\sqrt{2ar+r^2}}}$$

$$=\frac{1}{1+\dfrac{r}{a}}\sqrt{1+\frac{r}{2a}}-1 \tag{8-66}$$

若将 $\frac{r}{a}=0.02$ 代入上式，可求出相对误差为 -1.5%。即近似解比精确解要小 1.5%，这个精度是足够高的，所以一般认为当 $r\leqslant 0.02a$ 时，上述近似解是适用的。

分析上式可以看出，近似解的相对误差将随 r/a 比值的增大而增大，当 $r/a=1/5$ 时，其相对误差为 13%；当 $r/a=1/10$ 时，其相对误差为 7%，如果以 7% 的相对误差作为工程的允许精度，则要求 $r\ll a/10$，同时应力分布[式(8-21)]只适用于弹性区，由于应力分布存在奇异项($r\to 0$ 时，σ 将趋于无限大)，所以裂纹顶端不可避免地要发生塑性变形，为使塑性区不至于对解的结果产生影响，则塑性区的尺寸 R_0 应小于 r 所在的范围，即 $R_0<r$。因此有 $R_0<r\leqslant a/10$，这就意味着塑性区宽度应小于 $a/10$，即 $R_0<a/10$。代入平面应力、平面应变条件下的塑性区

尺寸式(8-56)有

$$\frac{K_{\mathrm{I}}^{2}}{\pi\sigma_{s}^{2}}<\frac{a}{10} \qquad \text{(平面应力)}$$

$$\frac{K_{\mathrm{I}}^{2}}{2\sqrt{2}\,\pi\sigma_{s}^{2}}<\frac{a}{10} \qquad \text{(平面应变)}$$

将 $K_{\mathrm{I}}=\sigma\sqrt{\pi a}$ 代入并进行化简，则有

$$\left.\begin{aligned}&\frac{\sigma}{\sigma_s}<0.3 \qquad \text{(平面应力)}\\&\frac{\sigma}{\sigma_s}<0.53 \qquad \text{(平面应变)}\end{aligned}\right\} \tag{8-67}$$

式中，σ 为裂纹体承受的外加应力；σ_s 为材料的屈服强度。

此式表明，在平面应变的应力条件下，外加应力与材料屈服强度之比小于 0.5；在平面应力的应力条件下，其比值小于 0.3 时，使用线弹性断裂力学所推导的各式进行应力、应变及位移的计算，才具有足够的工程精度，而不需要对 K_{I} 进行修正。

分析式(8-65)同样可以看出，σ/σ_s 比值对 K_{I} 值修正的意义。K_{I} 的修正项是公式的分母项，若 σ/σ_s 值越小，则根号里面的后项值越小，分母项越接近 1，则塑性区的影响越小；若 σ/σ_s 比值越大并接近 1，则塑性区的影响也越大。在平面应变的条件下，一般当 $\sigma/\sigma_s\geqslant 0.6\sim 0.7$ 时，K_{I} 的变化就比较明显，则需要对 K_{I} 进行修正。

当 $\sigma/\sigma_s>0.7$(平面应变状态)时，即使对其进行修正，也会产生很大误差，在这种条件下，线弹性断裂力学公式已不再适用而需使用弹塑性断裂力学的方法对其断裂性能进行分析。

8.6 K_{I} 与 G_{I} 的关系

在上一章中从能量平衡的观点分析了裂纹扩展过程中的能量关系，引入了裂纹扩展的(应变)能量(释放)率的概念，建立了裂纹体中裂纹失稳扩展的断裂判据 $G_{\mathrm{I}}=G_{\mathrm{I}c}$。

本章使用应力分析的方法求解了裂纹顶端应力场，引入了应力强度因子的概念，建立了裂纹体中裂纹失稳扩展的判据 $K_{\mathrm{I}}=K_{\mathrm{I}c}$。

以上两个断裂判据描述的是同一个问题，只是出发点不同而已，因此它们之间不可能是互相孤立的，其中必定存在着某种联系，下面就以Ⅰ型裂纹为例来分析这种联系。

有一板状裂纹体试样，厚度为 B，在垂直于裂纹的方向施加均匀应力后将板上下两端固定，构成恒位移条件。设裂纹往前扩展了 Δa，由于裂纹的扩展，系统中弹性应变能应释放，其松弛的弹性应变能为 $-\Delta U$，显然裂纹扩展时释放出来的弹性应变能在数值上应该等于外力将裂纹闭合到原来的状态所做的功，因此，可以通过计算假设将裂纹闭合到原来的状态所需要的功来求出裂纹扩展后释放的弹性应变能。

现将扩展的裂纹重新闭合到原来的状态(图 8-15)，使裂纹重新闭合的力应等于使裂纹扩展的力，在裂纹闭合后端点 O 到 $x=\Delta a$ 这一段使裂纹扩展的力前面已经求出，由式(8-16)，裂纹前沿 y 方向应力为

$$\sigma_y=\frac{\sigma\sqrt{\pi a}}{\sqrt{2\pi r}}\cos\frac{\theta}{2}\left[1+\sin\frac{\theta}{2}\sin\frac{3\theta}{2}\right]$$

在 x 轴上，$\theta=0$，$r=x$，则

$$\sigma_y=\frac{\sigma\sqrt{\pi a}}{\sqrt{2\pi x}} \tag{8-68}$$

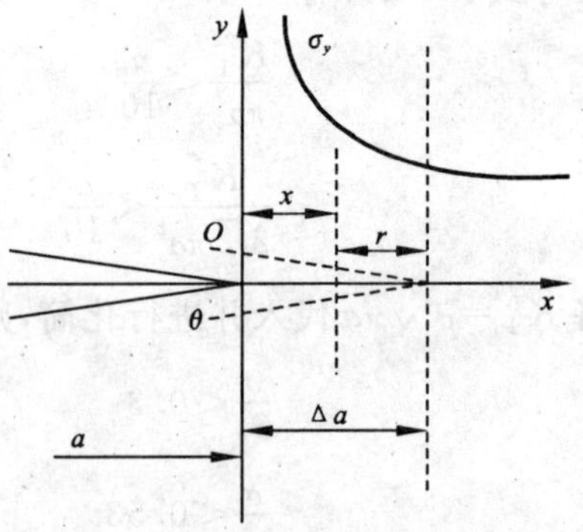

图 8-15 裂纹闭合功示意图

裂纹周围各点 y 方向的位移也已导出，由式(8-18)有

$$v=\frac{\sigma\sqrt{\pi a}}{G(1+\mu')}\sqrt{\frac{r}{2\pi}}\sin\frac{\theta}{2}\left[2-(1+\mu')+\cos^2\frac{\theta}{2}\right]$$

该位移是裂纹扩展后裂纹上下表面在 y 方向的位移，以裂纹扩展后裂纹顶端为原点，则裂纹面上，$\theta=\pm\pi$，所以上式变为

$$v=\frac{\sigma\sqrt{\pi a}}{G(1+\mu')}\sqrt{\frac{r}{2\pi}}$$

由图 8-15 可以看出，x 与 r 的关系为 $x=\Delta a-r$，代入上式，有

$$v=\frac{\sigma\sqrt{\pi a}}{G(1+\mu')}\sqrt{\frac{\Delta a-x}{2\pi}} \tag{8-69}$$

设裂纹沿 x 方向闭合了 $\mathrm{d}x$，则闭合面积为 $B\mathrm{d}x$(B 为试样厚度)，其闭合面上的力 P 为

$$P=\sigma_y B\mathrm{d}x$$

裂纹闭合时，裂纹在 x 点处沿作用力方向移动的位移为

$$\delta=2v$$

闭合 $\mathrm{d}x$ 段裂纹时，相应的 σ_y 在 $v(x)$ 方向上做功，由于材料是线弹性的，裂纹在扩展过程中所释放出来的应变能在数值上应等于使裂纹闭合回到原来状态所做的功，即

$$\frac{1}{2}P\delta=\frac{1}{2}\sigma_y\mathrm{d}x2v=\sigma_y vB\mathrm{d}x$$

闭合长度为 Δa 的裂纹，体系应变能的变化为

$$\Delta U=\int_0^{\Delta a}\sigma_y vB\mathrm{d}x$$

将 σ_y、v 代入，则

$$\Delta U=\int_0^{\Delta a}B\frac{\sigma\sqrt{\pi a}}{\sqrt{2\pi x}}\frac{\sigma\sqrt{\pi a}}{G(1+\mu')}\sqrt{\frac{\Delta a-x}{2\pi}}\mathrm{d}x=\frac{K_{\mathrm{I}}^2}{G(1+\mu')}\frac{B}{\pi}\int_0^{\Delta a}\sqrt{\frac{\Delta a-x}{x}}\mathrm{d}x$$

其中，$K_{\mathrm{I}}=\sigma\sqrt{\pi a}$。令 $x=\Delta a\cos^2 t$，则上式中积分项

$$\int_0^{\Delta a}\sqrt{\frac{\Delta a-x}{x}}\mathrm{d}x=\int_{\pi/2}^{0}-\sqrt{\frac{\Delta a\sin^2 t}{\Delta a\cos^2 t}}\cdot 2\Delta a\cos t\sin t\mathrm{d}t$$

$$=\int_{\pi/2}^{0}\Delta a(\cos 2t-1)\mathrm{d}t=\frac{\pi}{2}\Delta a$$

将积分项结果代入 ΔU 式，有

$$\Delta U=\frac{BK_{\mathrm{I}}^2\Delta a}{2G(1+\mu')} \tag{8-70}$$

由式(7-10)有

$$G_{\mathrm{I}}=-\frac{1}{B}\left(\frac{\partial U}{\partial a}\right)_{\Delta}$$

其中，G_{I} 是恒位移条件下裂纹扩展的应变能释放率。将式(8-70)代入上式并注意到裂

纹扩展时弹性应变能的改变量 ΔU 为负值，则有

$$G_{\mathrm{I}}=-\frac{1}{B}\left(\frac{-\Delta U}{\Delta a}\right)=\frac{K_{\mathrm{I}}^2}{2G(1+\mu')} \tag{8-71}$$

其中，$\mu'=\begin{cases}\mu & \text{(平面应力)，}\\ \dfrac{\mu}{1-\mu} & \text{(平面应变)；}\end{cases}$ $G=-\dfrac{E}{2(1+\mu)}$为剪切弹性模量；E 为弹性模量。

所以有

$$G_{\mathrm{I}}=\begin{cases}\dfrac{K_{\mathrm{I}}^2}{E} & \text{(平面应力)}\\ \dfrac{K_{\mathrm{I}}^2}{E}(1-\mu^2) & \text{(平面应变)}\end{cases} \tag{8-72}$$

(8-72)式即表明了 G_{I} 与 K_{I} 之间的关系，对于平面应变条件下的Ⅰ型裂纹，在临界状态下应有

$$G_{\mathrm{I}c}=\frac{1-\mu^2}{E}K_{\mathrm{I}c}^2 \tag{8-73}$$

可见在线弹性条件下，K 判据和 G 判据是等效的。应当说明的是，以上结论虽然是在恒位移条件下导出来的，但可以证明它同样适用于所有其他的Ⅰ型加载下的裂纹问题。

与此类推，可以得到Ⅱ型、Ⅲ型裂纹问题中的 G、K 关系为

$$G_{\mathrm{II}}=\frac{K_{\mathrm{II}}^2}{2G(1+\mu')} \tag{8-74}$$

$$G_{\mathrm{III}}=\frac{K_{\mathrm{III}}^2}{2G}=\frac{1+\mu}{E}K_{\mathrm{III}}^2 \tag{8-75}$$

最后应当说明，虽然 G、K 判据是等效的，但实际上一般较多使用的仍是 K 判据，其主要原因是因为使用 K 因子时其计算过程比较简便，而且 $K_{\mathrm{I}c}$ 的测量也比较简单；但也要指出，G 判据的概念和结论在 K 因子的实验标定及弹塑性断裂力学中也是经常用到的。

8.7　Ⅱ型、Ⅲ型裂纹的应力场及应力强度因子

前面已较为详细地介绍了如何利用威斯特噶尔德应力函数求解Ⅰ型裂纹顶端的应力、应变及位移，下面进一步分析如何使用威斯特噶尔德应力函数求解Ⅱ型、Ⅲ型裂纹问题，由于在求解方法上与Ⅰ型裂纹的求解过程十分相似，所以这里只简略地给出其推导过程。

8.7.1　Ⅱ型裂纹问题

Ⅱ型裂纹是一种滑开型的裂纹。即裂纹的扩展是由于平行于裂纹面沿着裂纹长度方向的剪切应力作用的结果，所以Ⅱ型裂纹与Ⅰ型裂纹的主要差别应在于在无限远处的受力条件不同(图 8-16)，Ⅱ型裂纹问题的边界条件可描述为：

①当 $y=0, x\to\pm\infty$ 时，$\tau_{xy}=\tau$；

②当 $y=0, |x|<a$ 时，$\tau_{xy}=0$；

③当 $y=0, |x|>a$ 时，$\tau_{xy}>\tau$。

对于Ⅱ型裂纹问题，威斯特噶尔德应力函数的形式为

$$\varphi_{\mathrm{II}}=-y\mathrm{Re}\overline{Z} \tag{8-76}$$

其中，Z 为一复变解析函数。可以证明函数 φ_{II} 满足双调和方程。将 φ_{II} 代入调和方程，有

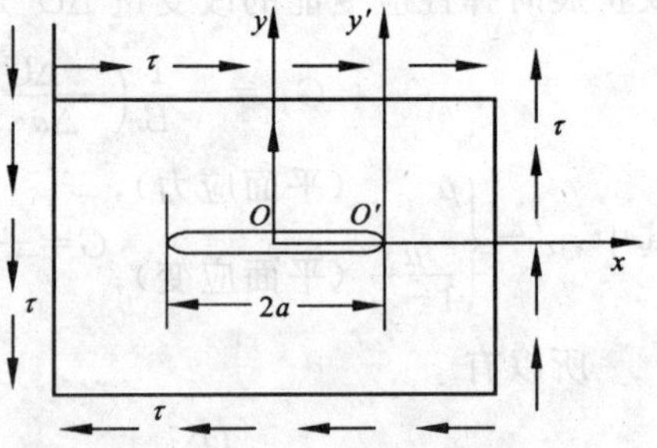

图 8-16　滑开型（Ⅱ型）裂纹

$$\begin{aligned}\nabla^2\varphi_{\mathrm{II}}&=\left(\frac{\partial^2}{\partial x^2}+\frac{\partial^2}{\partial y^2}\right)(-y\mathrm{Re}\overline{Z})\\&=-\left[y\frac{\partial^2\mathrm{Re}\overline{Z}}{\partial x^2}+\frac{\partial}{\partial y}\left(\frac{\partial\mathrm{Re}\overline{Z}}{\partial y}+\mathrm{Re}\overline{Z}\right)\right]\\&=-\left(y\frac{\partial^2\mathrm{Re}\overline{Z}}{\partial x^2}+y\frac{\partial^2\mathrm{Re}\overline{Z}}{\partial y^2}+\frac{\partial\mathrm{Re}\overline{Z}}{\partial y}+\frac{\partial\mathrm{Re}\overline{Z}}{\partial y}\right)\\&=-\left[y\left(\frac{\partial^2}{\partial x^2}+\frac{\partial^2}{\partial y^2}\right)\mathrm{Re}\overline{Z}+2\frac{\partial\mathrm{Re}\overline{Z}}{\partial y}\right]\\&=-y\nabla^2\mathrm{Re}\overline{Z}+2\frac{\partial\mathrm{Re}\overline{Z}}{\partial y}\end{aligned}$$

该式中，$\mathrm{Re}\overline{Z}$ 是解析函数，根据其性质，应满足调和方程，所以

$$\nabla^2\mathrm{Re}\overline{Z}=0$$

前式变为

$$\nabla^2\varphi_{\mathrm{II}}=-2\frac{\partial\mathrm{Re}\overline{Z}}{\partial y}=2\mathrm{Im}Z \quad \text{（由解析函数的性质）}$$

$$\nabla^4\varphi_{\mathrm{II}}=\nabla^2 2\mathrm{Im}Z=0 \quad \text{（}\mathrm{Im}Z\text{ 是调和函数）}$$

所以 $\varphi_{\mathrm{II}}=-y\mathrm{Re}\overline{Z}$ 满足双调和方程。

将 φ_{II} 代入式(5-24)，并利用解析函数的性质进行简化，得出应力分量表达式为

$$\left.\begin{aligned}\sigma_x&=2\mathrm{Im}Z+y\mathrm{Re}Z'\\\sigma_y&=-y\mathrm{Re}Z'\\\tau_{xy}&=\mathrm{Re}Z-y\mathrm{Im}Z'\end{aligned}\right\} \tag{8-77}$$

按照Ⅰ型裂纹的处理方法，可导出Ⅱ型裂纹顶端附近区域内位移分量的表达式为

$$\left.\begin{aligned}u&=\frac{1}{2G(1+\mu')}[2\mathrm{Im}\overline{Z}+(1+\mu')y\mathrm{Re}Z]\\v&=\frac{1}{2G(1+\mu')}[(-1+\mu')\mathrm{Re}\overline{Z}-(1+\mu')y\mathrm{Im}Z]\end{aligned}\right\} \tag{8-78}$$

下面需根据问题的边界条件决定应力函数中的解析函数 Z。由边界条件，解析函数的形式为

$$Z_{\mathrm{II}}=\frac{\tau z}{\sqrt{z^2-a^2}} \tag{8-79}$$

很容易证明，该式满足问题的全部边界条件；由此函数构成的应力函数 φ_{II} 满足双调和方程及问题的边界条件。将坐标原点由裂缝中心处平移到裂纹顶端（图 8-16），则在新坐标系中复变量 z_2 为

$$z_2=(x-a)+\mathrm{i}y=x+\mathrm{i}y-a=z-a$$

所以

$$z=z_2+a=(r\cos\theta+\mathrm{i}r\sin\theta)+a=re^{\mathrm{i}\theta}+a$$

当 $r\ll a$ 时，将上式代入解析函数 Z_{II} 式(8-79)，有

$$Z_{\mathrm{II}}=\tau\sqrt{\frac{a}{2r}}\,\mathrm{e}^{-\mathrm{i}\frac{\theta}{2}}=\tau\sqrt{\frac{a}{2r}}\left(\cos\frac{\theta}{2}-\mathrm{i}\sin\frac{\theta}{2}\right) \tag{8-80}$$

可以进一步求解Ⅱ型裂纹顶端附近区域内应力及位移表达式

$$\left.\begin{aligned}\sigma_x&=\frac{-\tau\sqrt{\pi a}}{\sqrt{2\pi r}}\sin\frac{\theta}{2}\left(2+\cos\frac{\theta}{2}\cos\frac{3}{2}\theta\right)\\\sigma_y&=\frac{-\tau\sqrt{\pi a}}{\sqrt{2\pi r}}\cos\frac{\theta}{2}\sin\frac{\theta}{2}\cos\frac{3}{2}\theta\\\tau_{xy}&=\frac{\tau\sqrt{\pi a}}{\sqrt{2\pi r}}\cos\frac{\theta}{2}\left(1-\sin\frac{\theta}{2}\cos\frac{3}{2}\theta\right)\end{aligned}\right\}\tag{8-81}$$

$$\left.\begin{aligned}u&=\frac{\tau\sqrt{\pi\tau}}{G(1+\mu')}\sqrt{\frac{r}{2\pi}}\sin\frac{\theta}{2}\left[2+(1+\mu')\cos^2\frac{\theta}{2}\right]\\v&=\frac{\tau\sqrt{\pi\tau}}{G(1+\mu')}\sqrt{\frac{r}{2\pi}}\cos\frac{\theta}{2}\left[(-1+\mu')+(1+\mu')\sin^2\frac{\theta}{2}\right]\end{aligned}\right\}\tag{8-82}$$

式中，$\mu'=\begin{cases}\mu & \text{(平面应力)}\\ \dfrac{\mu}{1-\mu} & \text{(平面应变)}\end{cases}$为剪切弹性模量。

8.7.2　Ⅲ型裂纹问题

Ⅲ型裂纹是一种撕开型裂纹。当具有中心穿透裂纹的无限大平板受到与平面垂直方向的均匀剪切应力作用时，裂纹沿 z 方向错开(图 8-17)，所以只有 z 方向的位移，且 z 方向的位移只与 x、y 坐标有关，即 $w=w(x,y)$，x、y 方向的位移 u、v 均为零。显然这一问题已经不是平面问题了。但是通过进一步的应力、位移分析后，不难看出，它仍属于二维问题。

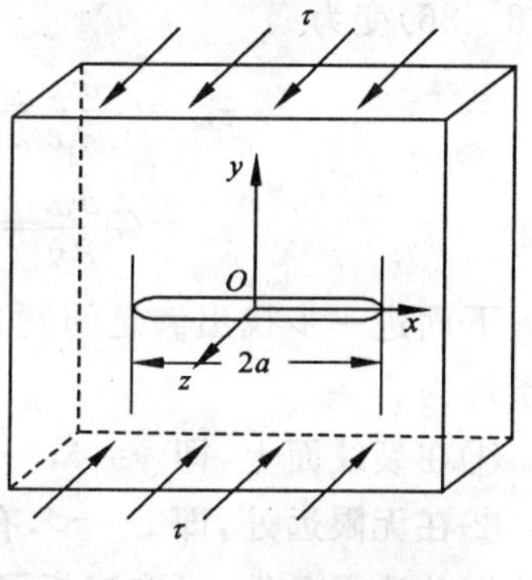

图 8-17　Ⅲ型裂纹问题

既然该问题已不属于平面问题，就必须按空间问题来处理。由弹性力学空间问题的几何方程及利用该问题位移条件，即有

$$\left.\begin{aligned}&\varepsilon_x=\varepsilon_y=\varepsilon_z=\gamma_{xy}=0\\&\gamma_{xz}=\frac{\partial w}{\partial x},\gamma_{yz}=\frac{\partial w}{\partial y}\end{aligned}\right\}\tag{8-83}$$

将上述各关系式代入物理方程，则有

$$\left.\begin{aligned}&\sigma_x=\sigma_y=\sigma_z=\sigma_{xy}=0\\&\tau_{xz}=G\gamma_{xz}=G\frac{\partial w}{\partial x}\\&\tau_{yz}=G\gamma_{yz}=G\frac{\partial w}{\partial y}\end{aligned}\right\}\tag{8-84}$$

将上述各关系式代入平衡微分方程，则第一、第二式恒等，第三式为

$$\frac{\partial\tau_{xz}}{\partial x}+\frac{\partial\tau_{yz}}{\partial y}=0$$

将式(8-84)代入上式，即有

$$\frac{\partial^2 w}{\partial x^2}+\frac{\partial^2 w}{\partial y^2}=0$$

即

$$\nabla^2 w=0$$

该式表明，位移函数 $w=w(x,y)$ 满足拉普拉斯方程，所以位移函数是调和函数，根据解析函数的性质，任一解析函数的实部和虚部都是解析函数，所以可取任一个解析函数的实部和虚部作为位移函数。位移函数确定后，便可直接由上述应力与位移关系决定应力 τ_{xz}、τ_{yz}。

$$w(x,y)=\frac{1}{G}\mathrm{Im}\overline{Z}_{\mathrm{III}}(z) \tag{8-85}$$

其中，$\overline{Z}_{\mathrm{III}}(z)$ 为解析函数 $\overline{Z}_{\mathrm{II}}(z)$ 的积分，它仍为解析函数。将此式代入式(8-84)，即有

$$\left.\begin{aligned}\tau_{xz}&=G\frac{\partial w}{\partial x}=\frac{\partial}{\partial x}\mathrm{Im}\overline{Z}_{\mathrm{III}}(z)\\ \tau_{yz}&=G\frac{\partial w}{\partial y}=\frac{\partial}{\partial y}\mathrm{Im}\overline{Z}_{\mathrm{III}}(z)\end{aligned}\right\} \tag{8-86}$$

由解析函数的性质

$$\frac{\partial}{\partial x}\mathrm{Im}\overline{Z}=\mathrm{Im}Z,\quad \frac{\partial}{\partial y}\mathrm{Im}\overline{Z}=\mathrm{Re}Z$$

式(8-86)变为

$$\left.\begin{aligned}\tau_{xz}&=G\frac{\partial w}{\partial x}=\frac{\partial}{\partial x}\mathrm{Im}\overline{Z}_{\mathrm{III}}(z)\\ \tau_{yz}&=G\frac{\partial w}{\partial y}=\frac{\partial}{\partial y}\mathrm{Im}\overline{Z}_{\mathrm{III}}(z)\end{aligned}\right\} \tag{8-87}$$

下面进一步找出满足问题边界条件的解析函数，对于图 8-17 所示的Ⅲ型裂纹问题，其边界条件为：

①在裂纹面上，即 $y=0$，$|x|<a$ 处，$\tau_{yz}=0$；

②在无限远处，即 $z\to\infty$，有 $\tau_{xz}=0$，$\tau_{yz}=\tau$。

据此边界条件，可取解析函数为

$$Z_{\mathrm{III}}(z)=\frac{\tau z}{\sqrt{x^2-a^2}} \tag{8-88}$$

可以证明，它满足问题的边界条件。以 $y=0$ 代入，且 $|x|<a$ 时，有

$$Z_{\mathrm{III}}(z)=\frac{\tau z}{\sqrt{x^2-a^2}}=-\mathrm{i}\frac{\tau x}{\sqrt{a^2-x^2}}$$

上式为纯虚函数，所以 $\mathrm{Re}Z_{\mathrm{III}}(z)=0$，代入式(8-87)，可得 $\tau_{yz}=0$，以 $z\to\infty$ 代入，则

$$Z_{\mathrm{III}}(z)=\frac{\tau}{\sqrt{1-\dfrac{a^2}{z^2}}}=\tau$$

该函数实部和虚部分别为：$\mathrm{Re}Z_{\mathrm{III}}(z)=\tau$，$\mathrm{Im}Z_{\mathrm{III}}(z)=0$，代入式(8-87)，则有

$$\tau_{xz}=0,\quad \tau_{yz}=\tau$$

所以该解析函数满足问题的边界条件，且以该函数构成的应力函数满足双调和方程。

采用与Ⅰ型裂纹相同的方法将坐标原点移至裂纹顶端，即以 $z=a+re^{i\theta}$ 代入解析函数式，注意到 $r\ll a$，则有

$$Z_{\mathrm{III}}(z)=\frac{\tau\sqrt{a}}{\sqrt{2r}}\left(\cos\frac{\theta}{2}-\mathrm{i}\sin\frac{\theta}{2}\right) \tag{8-89}$$

此函数的实部和虚部分别为

$$\mathrm{Re}Z_{\mathrm{III}}(z)=\frac{\tau\sqrt{a}}{\sqrt{2r}}\cos\frac{\theta}{2}$$

$$\mathrm{Im}Z_{\mathrm{III}}(z)=\frac{\tau\sqrt{a}}{\sqrt{2r}}\sin\frac{\theta}{2}$$

将此式代入式(8-82)，即可得出裂纹顶端的应力分量表达式为

$$\begin{Bmatrix}\tau_{xz}\\ \tau_{yz}\end{Bmatrix}=\frac{\tau\sqrt{\pi a}}{\sqrt{2\pi r}}\begin{Bmatrix}-\sin\frac{\theta}{2}\\ \cos\frac{\theta}{2}\end{Bmatrix} \tag{8-90}$$

下面进一步求解位移分量，由式(8-85)可知

$$w(x,y)=\frac{1}{G}\mathrm{Im}\overline{Z}_{\mathrm{III}}(z)$$

对式(8-88)进行积分，有

$$\overline{Z}_{\mathrm{III}}(z)=\int Z_{\mathrm{III}}(z)\mathrm{d}z=\int\frac{\tau z}{\sqrt{z^2-a^2}}\mathrm{d}z=\tau\sqrt{z^2-a^2}$$

以 $z=a+r\mathrm{e}^{i\theta}$ 代入上式，注意到 $r\ll a$，则

$$\begin{aligned}\overline{Z}_{\mathrm{III}}(z)&=\tau\sqrt{(a+r\mathrm{e}^{i\theta})^2-a^2}\approx\tau\sqrt{2ar}\,\mathrm{e}^{\frac{i\theta}{2}}\\&=\tau\sqrt{2ar}\left(\cos\frac{\theta}{2}+\mathrm{i}\sin\frac{\theta}{2}\right)\end{aligned}$$

所以

$$\mathrm{Im}\overline{Z}_{\mathrm{III}}(z)=\tau\sqrt{2ar}\sin\frac{\theta}{2}$$

代入式(8-85)，即有

$$w=\frac{\tau\sqrt{2ar}}{G}\sin\frac{\theta}{2}=\frac{\tau\sqrt{\pi a}}{G}\sqrt{\frac{r}{\pi}}\sin\frac{\theta}{2} \tag{8-91}$$

此即为Ⅲ型裂纹的位移解。

第 9 章　COD(开裂)理论

近几十年来,线弹性断裂力学的理论和测试技术都比较成熟,并在研究材料的脆性破坏、疲劳破坏和应力腐蚀等方面得到了广泛应用。

当裂纹体上施加较小应力时,裂纹顶端出现小范围屈服。但当构件在迅速断裂前,有时裂纹顶端会出现大范围屈服情况。例如,中、低强度钢在韧度发生激烈变化的转变温度以上使用时,就会出现大范围屈服,这时线弹性断裂力学就不复适用。因此,要研究由线弹性范围直到大范围屈服都适用的断裂判据。

大范围屈服后发生的断裂是半脆性的,有时在失稳前裂纹还有一个缓慢的亚临界扩展阶段,最后发生半脆性断裂。应当指出:大范围屈服有时并无亚临界扩展,但在亚临界扩展时裂纹体中必有一定的屈服区域。

由于弹塑性力学处理裂纹问题比较困难,所以这部分内容的发展远不如线弹性断裂力学完善,目前对这类问题的处理办法一般是将线弹性断裂力学的概念加以延伸,在实验的基础上提出新的断裂韧性参量。这些参量可以分为两类:一类是能量或能量率的概念,即将 G 概念加以延伸,得到 J 积分的概念,从而得到 J 判据(J 积分的内容将在第 10 章介绍);另一类是从裂纹周围的应力及应变分析出发,以裂纹顶端张开位移(简称 COD)作为判据来处理大范围屈服问题,此即为韦尔斯在 1961—1965 年期间提出的 COD(Crack Opening Displacement)判据理论。

对于半脆性断裂,目前工程上常以裂纹张开位移和 J 积分等出发建立断裂判据。

9.1　大范围屈服

9.1.1　大范围屈服问题

对于线弹性物体,可以用线弹性断裂力学的方法去研究其断裂问题,在裂纹尖端附近的某一区域内,其应力场主要由应力强度因子决定,该区域称为应力强度因子主导区,或称为 K 主导区。

对于真实材料,应力不可能是无穷大的,在外载荷作用下裂纹尖端总要出现塑性区。如果裂纹尖端附近的塑性区尺寸小于小范围屈服问题,仍可采用线弹性断裂力学的理论和方法,因为小范围屈服的塑性区对广大弹性区应力场的影响不大,因此应力强度因子(或对其进行适当修正后)可以表征裂纹尖端附近应力场的强度。

对于大量中和低强度钢制造的结构、薄壁构件、焊接结构的拐角处和压力容器的接管处,以及在较高温度下工作的构件等,都不满足小范围屈服的条件,都可能在裂纹尖端附近发生大范围或全面的屈服,其塑性区尺寸与裂纹长度相比,已经达到相同数量级时,线弹性断裂力学无法解决上述问题。为此,必须充分考虑裂纹体的弹塑性行为以及在弹塑性情况下裂纹的扩展规律和断裂准则，这就是弹塑性断裂力学要研究的主要问题。

由于弹塑性断裂力学涉及裂纹尖端局部地区的弹塑性行为研究，它在理论、实验技术及应用上都比线弹性断裂复杂得多。虽然弹塑性断裂力学已有几十年的研究历史，但至今尚有许多悬而未决的问题，正因为这一原因，再加上工程需要的迫切性，直到现在它仍然是断裂力学中十分活跃的一大分支。随着理论和实践研究的不断完善，将给解决工程结构问题带来新的途径，而工程应用对弹塑性断裂力学又会提出许多新的课题，反过来将促进弹塑性断裂力学的发展。

从裂纹扩展时能量的转化可知，裂纹顶端塑性区的存在是抗裂的重要因素，裂纹扩展所用塑性功与材料的断裂韧度有密切关系，因此断裂力学必须考虑裂纹顶端的塑性变形。

欧文关于裂纹顶端塑性区大小的理论，仅适用于小范围屈服的场合。测定中、低强度钢的平面应变断裂韧度时，因其值较高，要求试样尺寸很大，试样质量可达上千公斤，而测试中所用材料试验机的吨位有时需要上千吨，因此不便用太大的试样。若用小试样，则会出现大范围屈服。为测定中、低强度材料的断裂韧度，也需要有从弹性到大范围屈服都适用的断裂判据。

9.1.2　大范围屈服判定

前面已讨论了线弹性条件下裂纹扩展的判据问题，并得到断裂判据为

$$K_{\mathrm{I}} \geqslant K_{\mathrm{I}c}$$

$$G_{\mathrm{I}} \geqslant G_{\mathrm{I}c}$$

此即所谓的 K 判据与 G 判据。应力强度因子 K 和裂纹扩展的能量释放率 G 是运用线弹性理论导出的，所以，K、G 判据的使用条件只能是小范围屈服问题。

什么是小范围屈服？前面已导出裂纹前沿塑性区宽度为

$$R=\begin{cases}\dfrac{1}{\pi}\left(\dfrac{K_c}{\sigma_s}\right)^2 \\[2ex] \dfrac{1}{2\sqrt{2}\pi}\left(\dfrac{K_{\mathrm{I}c}}{\sigma_s}\right)^2\end{cases} \tag{9-1}$$

由于式(9-1)中使用的是材料的 $K_{\mathrm{I}c}$ 值，所以 R 表示的是裂纹失稳扩展时的塑性区宽度，其大小反映了塑性区的尺寸大小，但是仅凭 R 的数值还无法确定是否为小范围屈服问题，因为对同样数值的 R 若是使用的大试样，则可能是小范围屈服问题；若使用的是小试样，则可能是大范围屈服问题。所以应当建立一个可以相对比较的量，用以确定究竟是大范围屈服还是小范围屈服的问题。

由式(9-1)可看出，材料的塑性区尺寸与 $(K_{\mathrm{I}c}/\sigma_s)^2$ 有关，根据大量实验结果，一般可以认为，以裂纹初始长度 a 或试样厚度 B 或试样韧带宽度 $W-a$（W 为试样宽度）与塑性区宽度 R 的比值来确定是否为小范围屈服，若

$$(K_{\mathrm{I}c}/\sigma_s)^2 \leqslant \frac{F}{2.5} \tag{9-2}$$

式中，F 为试样的尺寸因素，即是 a、B 或 $W-a$ 等的函数，则称为小范围屈服问题。在小范围屈服条件下，塑性区周围仍被广大的弹性区所包围，所以线弹性断裂力学的分析仍然适用，但在有些情况下，要对塑性区的影响进行适当的修正。

例如，对某些超高强度材料，其 σ_s 值较高，$K_{\mathrm{I}c}$ 值较低，在平面应变条件下，其塑性区尺寸

由下式算出

$$R=\frac{1}{2\sqrt{2}\pi}\left(\frac{K_{\mathrm{I}c}}{\sigma_s}\right)^2=0.1\left(\frac{K_{\mathrm{I}c}}{\sigma_s}\right)$$

其 R 数值很小，所以即使是对小型构件或薄壁容器也能满足小范围屈服条件[式(9-2)]，但是对于在许多条件下使用的中、低强度钢，其 σ_s 值较低，$K_{\mathrm{I}c}$ 值较高，R 的绝对尺寸很大，所以在很多情况下，已属于大范围屈服甚至是整体屈服的问题，即使对其进行修正，线弹性断裂力学公式也不适用了。在实际工程中，这类中低强度钢构件中仍可发生低应力的脆断事故，于是就提出了如何解决大范围屈服的断裂问题，对这类问题的研究促进了弹塑性断裂力学的发展。

由于弹塑性力学处理裂纹问题比较困难，所以这部分内容的发展远不如线弹性断裂力学完善，目前对这类问题的处理办法一般是将线弹性断裂力学的概念加以延伸，在实验的基础上提出新的断裂韧性参量。这些参量可以分为两类：一类是能量或能量率的概念，即将 G 概念加以延伸，得到 J 积分的概念，从而得到 J 判据（J 积分的内容将在下章介绍）；另一类是从裂纹周围的应力及应变分析出发，以裂纹顶端张开位移作为判据来处理大范围屈服问题，此即为 COD (Crack Opening Displacement)的概念。

9.2　裂纹顶端张开位移(COD)

在弹塑性断裂力学的发展早期，人们在分析船体的断裂事故中发现当船板较厚时，断裂后其断口上 90％的面积是结晶状断口，若从该船板上取下小型试样，其断裂断口却是完全纤维状的韧性断裂。

这一现象使人们意识到塑性约束和尺寸效应的问题。由于板的厚度不同，故对裂纹顶端塑性变形的约束是不同的。而板的厚度增加对塑性变形的约束增加，使板在断裂时的脆性倾向就会增加。于是人们设想，在一定的约束条件下，材料的开裂是由裂纹顶端的应变所控制的，当应变达到某一临界值时，裂纹才可能失稳扩展，所以与应力分析类似，人们试图用裂纹顶端应变量来描述材料抵抗裂纹扩展的能力，但是由于裂纹顶端的应变 ε_c 难以测定，而裂纹顶端的张开位移 δ 比较易于测定，于是就发展了 COD 理论。

要使 COD 成为裂纹扩展的抗力指标，建立 COD 的方法，需要解决如下几个问题。

——找出裂纹顶端张开位移 δ 的表达式，即 δ 与裂纹尺寸($2a$)、外加应力 σ 及材料性能之间的关系；

——裂纹顶端张开位移的临界值 δ_c 是否是材料的性能指标，δ_c 如何测定；

——δ 的工程应用问题。

裂纹张开位移理论是从线弹性断裂力学出发，建立在经验归纳的基础上。在理论分析及实验研究的基础上，上面几个问题都已解决，下面将分别进行讨论。

9.2.1　线弹性条件下的 COD

1. *定义 δ*

引入裂纹顶端张开位移 COD 的概念主要是解决大范围屈服条件下的断裂判据问题，在这里讨论线弹性条件下的裂纹顶端张开位移问题，主要是明确 COD 的物理含义。

前面已分析了带有穿透型裂纹的板状物体在拉伸应力作用下的应力、位移场分别为

$$\begin{Bmatrix}\sigma_x\\ \sigma_y\\ \tau_{xy}\end{Bmatrix}=\frac{K_{\mathrm{I}}}{\sqrt{2\pi r}}\cos\frac{\theta}{2}\begin{Bmatrix}1-\sin\frac{\theta}{2}\sin\frac{3}{2}\theta\\ 1+\sin\frac{\theta}{2}\sin\frac{3}{2}\theta\\ \sin\frac{\theta}{2}\cos\frac{3}{2}\theta\end{Bmatrix} \tag{9-3}$$

$$\begin{Bmatrix}u\\ v\end{Bmatrix}=\frac{K_{\mathrm{I}}}{G(1+\mu')}\sqrt{\frac{r}{2\pi}}\begin{Bmatrix}\cos\frac{\theta}{2}\left[(1-\mu')+(1+\mu')\sin^2\frac{\theta}{2}\right]\\ \sin\frac{\theta}{2}\left[2-(1+\mu')\cos^2\frac{\theta}{2}\right]\end{Bmatrix} \tag{9-4}$$

式中，$K_{\mathrm{I}}=\sigma\sqrt{\pi a}$；$G$ 为剪切弹性模量；μ 为泊松比，平面应力条件下，$\mu'=\mu$，平面应变条件下，$\mu'=\mu/(1-\mu)$。

在分析裂纹顶端应力、应变场时曾指出，在很多条件下，由于裂纹顶端发生塑性变形，其应力场将发生变化，不再完全满足由线弹性断裂力学导出的应力、应变及位移表达式，在小范围屈服条件下，可引入有效裂纹长度对塑性区进行修正。

若 a 为实际裂纹的半长度，r_y 为设想裂纹增加的长度，则有效裂纹长度 a^* 为

$$a^*=a+r_y \tag{9-5}$$

且前已导出

$$r_y=\begin{cases}\dfrac{1}{2\pi}\left(\dfrac{K_c}{\sigma_s}\right)^2\\[2ex] \dfrac{1}{4\sqrt{2}\,\pi}\left(\dfrac{K_{\mathrm{I}c}}{\sigma_s}\right)^2\end{cases} \tag{9-6}$$

其有效裂纹长度可用图 9－1 表示，若裂纹长度用 a^* 代替 a，就可以不再考虑塑性区的影响，线弹性断裂力学的公式仍然适用。采用有效裂纹长度以后，裂纹顶端由 O 移到 O' 时，原来的裂纹顶端 O 处就要张开 δ，则 δ 就称为裂纹顶端张开位移。

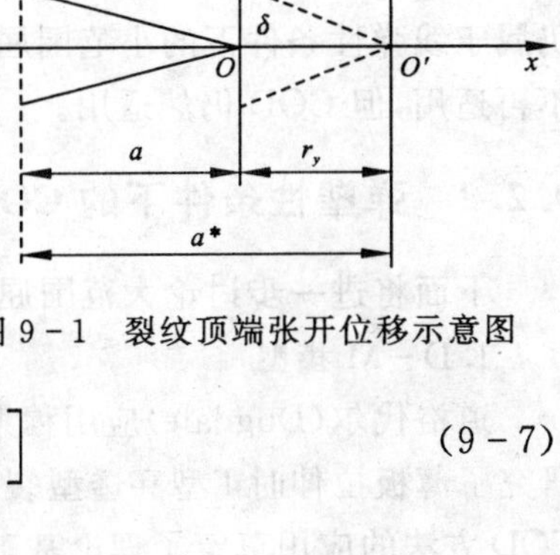

图 9－1　裂纹顶端张开位移示意图

2. 求解 δ

下面利用欧文裂纹边缘移位法进一步求 δ 的表达式。

设坐标原点由原来的裂纹顶端 O 点移动到 O'，原裂纹顶端 O 在新坐标系中的坐标为 (r_y,π)，由式(9－4)及式(9－6)可求出 O 点在 y 方向上的位移 v。在平面应力条件下，将式(9－4)中弹性常数作一交换并由图 9－1 可知

$$\delta=2v=\frac{2}{E}K_{\mathrm{I}}\sqrt{\frac{2r}{\pi}}\sin\frac{\theta}{2}\left[2-(1+\mu)\cos^2\frac{\theta}{2}\right] \tag{9-7}$$

3. 断裂韧度 δ_c

在临界条件下，$v=v_c$，$K_{\mathrm{I}}=K_c$，$\theta=\pi$，$r=r_y=\dfrac{1}{2\pi}\left(\dfrac{K_c}{\sigma_s}\right)^2$，则

$$\delta_c=2v_c=2\left(\frac{2}{E}\right)\left(\frac{K_c}{\pi}\right)\left(\frac{K_c}{\sigma_s}\right)$$

所以

$$\delta_c=\frac{4}{\pi}\frac{K_c^2}{\sigma_s E} \tag{9-8}$$

$$\delta_c=\frac{4}{\pi}\left(\frac{G_c}{\sigma_s}\right) \tag{9-9}$$

在平面应变条件下，

$$v=\frac{1+\mu}{E}K_{\mathrm{I}}\sqrt{\frac{2r}{\pi}}\sin\frac{\theta}{2}\left[2(1-\mu)-\cos^2\frac{\theta}{2}\right]$$

$$\delta=2v=2\cdot\frac{1+\mu}{E}K_{\mathrm{I}}\sqrt{\frac{2r}{\pi}}\sin\frac{\theta}{2}\left[2(1-\mu)-\cos^2\frac{\theta}{2}\right] \tag{9-10}$$

代入临界条件下，$r=r_y=\frac{1}{4\sqrt{2}\pi}\left(\frac{K_{\mathrm{I}c}}{\sigma_s}\right)^2$，并注意到

$$G_{\mathrm{I}c}=\frac{1-\mu^2}{E}K_{\mathrm{I}c}^2$$

则

$$\delta_c=\frac{2\sqrt{\sqrt{2}}}{\pi}\left(\frac{G_{\mathrm{I}c}}{\sigma_s}\right)=\frac{2.38}{\pi}\left(\frac{G_{\mathrm{I}c}}{\sigma_s}\right) \tag{9-11}$$

将式(9-9)、式(9-11)写在一起，有

$$\delta_c=\begin{cases}1.27\left(\dfrac{G_c}{\sigma_s}\right) & \text{（平面应力）}\\ 0.76\left(\dfrac{G_{\mathrm{I}c}}{\sigma_s}\right) & \text{（平面应变）}\end{cases} \tag{9-12}$$

应当注意的是，裂纹顶端张开位移仅用于Ⅰ型裂纹，所以下标Ⅰ可以省略，仅用 δ_c 而不记为 $\delta_{\mathrm{I}c}$。

上面已求出了线弹性条件下 δ 的表达式式(9-7)、式(9-10)，而且由式(9-12)可以看出，在小范围屈服条件下，δ_c 与 G_c、$G_{\mathrm{I}c}$ 具有等价性，G_c、$G_{\mathrm{I}c}$ 是材料常数，所以 δ_c 也是材料常数，也可以作为断裂判据，即在一定的条件下，当 $\delta\geqslant\delta_c$ 时裂纹失稳扩展。

前面已述及，引入 COD 的目的主要是解决大范围屈服的断裂判据问题，上面导出的各式仍属于线弹性条件下的小范围屈服问题，但实验已经证明，在大范围屈服条件下，G、K 判据都不再适用，但 COD 仍然适用。

9.2.2　弹塑性条件下的 COD

下面将进一步讨论大范围屈服问题。

1. D－M 模型

道格代尔(Dugdale)应用穆斯海里什维里(Muskhelishvili)用复变函数解弹性问题的方法研究了薄板拉伸时Ⅰ型穿透型裂纹顶端的塑性变形，导出了大范围屈服条件下 δ 的表达式，为 COD 方法的应用奠定了理论基础，这个模型即称为 D－M 模型。由于该模型在 1960 年提出时，Barenblatt，Bilby，Cotlre 及 Swinden 等人也对此模型进行过各种分析，所以该模型有时也称为 D－B 模型或 BCS 模型。

设有一无限大板状物体，其中有一长度为 $2a$ 的穿透裂纹，在板边缘沿 y 方向作用有均匀

拉伸应力 σ，在该应力作用下，裂纹顶端发生了塑性变形，道格代尔经过拉伸试验，提出裂纹顶端塑性区呈现尖劈带状特征(图 9－2 中阴影部分)，设裂纹加塑性区总长度为 $2c$，塑性区以外仍为弹性区，所以这部分的应力仍可用线弹性断裂力学方法求解。

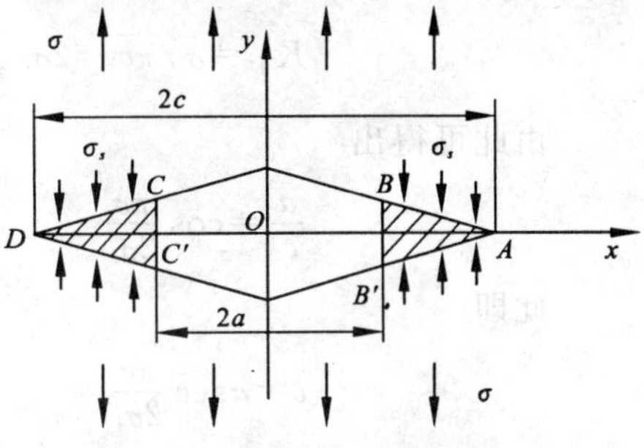

图 9－2　D－M 带状屈服模型

现假设在外加应力 σ 的作用下，裂纹长度由 $2a$ 延伸到 $2c$，并以屈服区端点 A 作为裂纹端点，则原裂纹顶端点 B 的张开量 BB' 即为裂纹顶端张开位移。由于塑性区边缘为非自由表面，所以边缘处的应力不可能为零。由于塑性区是由塑性变形而产生的，其塑性变形应力为 σ_s，所以塑性区边缘 AB、AB' 均受张应力 σ_s 的作用。假想把塑性区挖去，把 AB、AB' 面按自由面考虑，则相当于在 AB、AB' 面上作用有压应力 σ_s，使 AB、AB' 平面不能自由移开。

此时在塑性区顶端 A 附近的应力强度因子应由两个部分组成，一是在外力 σ 的作用下，裂纹长度为 $2c$ 时产生的应力场强度因子 K_{I}'，由前面分析的结果有

$$K_{\mathrm{I}}'=\sigma\sqrt{\pi c} \tag{9-13}$$

另一部分是由作用于三角形地区，即阴影部分上下表面的应力 σ_s 所产生的应力强度因子 K_{I}''，可用以下方法求出。

2. 求解应力强度因子 $K_{\mathrm{I}}(K_{\mathrm{I}}'')$

若有一具中心穿透裂纹的无限板在裂纹面上 $x=\pm b$ 处各作用一对张开力(图 9－3)，则其产生的 K_{I} 为

$$K_{\mathrm{I}}=\frac{P}{\sqrt{\pi a}}\left(\sqrt{\frac{a+b}{a-b}}+\sqrt{\frac{a-b}{a+b}}\right)=\frac{1}{\sqrt{\pi}}\frac{2P\sqrt{a}}{\sqrt{a^2-b^2}} \tag{9-14}$$

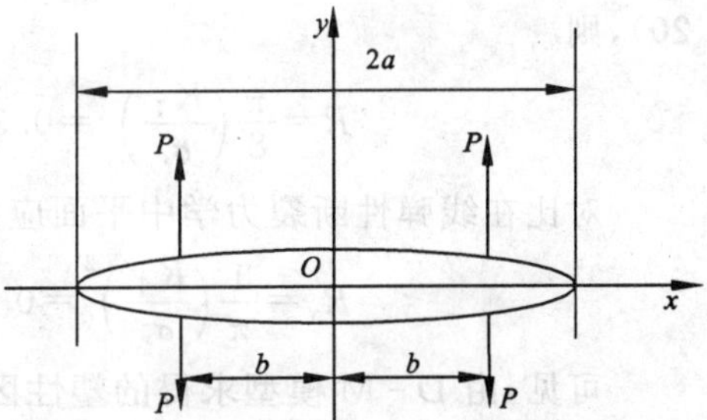

图 9－3　裂纹面上的对称力系与 K_{I}

将该结果应用于 K''_{I} 的求解中，由于塑性区边缘是均布力，而且根据应力强度因子叠加原理，物体中某点处的应力场强度因子等于该点处由各组应力引起的应力场强度因子之和；所以可通过对 b 由 $a-c$ 进行积分求出 K''_{I}，因此

$$K''_{\mathrm{I}}=2\int_a^c\frac{1}{\sqrt{\pi}}\frac{-\sigma_s\sqrt{c}}{\sqrt{c^2-b^2}}\mathrm{d}b=-2\sigma_s\sqrt{\frac{c}{\pi}}\arccos\frac{a}{c} \tag{9-15}$$

其中，σ_s 为负表示裂纹面边缘承受的压应力。由此，裂纹顶端附近的应力场强度因子 K_{I} 为

$$K_{\mathrm{I}}=K_{\mathrm{I}}'+K_{\mathrm{I}}''=\sigma\sqrt{\pi c}-2\sigma_s\sqrt{\frac{c}{\pi}}\arccos\frac{a}{c} \tag{9-16}$$

在所讨论的问题中，裂纹顶端 x 轴上的应力为

$$\sigma_y=\frac{K_{\mathrm{I}}}{\sqrt{2\pi r}}$$

在 A 点处，$r=0$，则 $\sigma_y\to\infty$。但在本问题中，由于 σ_s 的存在，A、D 点的应力不会无限大而是有限制的，即在 A、D 点处并不存在奇异性，所以在 A 点处应力场强度因子应该等于零，所以有

$$K_{\mathrm{I}}=\sigma\sqrt{\pi c}-2\sigma_s\sqrt{\frac{c}{\pi}}\arccos\frac{a}{c}=0$$

由此可得出

$$\frac{a}{c}=\cos\frac{\pi\sigma}{2\sigma_s} \tag{9-17}$$

此即

$$c=a\sec\frac{\pi\sigma}{2\sigma_s} \tag{9-18}$$

裂纹端部的塑性区尺寸 R 为

$$R\approx c-a=a\left(\sec\frac{\pi\sigma}{2\sigma_s}-1\right) \tag{9-19}$$

若外加应力较小($\sigma/\sigma_s<0.5$),可将 $\sec\frac{\pi\sigma}{2\sigma_s}$按级数展开,有

$$\sec\frac{\pi\sigma}{2\sigma_s}=1+\frac{1}{2!}\left(\frac{\pi\sigma}{2\sigma_s}\right)^2+\cdots$$

将此式代入式(9-19),可得

$$R=\frac{a}{2}\left(\frac{\pi\sigma}{2\sigma_s}\right)^2=\frac{a\pi^2}{8}\left(\frac{\sigma}{\sigma_s}\right)^2 \tag{9-20}$$

该式即为裂纹长度为 $2a$ 时,D-M 模型中的塑性区尺寸,若以 $K_{\mathrm{I}}=\sigma\sqrt{\pi a}$ 代入式(9-20),则

$$R=\frac{\pi}{8}\left(\frac{K_{\mathrm{I}}}{\sigma_s}\right)^2=0.39\left(\frac{K_{\mathrm{I}}}{\sigma_s}\right)^2 \tag{9-21}$$

对比在线弹性断裂力学中平面应力条件下的塑性区尺寸,有

$$R_y=\frac{1}{\pi}\left(\frac{K_{\mathrm{I}}}{\sigma_s}\right)^2=0.32\left(\frac{K_{\mathrm{I}}}{\sigma_s}\right)^2$$

可见,由 D-M 模型求得的塑性区尺寸之值比在线弹性断裂问题中的塑性区尺寸要大。

3. 位移的帕里斯公式

下面再来求原裂纹顶端 B、C 点处(图 9-2)的张开位移 δ,在求解 δ 之前,先介绍求位移的帕里斯公式。

由材料力学中的卡氏定理可知,若物体受一对力的作用时,力的作用点 M_1 与 M_2 之间沿外力作用方向的相对位移等于物体的应变能 U 对外力 P 的偏导数(图 9-4),此即 $\delta_{M_1M_2}=\frac{\partial U}{\partial P}$,现欲求裂纹面上 B_1、B_2 两点间的相对张开位移,可引入一对虚张力 F,于是,B_1、B_2 两点在加上虚力后的相对位移即为$\frac{\partial U}{\partial P}$。若令 $F\to 0$,即可得这两点间的实际相对位移 δ 为

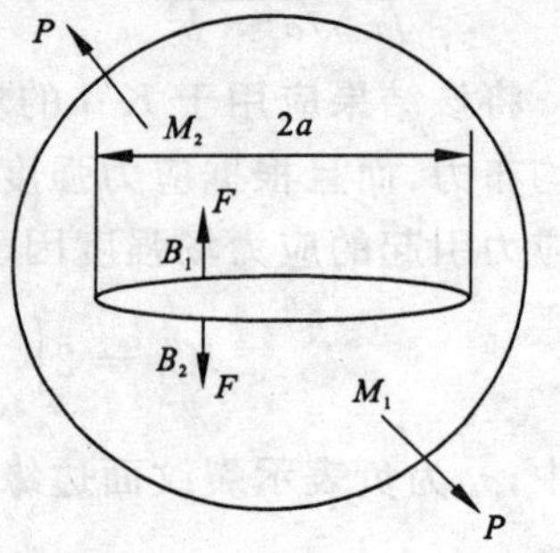

图 9-4　裂纹面向对位移

$$\delta=\lim_{F\to 0}\left(\frac{\partial U}{\partial F}\right) \tag{9-22}$$

其中,弹性应变能为外力 P、虚力 F 及裂纹长度 a 的函数,$U=U(a,P,F)$。由第 7 章可知,在

恒载荷条件下，裂纹扩展能量释放率 G_{I} 与物体的应变能 U 之间存在如下关系

$$G_{\mathrm{I}}=\left(\frac{\partial U}{\partial a}\right)_P \quad (\text{取板厚 } B=1)$$

将上式积分，则有

$$U(a,P,F)=U_0(P,F)+\int_0^{\xi}G_{\mathrm{I}}\mathrm{d}a \tag{9-23}$$

其中，$U_0(P,F)$对应于无裂纹体的应变能；2ξ 则表示裂纹在扩展过程中的瞬时长度。

若裂纹顶端的应力强度因子为 K_{I}，则根据应力强度因子的叠加原理，有

$$K_{\mathrm{I}}=K_{\mathrm{I}P}+K_{\mathrm{I}F}$$

其中，$K_{\mathrm{I}P}$与 $K_{\mathrm{I}F}$分别表示外力 P 及虚力 F 所产生的裂纹顶端处的应力强度因子。

由式(8-64)及上式有

$$G_{\mathrm{I}}=\frac{K_{\mathrm{I}}^2}{E}=\frac{1}{E}(K_{\mathrm{I}P}+K_{\mathrm{I}F})^2 \tag{9-24}$$

将式(9-24)代入式(9-23)再代入式(9-22)，有

$$\delta=\lim_{F\to 0}\left(\frac{\partial U}{\partial F}\right)=\lim_{F\to 0}\left[\frac{\partial U_0}{\partial F}+\frac{\partial}{\partial F}\int_0^{\xi}\frac{1}{E}(K_{\mathrm{I}P}+K_{\mathrm{I}F})^2\mathrm{d}a\right]$$

$$\delta=\lim_{F\to 0}\left(\frac{\partial U_0}{\partial F}\right)+\lim_{F\to 0}\frac{2}{E}\int_0^{\xi}(K_{\mathrm{I}P}+K_{\mathrm{I}F})\frac{\partial K_{\mathrm{I}F}}{\partial F}\mathrm{d}a$$

式中，第一项 U_0 是无裂纹时的弹性体的应变能，因为无裂纹则 B_1、B_2 两点重合，而没有相对位移，所以 $\lim\limits_{F\to 0}\left(\frac{\partial U_0}{\partial F}\right)=0$；第二项中，$K_{\mathrm{I}F}$为虚力 F 在裂纹顶端产生的应力场强度因子，所以，$K_{\mathrm{I}F}$的强弱取决于虚力 F 的大小。当 $F\to 0$，$K_{\mathrm{I}F}\to 0$，所以上式可简化为

$$\delta=\frac{2}{E}\int_0^{\xi}K_{\mathrm{I}P}\left(\frac{\partial K_{\mathrm{I}F}}{\partial F}\right)_{F\to 0}\mathrm{d}a \tag{9-25}$$

式中，δ 为待求的裂纹顶端张开位移。该式也称为帕里斯公式。

4. 求解 δ

下面就利用帕里斯公式来讨论 D-M 模型的 COD。

D-M 模型所受外力如图 9-2 所示，裂纹顶端应力场强度因子 $K_{\mathrm{I}P}$前面已求出

$$K_{\mathrm{I}P}=K_{\mathrm{I}}=K_{\mathrm{I}}'+K_{\mathrm{I}}''=\sigma\sqrt{\pi c}-2\sigma_s\sqrt{\frac{c}{\pi}}\arccos\frac{a}{c} \tag{9-26}$$

初始裂纹($2a$)顶端处两组虚力 F 的作用如图 9-5 所示。由式(9-14)，虚对力 F 产生的 $K_{\mathrm{I}F}$为

$$K_{\mathrm{I}F}=\frac{2F\sqrt{c}}{\sqrt{\pi c(c^2-a^2)}} \tag{9-27}$$

将式(9-26)、式(9-27)代入式(9-25)并注意到积分式表示裂纹从原始长度扩展到某裂纹长度的过程，所以用变量 2ξ 代替 $2c$ 以表示裂纹在增长过程中的瞬时长度，于是，可得到 B 点的裂纹张开位移为

$$\delta=\frac{2}{E}\int_0^c\left[\sigma\sqrt{\pi\xi}-\frac{2\sigma_s}{\pi}\sqrt{\pi\xi}\arccos\frac{a}{\xi}\right]\frac{\partial}{\partial F}\left[\frac{2F\sqrt{\xi}}{\sqrt{\pi\xi(\xi^2-a^2)}}\right]_{F\to 0}\mathrm{d}\xi$$

上积分式中，积分区间为 $\int_0^c=\int_0^a+\int_a^c$，注意到虚力 F 的作用点为 $x=\pm a$ 处(图 9-2)，当

裂纹长度 $\varepsilon < a$ 时，F 力作用点尚是闭合状态，所以对力 F 作用于同一点上，它们的作用互相抵消，故 F 对瞬时裂纹的应力场强度因子没有贡献，即 $K_{IF}=0$，所以上式中只需从 $a-c$ 进行积分。对上式进行积分运算后即可得到

$$\delta=\frac{8\sigma_s a}{\pi E}\ln\sec\frac{\pi\sigma}{2\sigma_s} \tag{9-28}$$

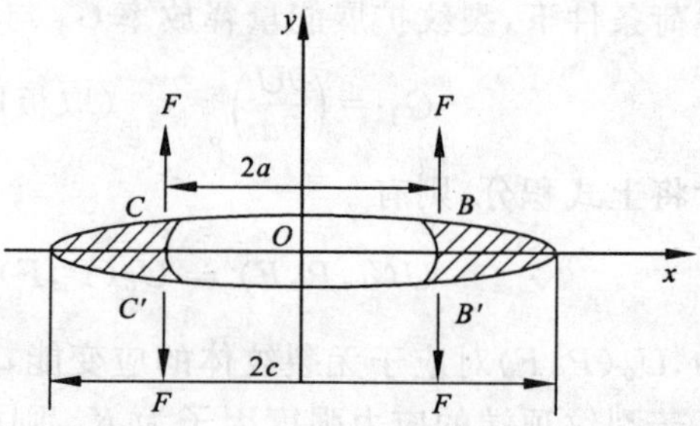

图 9-5　原始裂纹顶端虚力示意图

该式即为 D-M 模型上裂纹顶端的张开位移公式，若考虑到塑性区的形变硬化因素，则上式中的 σ_s 应该用该区域中的平均有效屈服应力 σ_{ys} 来替代，于是有

$$\delta=\frac{8\sigma_{ys} a}{\pi E}\ln\sec\frac{\pi\sigma}{2\sigma_{ys}} \tag{9-29}$$

由该式可以看出，若 $\sigma=\sigma_{ys}$，则 $\sec\frac{\pi}{2}\to\infty$，$\delta\to\infty$，表示整体屈服。实际情况表明，对于小范围或大范围屈服，当 $\sigma/\sigma_s\leqslant 0.6$ 时，式(9-28)能得到令人满意的结果。

对于外加应力较低的小范围屈服问题，将式(9-28)中 $\sec\frac{\pi\sigma}{2\sigma_s}$ 按级数展开，有

$$\sec\frac{\pi\sigma}{2\sigma_s}=1+\frac{1}{2!}\left(\frac{\pi\sigma}{2\sigma_s}\right)^2+\cdots$$

代入 δ 的表达式(9-28)，有

$$\delta=\frac{8\sigma_s a}{\pi E}\ln\left[1+\frac{\left(\frac{\pi\sigma}{2\sigma_s}\right)^2}{2}\right] \tag{9-30}$$

又将上式中的 $\ln\left[1+\frac{\left(\frac{\pi\sigma}{2\sigma_s}\right)^2}{2}\right]$ 按级数展开，有

$$\ln\left[1+\frac{\left(\frac{\pi\sigma}{2\sigma_s}\right)^2}{2}\right]=\frac{\left(\frac{\pi\sigma}{2\sigma_s}\right)}{2}-\frac{\left[\frac{(\pi\sigma/2\sigma_s)}{2}\right]^2}{2}+\frac{\left[\frac{\pi\sigma/2\sigma_s}{2}\right]^3}{3}-\cdots$$

当 $\sigma\ll\sigma_s$ 时，可只取首项，代入 δ 表达式(9-30)，则有

$$\delta=\frac{\sigma^2\pi a}{E\sigma_s} \tag{9-31}$$

所以

$$\delta=\frac{K_{\mathrm{I}}^2}{E\sigma_s}=\frac{G_{\mathrm{I}}}{\sigma_s} \tag{9-32}$$

式(9-32)即表示在小范围屈服条件下，δ 与 K_{I}、G_{I} 的关系。将该式与线弹性条件下 COD 模型结果相比较[式(9-8)、式(9-9)]，则可看出，两者具有相同的形式，只是系数稍有不同。

还应该说明的是，在使用 D-M 模型作弹塑性断裂分析时，应注意其使用条件，该模型是针对平面应力条件下，无限大板中含有穿透型裂纹进行讨论的，在应用于非板状物体的断裂分析时应进行适当的修正，而且如前所述，当 $\sigma/\sigma_s\leqslant 0.6$ 的情况下，才具有令人满意的使用精度。

9.3　δ(COD)判据

按能量原理，裂纹的扩展是因为应力和应变的综合量达到了临界值而发生的。用应力的观点去讨论脆性材料的裂纹失稳扩展是合适的，但当裂纹尖端区域大范围屈服之后，则应该用应变去研究裂纹的扩展。裂纹尖端的张开位移正是裂纹顶端塑性应变的一种度量。可以认为，当裂纹尖端的张开位移 COD 达到材料的某一临界值时，裂纹即发生扩展，这就是 COD 判据的实质。

9.3.1　开裂判据

在上面通过分析线弹性条件下的 δ 临界值，定义了断裂韧度 δ_c，推导了在小范围屈服条件下 δ 与 K_{I}、G_{I} 的等效关系，实验证明，在大范围屈服条件下，G、K 判据都不再适用，但 COD 仍然适用。

韦尔斯首先提出弹塑性情况下的 COD 断裂判据，即：当裂纹张开位移 δ 达到某一临界值 δ_c 时，裂纹将会开裂。

即

$$\delta=\delta_c \tag{9-33}$$

δ_c 是一种以裂纹顶端应变作为判据的断裂韧性参量，实验结果已经证明，对于特定的材料，在给定温度、一定的应变速度、缺口尖锐度及板厚的条件下，δ_c 是一个材料常数。一般来说，δ_c 仅随试样厚度与温度的变化而改变，因此，δ_c 完全可以作为衡量材料断裂抗力的性能指标。

δ_c 是材料弹塑性断裂韧性指标，是材料常数，可以由实验测得，它与温度有关。必须注意，δ_c 是裂纹开裂的临界值，而不是裂纹最后失稳的临界值。一般用 δ_i(initiation)表示裂纹开裂的张开位移临界值，用 δ_m(maximum)表示裂纹失稳的张开位移临界值。

大量实验表明，δ_i 是一个不随试件尺寸改变的材料常数，而 δ_m 随试件尺寸变化较大，特别是试件厚度的影响，不宜作为材料常数。目前都以 δ_i 作为裂纹张开位移临界值，国内一般记为 δ_c。

实践证明，COD 准则应用于焊接结构和压力容器的断裂安全分析是非常有效的，而且简单可行。加上 δ_c 的测量方法比较简单，因而 COD 准则应用于工程较为普遍。

但 COD 准则理论基础薄弱，以 δ_i 作为 δ_c 用于设计中是偏保守的，尤其在浅裂纹情况下。这些问题还有待于进一步研究。

式(9-28)是 COD 判据(即 δ 判据)工程应用的基本公式，这种判据主要用于塑性较好且用量很大的中、低强度钢，特别是压力容器和管道，但是式(9-28)是在具有穿透型裂纹的无限大板的条件下导出的，其应力状态与圆形的容器和管道存在一定的差异，因此在应用时需要对式(9-28)进行一定的修正。另外，由于低强度钢强度较低，在工作条件下可能产生大面积屈服，而且在大变形时，会发生显著的加工硬化现象。因而对式(9-28)中的应力 σ_s 也应进行一定的修正。

在承受内部压力的情况下，具有穿透裂纹的圆筒管容器可发生鼓胀效应，其原因在于圆筒是曲面结构，对于其中的纵向裂纹除受筒面的切向拉应力以外，它的内壁还承受内压应力，在裂纹较长的情况下，塑性较好的低强度钢在裂纹处会鼓出一个包，从而在裂纹根部增加一个弯矩作用，弯矩的附加应力与原工作应力叠加使其有效作用应力增大，所以按式(9-28)计算 δ 时，应在工作应力中引入扩大系数 M。M 与裂纹长度 $2a$、容器半径 R 及壁厚 t 有关，其关系式为

$$M=\left(1+1.61\frac{a^2}{Rt}\right)^{\frac{1}{2}} \quad \text{（对圆筒容器）} \tag{9-34}$$

$$M=\left(1+1.93\frac{a^2}{Rt}\right)^{\frac{1}{2}} \quad \text{（对球形容器）} \tag{9-35}$$

由此，若 σ 为平板上作用的拉应力，σ_H 为圆筒容器的切向应力，则对平板应力强度因子公式的校正式为

$$K_{\mathrm{I}}=\sigma\sqrt{\pi a}=\sigma_H M\sqrt{\pi a} \tag{9-36}$$

9.3.2　存在问题

裂纹张开位移在测试上是有一定困难的，因为高强度钢的 δ 往往只有 0.01～0.05mm，开裂瞬时的 δ_c 值不仅不易测准，而且测量位置也不易明确。

在断裂前发生大范围屈服的情况时，裂纹张开位移与载荷和裂纹尺寸间的关系以及近似公式都不易求得。因此，目前仅有含穿透裂纹的无限大板受拉时的裂纹张开位移表达式。这样，裂纹张开位移判据在应用上是有困难的。例如，对压力容器来说，没有表面裂纹的公式，就只能将其当作穿透裂纹来处理。裂纹张开位移弯曲试验的有效计算模型目前也还未建立。

从根本上说，能否用裂纹张开位移的临界值表征材料的断裂韧度，能否采用裂纹张开位移判据，目前都尚有争议。特别是式(9-28)的观点能否成立仍需进一步考察。

COD 方法缺乏严密的理论基础和分析手段。由于直接对裂纹尖端的张开位移的精确定义、理论计算和直接测定都很困难，不得不用间接方法和经验关系。因此，目前国内外对 COD 方法的研究和应用持不同态度。但由于它能简单有效地解决实际问题，仍然得到了工程界广泛的应用。

总之，裂纹张开位移公式的使用还只处于经验阶段。

第 10 章　J 积分(启裂)理论

现代结构所用的中、低强度材料，通常有较高的韧度。这种材料在裂纹稳定扩展及失稳扩展之前，裂纹顶端已有了相当大的塑性变形。因此，研究裂纹扩展判据时，应充分考虑塑性变形的影响。

前面提出的 COD 参量及 COD 判据以及由它所得到的一些关系式能有效地解决工程实际问题，特别是在中、低强度钢的焊接结构和压力容器的断裂安全设计分析中得到广泛的应用。但是，它毕竟不是一个直接的、严密的裂纹顶端弹塑性应力、应变场的表征参量，裂纹顶端位移的分析和直接测定都比较困难。

赖斯(Rice)应用塑性力学的全量理论，避开求解裂纹前缘塑性应力场时数学计算上的困难，于 1968 年提出了平面裂纹问题的 J 积分概念。

J 积分是一个定义明确及理论严密的应力、应变场参量，像线弹性断裂力学中的应力强度因子一样，J 积分既能描述裂纹顶端区域应力、应变场的强度，又容易通过实验来测定，所以它是弹塑性断裂力学中的重要参量。

J 积分有两种定义或表达式，一是回路积分定义，另一种是形变功率定义，在塑性力学全量理论的描述下这两种定义是等效的。

10.1　J 积分的回路积分

10.1.1　回路积分定义

设有一单位厚度的板状试样，其中有一贯穿裂纹(图 10 - 1)，因为这是一个板状问题，所以属平面问题，根据能量平衡理论有

$$\Pi = U - W \qquad (10-1)$$

式中，Π 为系统内能；U 为弹性应变能；W 为外力功。

由式(7 - 3)可知，裂纹扩展力为

$$G = -\frac{\partial \Pi}{\partial A} = \frac{\partial W}{\partial A} - \frac{\partial U}{\partial A} \qquad (10-2)$$

对于单位厚度($B=1$)的试样

$$G = -\frac{\partial \Pi}{\partial a} = \frac{\partial W}{\partial a} - \frac{\partial U}{\partial a} \qquad (10-3)$$

设试样中的应变能密度为 w，在试样表面取一面积元 $dA = dxdy$，则面积元所对应的体积为

$$dV = BdA = dA$$

体积元的应变能为

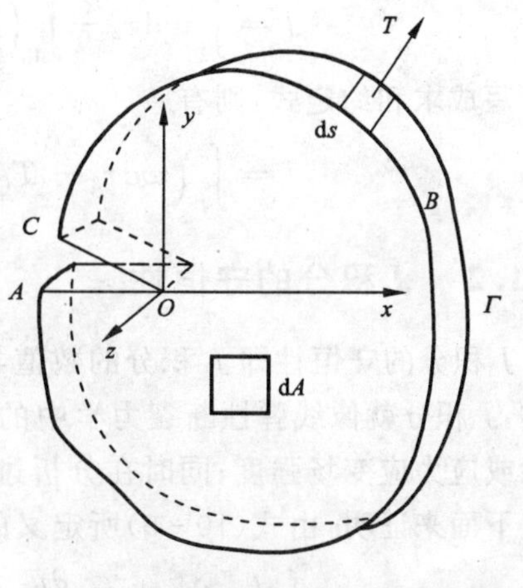

图 10 - 1　积分回路定义示意图

$$dU=wdV=wdA$$

试样总的应变能为

$$U=\int dU=\iint wdA=\iint wdxdy \tag{10-4}$$

又设试样边界 Γ 上作用有张力 T，在试样周界上取一单元弧长 ds，则试样侧面面积元

$$dF=Bds=ds$$

侧面面积元上的外力

$$P=T\cdot dF=T\cdot ds$$

设边界 Γ 上各点的位移为 u，则 ds 弧长上外力做功就等于位移矢量 u 和外力矢量 T 的点积

$$dW=u\cdot Tds$$

整个试样边界上外力做功为

$$W=\int dW=\int_{\Gamma}u\cdot Tds \tag{10-5}$$

将式(10－4)、式(10－5)代入式(10－1)，有

$$\Pi=U-W=\iint wdxdy-\int_{\Gamma}u\cdot Tds \tag{10-6}$$

由式(10－3)及上式可以证明(证明较长，此处从略)

$$G=-\frac{\partial\Pi}{\partial a}=\int_{\Gamma}\left(wdy-\frac{\partial u}{\partial x}Tds\right) \tag{10-7}$$

其中，Γ 是由裂纹下表面走向上表面的任意一条途径，如图 10－1 中的 $\Gamma=ABC$。

上式在线弹性条件下是成立的，在弹塑性条件下，G 已失效，但是对于任何弹塑性体(即大范围屈服或整体屈服条件下)，上式右边的积分总是存在的，这个积分称为 J 积分，即

$$J=\int_{\Gamma}\left(wdy-\frac{\partial u}{\partial x}Tds\right) \tag{10-8}$$

这就是 J 积分的回路积分的定义。

该式也可用张量符号写出，在张量符号记法中，x、y、z 坐标轴分别用 x_1、x_2、x_3 表示，位移 u、v、w 分别用 u_1、u_2、u_3 表示，张应力矢量 T 在 x、y 轴方向的分量 T_x、T_y，分别用 T_1、T_2 表示。则上式可记为

$$J=\int_{\Gamma}wdx_2-\int_{\Gamma}\left(\frac{\partial u_1}{\partial x_1}T_1+\frac{\partial u_2}{\partial x_1}T_2\right)ds$$

写成求和约定式，则有

$$J=\int_{\Gamma}\left(wdx_2-T_i\frac{\partial u_i}{\partial x_1}ds\right)=\int_{\Gamma}wdx_2-\int_{\Gamma}T_i\frac{\partial u_i}{\partial x_1}ds \tag{10-9}$$

10.1.2 J 积分的守恒性

J 积分的守恒性即 J 积分的数值与积分回路无关是 J 积分的非常重要的性质，具有这个性质，J 积分就像线弹性断裂力学中的应力场强度因子 K 一样，反映了裂纹顶端的某种力学特性或应力应变场强度；同时在分析过程中有可能避开裂纹顶端这个难以直接严密分析的区域。下面来证明，由式(10－9)所定义的 J 积分具有守恒性，即证明

$$\int_{\Gamma}\left(wdx_2-T_i\frac{\partial u_i}{\partial x_1}ds\right)=\int_{\Gamma'}\left(wdx_2-T_i\frac{\partial u_i}{\partial x_1}ds\right) \tag{10-10}$$

其中,Γ、Γ'为围绕裂纹顶端区的不同回路(图 10-2)。

如果取一任意闭合回路 C,它由 Γ、Γ'及裂纹自由表面构成(即回路 $ABCEDFA$),注意在裂纹面 CE、AF 上,$dx_2=0$,$T_i=0$,且 EDF 的方向与 Γ'的方向相反(为由裂纹下表面走向上表面的任一条途径),则

$$\oint_C\left(w\mathrm{d}x_2-T_i\frac{\partial u_i}{\partial x_1}\mathrm{d}x\right)=\int_\Gamma\left(w\mathrm{d}x_2-T_i\frac{\partial u_i}{\partial x_1}\mathrm{d}s\right)-\int_{\Gamma'}\left(w\mathrm{d}x_2-T_i\frac{\partial u_i}{\partial x_1}\mathrm{d}s\right)$$

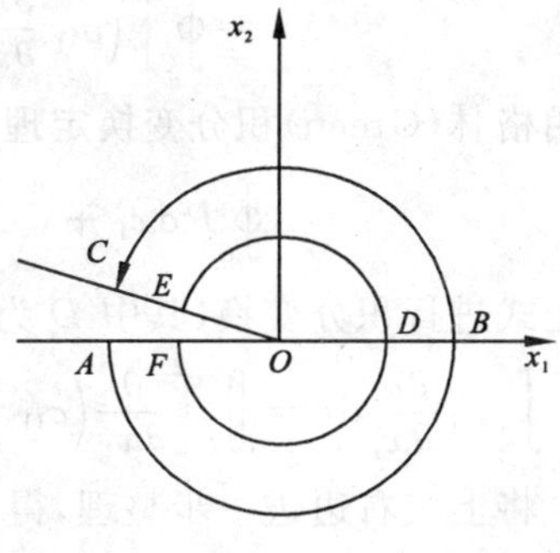

图 10-2 裂纹尖端 J 积分回路

由此式可看出,若能证明

$$\oint_C\left(w\mathrm{d}x_2-T_i\frac{\partial u_i}{\partial x_1}\mathrm{d}x\right)\equiv 0 \tag{10-11}$$

则式(10-11)恒成立,即可证明 J 积分值与积分路径无关。

考察式(10-11)中的后一项

$$\oint_C T_i\frac{\partial u_i}{\partial x_1}\mathrm{d}s=\oint_C\left(T_1\frac{\partial u_1}{\partial x_1}+T_2\frac{\partial u_2}{\partial x_1}\right)\mathrm{d}s \tag{10-12}$$

式中,T 为积分回路上的应力矢量;$T_i(T_1,T_2)$为应力矢量的分量;u 为力 T 作用点的位移矢量;$u_i(i=1,2)$为位移矢量的分量。

设积分回路如图 10-3 所示,$\mathrm{d}s$ 为回路上的一弧线元,$\boldsymbol{n}$ 为弧线元 $\mathrm{d}s$ 的外法线,n_1、n_2 为 $\boldsymbol{n}$ 的方向余弦,即有

$$\left.\begin{aligned}n_1&=\cos a=\frac{\mathrm{d}x_2}{\mathrm{d}s}\\n_2&=\sin a=-\frac{\mathrm{d}x_1}{\mathrm{d}s}\end{aligned}\right\} \tag{10-13}$$

注意,n_1、n_2 的符号是这样规定的,当弧线元的外法线方向 $\boldsymbol{n}$ 指向外边界时,弧线元 $\mathrm{d}s$ 沿逆时针方向为正,当 $\mathrm{d}s$ 增加时,$\mathrm{d}x_2$ 也是增加的,所以 $\mathrm{d}x_2$ 为正,n_1 为正号;而当 $\mathrm{d}s$ 增加时,$\mathrm{d}x_1$ 是减少的(图 10-3),n_2 即为负号。

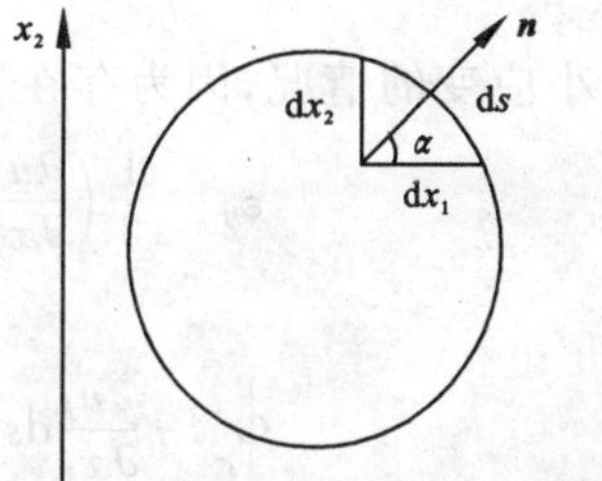

图 10-3 J 积分的积分回路

根据弹性力学知识,由已知物体的应力分量可以求出任意斜截面上的应力分量。可得到对应于弧长 $\mathrm{d}s$ 的体元的平衡条件为

$$\left.\begin{aligned}T_1&=\sigma_{11}n_1+\sigma_{12}n_2\\T_2&=\sigma_{21}n_1+\sigma_{22}n_2\end{aligned}\right\} \tag{10-14}$$

将式(10-14)代入式(10-12),再将式(10-13)代入,有

$$\begin{aligned}\oint_C T_i\frac{\partial u_i}{\partial x_1}\mathrm{d}s&=\oint_C\left(T_1\frac{\partial u_1}{\partial x_1}+T_2\frac{\partial u_2}{\partial x_1}\right)\mathrm{d}s\\&=\oint_C\left((\sigma_{11}n_1+\sigma_{12}n_2)\frac{\partial u_1}{\partial x_1}+(\sigma_{21}n_1+\sigma_{22}n_2)\frac{\partial u_2}{\partial x_1}\right)\mathrm{d}s\\&=\oint_C\left\{\left[\left(\sigma_{11}\frac{\mathrm{d}x_2}{\mathrm{d}s}-\sigma_{12}\frac{\mathrm{d}x_1}{\mathrm{d}s}\right)\frac{\partial u_1}{\partial x_1}\mathrm{d}s\right]+\left[\left(\sigma_{21}\frac{\mathrm{d}x_2}{\mathrm{d}s}-\sigma_{22}\frac{\mathrm{d}x_1}{\mathrm{d}s}\right)\frac{\partial u_2}{\partial x_1}\mathrm{d}s\right]\right\}\end{aligned}$$

$$=\oint_C\left[\left(\sigma_{11}\frac{\partial u_1}{\partial x_1}+\sigma_{21}\frac{\partial u_2}{\partial x_1}\right)\mathrm{d}x_2-\left(\sigma_{12}\frac{\partial u_1}{\partial x_1}+\sigma_{22}\frac{\partial u_2}{\partial x_1}\right)\mathrm{d}x_1\right]$$

利用格林(Green)积分变换定理

$$\oint_C P\mathrm{d}x_1+Q\mathrm{d}x_2=\iint_D\left(\frac{\partial Q}{\partial x_1}-\frac{\partial P}{\partial x_2}\right)\mathrm{d}x_1\mathrm{d}x_2 \tag{10-15}$$

对上式进行积分变换(其中 D 为回路 C 所围成的面积),则前式变为

$$\oint_C T_i\frac{\partial u_i}{\partial x_1}\mathrm{d}s=\iint_D\left[\frac{\partial}{\partial x_1}\left(\sigma_{11}\frac{\partial u_1}{\partial x_1}+\sigma_{21}\frac{\partial u_2}{\partial x_1}\right)+\frac{\partial}{\partial x_2}\left(\sigma_{12}\frac{\partial u_1}{\partial x_1}+\sigma_{22}\frac{\partial u_2}{\partial x_1}\right)\right]\mathrm{d}x_1\mathrm{d}x_2$$

将上式右边进一步整理,得

$$\oint_C T_i\frac{\partial u_i}{\partial x_1}\mathrm{d}s=\iint_D\left[\frac{\partial u_1}{\partial x_1}\left(\frac{\partial\sigma_{11}}{\partial x_1}+\frac{\partial\sigma_{12}}{\partial x_2}\right)+\frac{\partial u_2}{\partial x_1}\left(\frac{\partial\sigma_{21}}{\partial x_1}+\frac{\partial\sigma_{22}}{\partial x_2}\right)+\sigma_{11}\frac{\partial^2 u_1}{\partial x_1^2}+\sigma_{21}\frac{\partial^2 u_2}{\partial x_1^2}+\sigma_{12}\frac{\partial^2 u_1}{\partial x_1\partial x_2}\right.$$
$$\left.+\sigma_{22}\frac{\partial^2 u_2}{\partial x_1\partial x_2}\right]\mathrm{d}x_1\mathrm{d}x_2$$

注意到,$\sigma_{12}=\sigma_{21}$,并应用平衡微分方程,则有

$$\left.\begin{aligned}\frac{\partial\sigma_{11}}{\partial x_1}+\frac{\partial\sigma_{12}}{\partial x_2}=0\\ \frac{\partial\sigma_{21}}{\partial x_1}+\frac{\partial\sigma_{22}}{\partial x_2}=0\end{aligned}\right\}$$

故

$$\oint_C T_i\frac{\partial u_i}{\partial x_1}\mathrm{d}s=\iint_D\left[\sigma_{11}\frac{\partial^2 u_1}{\partial x_1^2}+\sigma_{21}\frac{\partial^2 u_2}{\partial x_1^2}+\sigma_{12}\frac{\partial^2 u_1}{\partial x_1\partial x_2}+\sigma_{22}\frac{\partial^2 u_2}{\partial x_1\partial x_2}\right]\mathrm{d}x_1\mathrm{d}x_2$$

写成求和约定记法形式

$$\oint_C T_i\frac{\partial u_i}{\partial x_1}\mathrm{d}s=\iint_D\sigma_{ij}\frac{\partial}{\partial x_1}\left(\frac{\partial u_i}{\partial x_j}\right)\mathrm{d}x_1\mathrm{d}x_2$$
$$=\iint_D\sigma_{ij}\frac{\partial}{\partial x_1}\left[\frac{1}{2}\left(\frac{\partial u_i}{\partial x_j}+\frac{\partial u_j}{\partial x_i}\right)\right]\mathrm{d}x_1\mathrm{d}x_2$$

对于小应变的情况,因为存在

$$\varepsilon_{ij}=\frac{1}{2}\left(\frac{\partial u_i}{\partial x_j}+\frac{\partial u_j}{\partial x_i}\right)$$

则

$$\oint_C T_i\frac{\partial u_i}{\partial x_1}\mathrm{d}s=\iint_D\sigma_{ij}\frac{\partial\varepsilon_{ij}}{\partial x_1}\mathrm{d}x_1\mathrm{d}x_2 \tag{10-16}$$

对于式(10-11)中前一项 $\oint w\mathrm{d}x_2$,同样采用格林积分变换,由式(10-15),注意到式中 $P=0$,则有

$$\oint w\mathrm{d}x_2=\iint_D\frac{\partial w}{\partial x_1}\mathrm{d}x_1\mathrm{d}x_2$$

由应变能函数有

$$\mathrm{d}w=\sigma_{ij}\mathrm{d}\varepsilon_{ij}=\sigma_{ij}\left(\frac{\partial\varepsilon_{ij}}{\partial x_1}\mathrm{d}x_1+\frac{\partial\varepsilon_{ij}}{\partial x_2}\mathrm{d}x_2\right) \tag{10-17}$$

另一方面,根据全微分法则

$$\mathrm{d}w=\frac{\partial w}{\partial x_1}\mathrm{d}x_1+\frac{\partial w}{\partial x_2}\mathrm{d}x_2$$

比较以上两式，则有

$$\frac{\partial w}{\partial x_1}=\sigma_{ij}\frac{\partial \varepsilon_{ij}}{\partial x_1}$$

将此式代入式(10－17)，有

$$\oint_C w\mathrm{d}x_2=\iint_D \sigma_{ij}\frac{\partial \varepsilon_{ij}}{\partial x_1}\mathrm{d}x_1\mathrm{d}x_2$$

将此式与式(10－16)比较，有

$$\oint_C T_i\frac{\partial u_i}{\partial x_1}\mathrm{d}s=\oint_C w\mathrm{d}x_2$$

由此有

$$\oint_C\left(w\mathrm{d}x_2-T_i\frac{\partial u_i}{\partial x_1}\mathrm{d}s\right)=0$$

即

$$\int_\Gamma\left(w\mathrm{d}x_2-T_i\frac{\partial u_i}{\partial x_1}\mathrm{d}s\right)=\int_{\Gamma'}\left(w\mathrm{d}x_2-T_i\frac{\partial u_i}{\partial x_1}\mathrm{d}s\right)$$

此即为 J 积分数值与积分路径无关的证明，也是 J 积分具有守恒性的证明。应当注意的是，在上述证明过程中运用了以下关系。

①$\mathrm{d}w=\sigma_{ij}\mathrm{d}\varepsilon_{ij}$，而 $\sigma_{ij}=\frac{\partial w}{\partial \varepsilon_{ij}}$，这就要求 ε_{ij} 由 σ_{ij} 唯一确定，但这只可能发生在对物体单调连续加载时才可能实现，如果过程中发生卸载，则 σ 与 ε 不再保持单值性，因此，对弹塑性体加载过程中不允许发生卸载。

②在上述证明过程中，应用了 $\varepsilon_{ij}=\frac{1}{2}\left(\frac{\partial u_i}{\partial x_j}+\frac{\partial u_j}{\partial x_i}\right)$，因此上述证明仅适用于小变形假设。

③应用了平衡微分方程 $\frac{\partial \sigma_{ij}}{\partial x_j}=0$，未考虑体积力。

由此可以看出，J 积分的守恒性仅在上述条件下才能得到严格的证明，这也是 J 积分理论应用的适用范围，后来不少学者对 J 积分的适用范围进行了研究，并证明在积分回路通过大应变区域时，J 积分数值与积分路径无关仍是近似成立的，从而使 J 积分参量的应用范围扩大到三维非线性弹性体、轴对称裂纹体等问题中。

10.2　J 积分判据

10.2.1　HRR 理论

在线弹性断裂力学中可用应力场强度因子 K 来描述裂纹顶端的应力、应变场，即当裂纹顶端 K 因子达到临界值 $K_{\mathrm{I}c}$时，裂纹则失稳扩展，因此，$K_{\mathrm{I}c}$值即可作为材料抗断裂能力的参量。

同样，在弹塑性条件下，要使 J 积分成为断裂准则的有效参量，则裂纹顶端区域内的应力、应变场强度必须能由 J 积分值所唯一确定，而且，当裂纹顶端应力达到使裂纹开始扩展的临界强度时，J 积分也应达到其相应的临界值 J_{Ic}。

带裂纹体的弹塑性条件下的应力、应变分析是一个很复杂的问题，一般很难求得解析解。

哈钦森(Hutchinson),赖斯(Rice)与罗森格伦(Rosengren)在塑性力学全量理论条件下,对幂硬化材料求得了局部解,证明了 J 积分同样唯一决定着裂纹顶端应力、应变场的强度,而且也具有奇异性。其应力、应变场可描述为

$$\left.\begin{aligned}\sigma_{ij}&=\sigma_0\left(\frac{EJ}{a\sigma_0^2 I_n r}\right)^{\frac{1}{n+1}}F_{ij}(\theta,n)\\ \varepsilon_{ij}&=\frac{a\sigma_0}{E}\left(\frac{EJ}{a\sigma_0^2 I_n r}\right)^{\frac{n}{n+1}}\phi_{ij}(\theta,n)\end{aligned}\right\} \tag{10-18}$$

式中,σ_0 为材料的屈服强度;E 为弹性模量;n 为硬化指数;a、I_n 为与材料有关的系数;$F_{ij}(\theta,n)$、$\phi_{ij}(\theta,n)$是与硬化指数 n 及 θ 有关的方程。

由式(10-18)可见,裂纹顶端应力场与应变场的奇异性与硬化指数有关,应力的奇异性为 $r^{\frac{-1}{n+1}}$ 阶,应变的奇异性为 $r^{\frac{-n}{n+1}}$ 阶。

在线弹性条件下,由式(8-16)、式(8-17),裂纹顶端区域的应力、应变场可描述为

$$\left.\begin{aligned}\sigma_{ij}&=\frac{K_{\mathrm{I}}}{\sqrt{2\pi r}}F_{ij}(\theta)\\ \varepsilon_{ij}&=\frac{K_{\mathrm{I}}}{\sqrt{2\pi r}}\phi_{ij}(\theta)\end{aligned}\right\} \tag{10-19}$$

其中,$F_{ij}(\theta)$、$\phi_{ij}(\theta)$是与 θ 有关的方程。

由式(10-18)可见,裂纹顶端的应力、应变场由 K_{I} 唯一确定,在裂纹顶端,应力、应变都具有 $r^{-\frac{1}{2}}$ 阶的奇异性。K_{I} 正是这种奇异性强弱的反映。

10.2.2 J 积分(启裂)判据

对比式(10-18)与式(10-19),可见两者在形式上十分一致[且在式(10-18)中,当 $n=1$ 时,应力、应变的奇异性与线弹性情况相同],其中 J 与 K_{I} 相当,这就表明,在弹塑性状态下,裂纹顶端附近的应力、应变场均由 J 唯一确定,当裂纹顶端的应力、应变场达到裂纹开始扩展的临界状态时,J 积分也达到临界值 $J_{\mathrm{I}c}$,裂纹体即发生失稳断裂。因此,在弹塑性状态下,可用 J 积分作为参量来建立断裂判据,即

$$J\geqslant J_{\mathrm{I}c} \tag{10-20}$$

其中,$J_{\mathrm{I}c}$ 为平面应变条件下 J 积分的临界值。它是一个材料的特征参量,也称为断裂韧性。

应当注意的是,由于 J 积分的守恒性的证明引入了附加条件,所以 J 积分的应用是有限制的。

首先,J 积分的守恒性要满足简单加载条件,不允许有卸载,从而也不允许裂纹发生亚临界扩展,因为裂纹的亚临界扩展会导致局部的应力松弛,所以式(10-20)仅表示裂纹的断裂韧性判据,而不能用于裂纹扩展过程。

10.2.3 J 积分与 K_{I}、G_{I} 的关系

下面进一步分析作为一个断裂韧性的判据,J 积分与其他的断裂韧性参量之间的关系。

由应力分量表示的应变能函数表达式为

$$w=\frac{1}{2E}[(\sigma_{11}^2+\sigma_{22}^2+\sigma_{33}^2)-2\mu(\sigma_{11}\sigma_{22}+\sigma_{22}\sigma_{33}+\sigma_{33}\sigma_{11})]+\frac{1+\mu}{E}(\sigma_{12}^2+\sigma_{23}^2+\sigma_{31}^2)$$

在平面应变状态下，$\sigma_{33}=\mu(\sigma_{11}+\sigma_{22})$，$\sigma_{13}=\sigma_{23}=0$。因此，应变能函数表达式可写成

$$w=\frac{1+\mu}{2E}\left[(1-\mu)(\sigma_{11}^2+\sigma_{22}^2)-2\mu\sigma_{11}\sigma_{22}+2\sigma_{12}^2\right]$$

将应力分量表达式(8-21)代入上式并化简，即得

$$w=\frac{K_{\mathrm{I}}^2}{2\pi r}\frac{1+\mu}{E}\cos^2\frac{\theta}{2}\left(1-2\mu+\sin^2\frac{\theta}{2}\right)$$

将 w 代入 J 积分的定义表达式(10-9)的第一项中，由于 J 积分与积分路径无关，所以其积分回路可选取以裂纹顶端为圆心、半径为 r 的圆，则有

$$\begin{aligned}\int_\Gamma w\mathrm{d}x_2&=\int_{-\pi}^{\pi}wr\cos\theta\mathrm{d}\theta=\int_{-\pi}^{\pi}\frac{K_{\mathrm{I}}^2}{2\pi r}\frac{1+\mu}{E}\cos^2\frac{\theta}{2}\left(1-2\mu+\sin^2\frac{\theta}{2}\right)\mathrm{d}\theta\\&=\frac{(1+\mu)(1-2\mu)}{4E}K_{\mathrm{I}}^2\end{aligned}\tag{10-21}$$

此即为 J 积分定义式中的第一项，又由式(10-14)，有

$$T_1=\sigma_{11}n_1+\sigma_{12}n_2=\sigma_{11}\cos\theta+\sigma_{12}\sin\theta$$
$$T_2=\sigma_{21}n_1+\sigma_{22}n_2=\sigma_{21}\cos\theta+\sigma_{22}\sin\theta$$

将应力分量表达式(8-16)代入上式并整理，则有

$$T_1=\frac{K_{\mathrm{I}}}{\sqrt{2\pi r}}\cos\frac{\theta}{2}\left(3\cos^2\frac{\theta}{2}-2\right)$$

$$T_2=\frac{3K_{\mathrm{I}}}{\sqrt{2\pi r}}\cos^2\frac{\theta}{2}\sin\frac{\theta}{2}$$

将 T_1、T_2 代入 J 积分定义式(10-9)第二项，采用如第一项同样的积分回路，$s=r\theta$，则有

$$\int_\Gamma T_i\frac{\partial u_i}{\partial x_1}\mathrm{d}s=\int_{-\pi}^{\pi}\left(T_1\frac{\partial u_1}{\partial x_1}+T_2\frac{\partial u_2}{\partial x_1}\right)r\mathrm{d}\theta$$

将位移公式(8-23)代入上式并将 T_1、T_2 代入进行积分整理，则有

$$\int_\Gamma T_i\frac{\partial u_i}{\partial x_1}\mathrm{d}s=-\frac{(1+\mu)(3-2\mu)}{4E}K_{\mathrm{I}}^2\tag{10-22}$$

将式(10-21)、式(10-22)代入式(10-9)中，注意到式(8-64)，即有

$$J=\int_\Gamma\left(w\mathrm{d}x_2-T_i\frac{\partial u_i}{\partial x_1}\mathrm{d}s\right)=\frac{1-\mu^2}{E}K_{\mathrm{I}}^2=G_{\mathrm{I}}\tag{10-23}$$

在临界状态下，有

$$J_{\mathrm{I}c}=\frac{1-\mu^2}{E}K_{\mathrm{I}c}^2=G_{\mathrm{I}c}\tag{10-24}$$

式(10-23)、式(10-24)表明了在线弹性条件下，J 积分与 K_{I}、G_{I} 之间存在着确定的关系。J 积分判据不仅存在而且与 K_{I}、G_{I} 完全等效。在弹塑性条件下，K_{I}、G_{I} 均已失效，但 J 积分却仍然存在。

10.3　J 积分的形变功率

10.3.1　形变功率的定义

前面讨论的用回路积分所定义的 J 积分虽然定义明确，而且是比较严密的裂纹顶端应

力、应变场参量，但是其表示的物理含义并不是很明确的，而且在计算与测定方面较为困难，在工程应用上也不方便。

J 积分的另一定义方法是 J 积分的形变功率定义。这种定义物理意义比较明确，而且可以很方便地对各种裂纹试样的 J 积分进行实验标定，在工程应用上也比较方便。

形变功率 J 积分定义也是由赖斯首先提出的，其定义式为

$$J=-\frac{1}{B}\frac{\mathrm{d}U}{\mathrm{d}a}+\oint_C T_i\frac{\mathrm{d}u_i}{\mathrm{d}a}\mathrm{d}s \tag{10-25}$$

式中，积分回路 C 即为试样的边界围线；B 为试样厚度；T、u 为试样边界上的张力与位移；U 为试样中的应变能；$\mathrm{d}s$ 为试样边界上的微弧元。

从形式上看，J 积分的形变功率定义[式(10-25)]与回路积分定义是不同的，但下面可以证明两种定义是完全一致的。

图 10-4 为两个不同切口试样。试样材料为线弹性体或非线弹性体。采用切口试样而不是采用含裂纹试样的目的，是为了暂时避开裂纹顶端处的不连续点(即 $r\to 0$ 时的奇异点)，以便于分析。当切口顶端的圆弧半径无限减小时，切口就无限逼近裂纹，因而所得结果可以适用于裂纹试样。

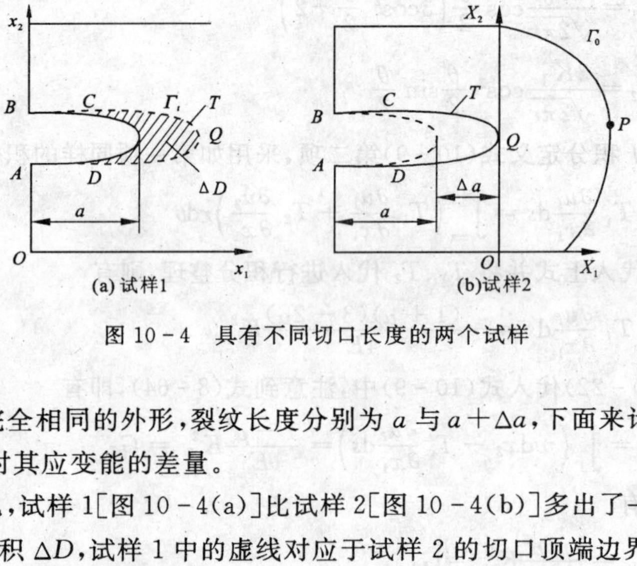

图 10-4　具有不同切口长度的两个试样

两个试样具有完全相同的外形，裂纹长度分别为 a 与 $a+\Delta a$，下面来计算两个试样受到相同的载荷 P 的作用时其应变能的差量。

由图 10-4 可见，试样 1[图 10-4(a)]比试样 2[图 10-4(b)]多出了一块对应于切口长度差量为 Δa 的阴影面积 ΔD，试样 1 中的虚线对应于试样 2 的切口顶端边界 DQC，并用符号 Γ_t 表示。于是，两个试样中单位厚度的应变能差值为

$$\frac{\Delta U}{B}=\frac{U_a-U_b}{B} \tag{10-26}$$

上述应变能的差量由两部分组成，其一是由于试样 1 比试样 2 大了 ΔD 的面积内所包含的应变能；其二是由于两试样裂纹长度不同，所以具有不同的柔度，因而在相同的载荷作用下，两试样的应变能是不同的。下面分别计算这两部分的差量。

第一部分的差量即为 ΔD 面积内的应变能为

$$\frac{\Delta U'}{B}=\frac{\iint_{\Delta D}w(\varepsilon_{ij})B\mathrm{d}x_1\mathrm{d}x_2}{B}=\iint_{\Delta D}w(\varepsilon_{ij})\mathrm{d}x_1\mathrm{d}x_2 \tag{10-27}$$

其中，$w(\varepsilon_{ij})$为试样 1 中各点的应变能密度。在 $\Delta a \to 0$ 的极限状态下，上式可近似表示为

$$\lim_{\Delta a\to 0}\frac{\Delta U'}{B\Delta a}=\lim_{\Delta a\to 0}\frac{\iint_{\Delta D}w(\varepsilon_{ij})\mathrm{d}x_1\mathrm{d}x_2}{\Delta a}$$

注意到，a、x_1 方向一致，$\Delta a=\mathrm{d}x_1$，上式右边即为微分定义，由此

$$\lim_{\Delta a\to 0}\frac{\Delta U'}{B\Delta a}=\int_0^{\Delta x_2}w\mathrm{d}x_2=\int_{\Gamma_t}w\mathrm{d}x_2$$

第二部分的差量为

$$\frac{\Delta U''}{B}=\iint_D[w(\varepsilon_{ij}+\Delta\varepsilon_{ij})-w(\varepsilon_{ij})]\mathrm{d}x_1\mathrm{d}x_2$$

其中，$w(\varepsilon_{ij}+\Delta\varepsilon_{ij})$为试样 2 的应变能密度，因为试样 2 具有较长的裂纹，其柔度将增大，所以其应变能比试样 1 要大；$\Delta\varepsilon_{ij}$ 为试样 2 中的任一点相对于试样 1 中的对应点的应变分量的增量；D 为试样 2 的面积，也就是试样 1 扣除了 ΔD 部分以外的面积。

当 $\Delta a\to 0$ 时，$\Delta\varepsilon_{ij}$ 亦趋近于零，于是上式变为

$$\lim_{\Delta a\to 0}\frac{\Delta U''}{B\Delta a}=\iint_D\frac{\mathrm{d}w}{\mathrm{d}a}\mathrm{d}x_1\mathrm{d}x_2 \tag{10-28}$$

由此，两试样内单位厚度材料所接受的应变能密度总差量为

$$\frac{\Delta U}{B}=-\frac{\Delta U'}{B}+\frac{\Delta U''}{B}$$

其中，负号项表示试样 2 中缺少了 ΔD 面积内的应变能。将上式除 Δa 并取极限，有

$$\lim_{\Delta a\to 0}\frac{\Delta U}{B\Delta a}=-\lim_{\Delta a\to 0}\frac{\Delta U'}{B\Delta a}+\lim_{\Delta a\to 0}\frac{\Delta U''}{B\Delta a}$$

将式(10-27)、式(10-28)代入上式，有

$$\frac{1}{B}\frac{\mathrm{d}U}{\mathrm{d}a}=\iint_D\frac{\mathrm{d}w}{\mathrm{d}a}\mathrm{d}x_1\mathrm{d}x_2-\int_{\Gamma_t}w\mathrm{d}x_2 \tag{10-29}$$

下面进一步考察上式中等式右边的第一项，首先需要将坐标系作一变动，采用如图 10-4(b)所示的原点随切口顶端移动的流动坐标系(即原点随裂纹顶点的前移而移动)X_1，X_2，它与原坐标系(x_1,x_2)的关系为

$$\left.\begin{aligned}x_1&=X_1+a\\x_2&=X_2\end{aligned}\right\}$$

即

$$\left.\begin{aligned}X_1&=x_1-a\\X_2&=x_2\end{aligned}\right\} \tag{10-30}$$

于是应变能密度 w，边界上某点的位移 u_i 及边界上的应力 T_i 都是 X_1、x_2、a 的函数，则有

$$w=w(X_1,x_2,a)$$
$$u_i=u_i(X_1,x_2,a)$$
$$T_i=T_i(X_1,x_2,a)$$

下面求解该项中的 $\mathrm{d}w/\mathrm{d}a$。应变能密度 w 的全微分可写成

$$\mathrm{d}w=\frac{\partial w}{\partial a}\mathrm{d}a+\frac{\partial w}{\partial X_1}+\frac{\partial w}{\partial x_2}\mathrm{d}x_2$$

注意到前面所述的，$w(\varepsilon_{ij})$是试样 1 的应变能密度，$w(\varepsilon_{ij}+\Delta\varepsilon_{ij})$是试样 2 中的应变能密

度，$\Delta\varepsilon_{ij}$ 为试样 2 中的任一点相对于试样 1 中对应点的应变分量的增量。$\mathrm{d}w$ 则是两个试样中相对应点[坐标均为(x_1,x_2)]的应变能密度之差，因此应有 $\mathrm{d}x_1=0$，$\mathrm{d}x_2=0$，则上式可记为

$$\mathrm{d}w=\frac{\partial w}{\partial a}\mathrm{d}a+\frac{\partial w}{\partial X_1}\mathrm{d}X_1 \tag{10-31}$$

又因为 $\mathrm{d}x_1=0$，由式(10-30)，有

$$\mathrm{d}X_1=\mathrm{d}x_1-\mathrm{d}a=-\mathrm{d}a$$

此即

$$\frac{\mathrm{d}X_1}{\mathrm{d}a}=-1$$

则式(10-31)可记为

$$\frac{\mathrm{d}w}{\mathrm{d}a}=\frac{\partial w}{\partial a}\frac{\mathrm{d}a}{\mathrm{d}a}+\frac{\partial w}{\partial X_1}\frac{\mathrm{d}X_1}{\mathrm{d}a}=\frac{\partial w}{\partial a}-\frac{\partial w}{\partial X_1}$$

又由式(10-30)，有

$$\frac{\partial}{\partial X_1}=\frac{\partial}{\partial x_1}$$

上式变为

$$\frac{\mathrm{d}w}{\mathrm{d}a}=\frac{\partial w}{\partial a}-\frac{\partial w}{\partial x_1} \tag{10-32}$$

同理，对 u_i、T_i 进行变换可以得到下式

$$\left.\begin{aligned}\frac{\mathrm{d}u_i}{\mathrm{d}a}&=\frac{\partial u_i}{\partial a}-\frac{\partial u_i}{\partial x_1}\\ \frac{\mathrm{d}T_i}{\mathrm{d}a}&=\frac{\partial T_i}{\partial a}-\frac{\partial T_i}{\partial x_1}\end{aligned}\right\} \tag{10-33}$$

再来考察积分 $\oint_C w\mathrm{d}x_2$，利用格林积分变换定理式(10-15)

$$\oint_C w\mathrm{d}x_2=\iint_D \frac{\partial w}{\partial x_1}\mathrm{d}x_1\mathrm{d}x_2$$

将式(10-32)移项并代入上式，则

$$\oint_C w\mathrm{d}x_2=\iint_D\left(\frac{\partial w}{\partial a}-\frac{\mathrm{d}w}{\mathrm{d}a}\right)\mathrm{d}x_1\mathrm{d}x_2$$

即

$$\oint_C w\mathrm{d}x_2=\iint_D \frac{\partial w}{\partial a}\mathrm{d}x_1\mathrm{d}x_2-\iint_D \frac{\mathrm{d}w}{\mathrm{d}a}\mathrm{d}x_1\mathrm{d}x_2$$

移项，即有

$$\iint_D \frac{\mathrm{d}w}{\mathrm{d}a}\mathrm{d}x_1\mathrm{d}x_2=\iint_D \frac{\partial w}{\partial a}\mathrm{d}x_1\mathrm{d}x_2-\oint_C w\mathrm{d}x_2 \tag{10-34}$$

其中，C 为沿试样的闭合边界围线。下面讨论式(10-34)等号右边的第一项 $\iint_D \frac{\partial w}{\partial a}\mathrm{d}x_1\mathrm{d}x_2$，由于

$$\frac{\partial w}{\partial a}=\frac{\partial w}{\partial \varepsilon_{ij}}\frac{\partial \varepsilon_{ij}}{\partial a}$$

又由于

$$w=\int\sigma_{ij}\,\mathrm{d}\varepsilon_{ij}\ ,\ \frac{\partial w}{\partial\varepsilon_{ij}}=\sigma_{ij}$$

由前式

$$\frac{\partial w}{\partial a}=\sigma_{ij}\frac{\partial\varepsilon_{ij}}{\partial a}$$

则式(10-34)右边第一项为

$$\iint_D\frac{\partial w}{\partial a}\mathrm{d}x_1\mathrm{d}x_2=\iint_D\sigma_{ij}\frac{\partial\varepsilon_{ij}}{\partial a}\mathrm{d}x_1\mathrm{d}x_2 \tag{10-35}$$

由式(10-34),有

$$\oint_C T_i\frac{\partial u_i}{\partial x_1}\mathrm{d}s=\iint_D\sigma_{ij}\frac{\partial\varepsilon_{ij}}{\partial x_1}\mathrm{d}x_1\mathrm{d}x_2 \tag{10-36}$$

比较上面两式,则有

$$\iint_D\frac{\partial w}{\partial a}\mathrm{d}x_1\mathrm{d}x_2=\oint_C T_{ij}\frac{\partial u_i}{\partial x_1}\mathrm{d}s \tag{10-37}$$

再将上式代入式(10-34),即得

$$\iint_D\frac{\mathrm{d}w}{\mathrm{d}a}\mathrm{d}x_1\mathrm{d}x_2=\oint_C T_i\frac{\partial u_i}{\partial x_1}\mathrm{d}s-\oint_C w\,\mathrm{d}x_2 \tag{10-38}$$

由式(10-33),有

$$\frac{\partial u_i}{\partial a}=\frac{\mathrm{d}u_i}{\mathrm{d}a}+\frac{\partial u_i}{\partial x_1}$$

再将此式代入式(10-38),并移项整理,得

$$\iint_D\frac{\mathrm{d}w}{\mathrm{d}a}\mathrm{d}x_1\mathrm{d}x_2=\oint_C T_i\frac{\mathrm{d}u_i}{\mathrm{d}a}\mathrm{d}s-\oint_C\left(w\,\mathrm{d}x_2-T_i\frac{\partial u_i}{\partial x_1}\mathrm{d}s\right) \tag{10-39}$$

由式(10-29),有

$$\frac{1}{B}\frac{\mathrm{d}u}{\mathrm{d}a}=\iint_D\frac{\mathrm{d}w}{\mathrm{d}a}\mathrm{d}x_1\mathrm{d}x_2-\int_{\Gamma_0}w\,\mathrm{d}x_2$$

将式(10-39)代入上式,即得

$$\frac{1}{B}\frac{\mathrm{d}u}{\mathrm{d}a}=\oint_C T_i\frac{\mathrm{d}u_i}{\mathrm{d}a}\mathrm{d}s-\oint_C\left(w\,\mathrm{d}x_2-T_i\frac{\partial u_i}{\partial x_1}\mathrm{d}s\right)-\int_{\Gamma_0}w\,\mathrm{d}x_2 \tag{10-40}$$

下面再来分析试样边界回路 C。如图 10-4 所示,试样 2 的闭合边界 C 可以表示为

$$C=AOPBCQDA=\Gamma_0+BC+CQD+DA$$

其中,Γ_0 是试样的外边界 $AOPB$。由于 BC 及 DA 为切口自由表面,$T_i=0$,$\mathrm{d}x_2=0$(BC、DA 平行于 x_1 轴);在 $\Gamma_0=DQC$ 上,有 $T_i=0$,但 $\mathrm{d}x_2\neq0$,而且 $\oint_{DQC}=-\oint_{CQD}$,注意到 $\Gamma_0=DQC$,$\oint_{\Gamma_0}$ 积分与 C 回路中 CQD 积分相抵消,所以式(10-40)可写为

$$\frac{1}{B}\frac{\mathrm{d}u}{\mathrm{d}a}=\oint_C T_i\frac{\mathrm{d}u_i}{\mathrm{d}a}\mathrm{d}s-\int_{\Gamma_0}\left(w\,\mathrm{d}x_2-T_i\frac{\partial u_i}{\partial x_2}\mathrm{d}s\right)$$

注意到 Γ_0 是试样外边界 $AOPB$[图 10-4(b)]。其含义即为由裂纹下表面走向上表面的一条路径,其意义与 J 积分定义式(10-8)Γ 的意义相同,所以上式中右边第二项即为 J 积分,由此即有

$$J=\int_\Gamma\left(w\,\mathrm{d}x_2-T_i\frac{\partial u_i}{\partial x_1}\mathrm{d}s\right)=-\frac{1}{B}\frac{\mathrm{d}U}{\mathrm{d}a}+\oint_C T_i\frac{\mathrm{d}u_i}{\mathrm{d}a}\mathrm{d}s \tag{10-41}$$

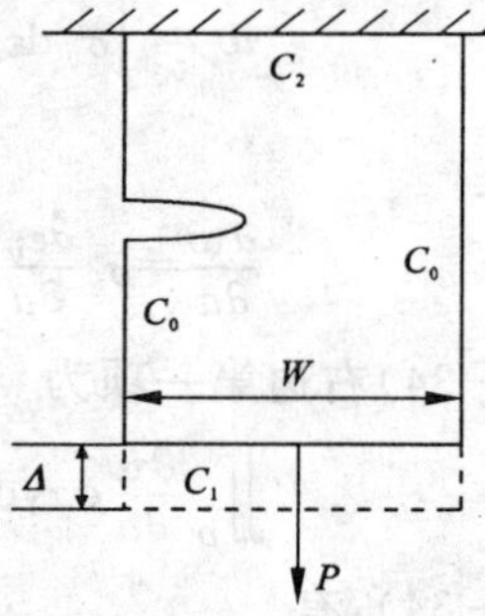

图 10-5 单边裂纹拉伸试样

上述就是所要证明的关系式[式(10-25)]。式中由于积分是沿着试样边界进行的,其值也只与边界上力的矢量的分量 T_i 及位移分量 u_i 的微商 $\mathrm{d}u_i/\mathrm{d}a$ 有关,因此按此定义计算的 J 积分比直接按回路积分定义式的计算要方便得多,也便于实验标定。

下面举例说明式(10-25)的应用。

在断裂韧性试验中,常用的简单加载情况如图 10-5 所示。一切口试样厚度为 B,上端边界 C_2 固定,下端载荷为 P,试求出该条件下的 J 积分的表达式。

由 $J=-\dfrac{1}{B}\dfrac{\mathrm{d}U}{\mathrm{d}a}+\oint_C T_i\dfrac{\mathrm{d}u_i}{\mathrm{d}a}\mathrm{d}s$,在自由边界 C_0 上,$T_i=0$;在固定边界上,$\dfrac{\mathrm{d}u_i}{\mathrm{d}a}=0$,所以自由边界、固定边界对上式中积分项均无贡献。

在施加载荷 P 的活动边界 C_1 上,$T_i=\dfrac{P}{BW}$(B 为试样厚度,W 为试样宽度),若令加载点的位移 $u=\Delta$,则

$$\oint_C T_i\frac{\mathrm{d}u_i}{\mathrm{d}a}\mathrm{d}s=\int_0^W\frac{P}{BW}\frac{\mathrm{d}\Delta}{\mathrm{d}a}\mathrm{d}s=\left(\frac{P}{BW}\frac{\mathrm{d}\Delta}{\mathrm{d}a}\mathrm{d}s\right)_0^W=\frac{P}{B}\frac{\mathrm{d}\Delta}{\mathrm{d}a}$$

将此式代入 J 积分表达式

$$J=-\frac{1}{B}\frac{\mathrm{d}U}{\mathrm{d}a}+\frac{P}{B}\frac{\mathrm{d}\Delta}{\mathrm{d}a}\tag{10-42}$$

式中,U 为弹性应变能。

前面曾讨论过系统内能、应变能和外力功的关系,若令 Π 为系统内能,U 为弹性应变能,外力功为 $P\Delta$,则有

$$\Pi=U-P\Delta$$

即

$$U=\Pi+P\Delta$$

将此式代入式(10-42),得

$$J=-\frac{1}{B}\left(\frac{\mathrm{d}\Pi}{\mathrm{d}a}+\Delta\frac{\mathrm{d}P}{\mathrm{d}a}+P\frac{\mathrm{d}\Delta}{\mathrm{d}a}\right)+\frac{P}{B}\frac{\mathrm{d}\Delta}{\mathrm{d}a}$$

整理上式即有

$$J=-\frac{1}{B}\left(\frac{\mathrm{d}\Pi}{\mathrm{d}a}+\Delta\frac{\mathrm{d}P}{\mathrm{d}a}\right)\tag{10-43}$$

恒载荷条件下 $\mathrm{d}P=0$,则上式变为

$$J=-\frac{1}{B}\left(\frac{\partial\Pi}{\partial a}\right)_P\tag{10-44}$$

线弹性条件下 $\Pi=-U$,则

$$J=\frac{1}{B}\left(\frac{\partial U}{\partial a}\right)_P\tag{10-45}$$

此式与式(7-10)完全相同,只不过用 J 代替了 G_{I}。

恒位移条件下,$\mathrm{d}\Delta=0$,则由式(10-43),有

$$J=-\frac{1}{B}\left(\frac{\mathrm{d}U}{\mathrm{d}a}\right)_\Delta\tag{10-46}$$

此式与式(7－10)具有完全相同的形式,只不过用 J 代替了 G_{I}。上面几式在 J 积分的测试中很有用处。

10.3.2　J 积分的物理意义

前面已经证明了线弹性条件下 J 积分与裂纹扩展能量释放率 G_{I} 之间的关系[式(10－23)]为

$$J=G_{\mathrm{I}}=\frac{1-\mu^2}{E}K_{\mathrm{I}}^2$$

该关系式表明在线弹性条件下,J 积分与裂纹扩展能量释放率完全等效,即 J 积分表示裂纹扩展过程中的应变能释放率,这即是线弹性条件下 J 积分的意义。

下面通过对试样加载过程中裂纹扩展及能量变化,说明在非弹性体中 J 积分的意义。

设有外形尺寸完全相同而裂纹尺寸不同的两个试样,其厚度为 B,裂纹长度分别为 a 和 $a+\delta a$,在相同的载荷 P 的作用下,由于两个试样的柔度不同,其加载曲线具有不同的形式,如图 10－6(a)所示,由于是非弹性体,$P-\Delta$ 关系呈现非线性。

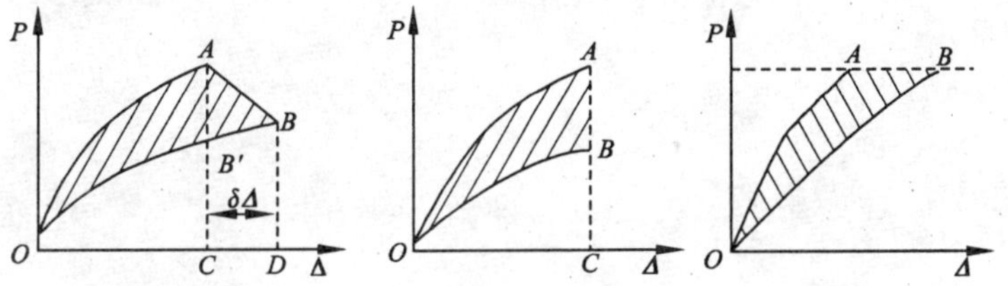

(a)形变功差异1　(b)形变功差异2　(c)形变功差异3

图 10－6　非弹性体 $P-\Delta$ 曲线及形变功

由图 10－6(a)可以看出两个试样在加载过程中所接受的形变功的差量为

$$\delta U=S_{OBDO}-S_{OACO}=S_{B'BDC}-S_{OAB'O}=S_{ABDC}-S_{OABO}$$

所以　$\delta U=P\delta\Delta-S_{OABO}$

其中,S 表示面积。由于 $\sigma\Delta$ 很小,P 可以认为是 AB 间的平均应力。

由上式,有

$$S_{OABO}=-\delta U+P\delta\Delta$$

上式两边用 $B\delta a$ 相除,则

$$\frac{S_{OABO}}{B\delta a}=-\frac{1}{B}\frac{\mathrm{d}u}{\mathrm{d}a}+\frac{P\delta\Delta}{B\delta a}$$

由式(10－42),上式右边即为 J 积分,所以有

$$S_{OABO}=JB\delta a \tag{10－47}$$

由此可见,曲线 OA、OB 之间阴影的面积即为 $JB\delta a$。

在恒位移或恒载荷条件下[图 10－6(b)、(c)]OA、OB 曲线之间阴影的面积即表示两个试样之间形变功的差异。由式(10－47),有

$$J=S_{OABO}/B\delta a \tag{10－48}$$

式中,$B\delta a$ 表示两试样相差的裂纹扩展的面积;S_{OABO} 表示两试样间形变功的差异。

由此可以说明 J 积分的意义为：对于弹塑性体而言，J 积分表示两个具有相同外形、裂纹尺寸相近（仅相差 δ_a）的试样，在单调加载到相同的位移或具有相同的载荷时所接受的形变功率的差异。所以在非弹性体条件下 J 积分的物理意义也是十分明确的。

第 11 章　复合型裂纹脆断理论

实际结构物产生的裂纹绝大多数处于组合应力场中，所以用前面几章所述理论处理这些问题不能得到令人满意的结果，因为理论假定裂纹扩展方向是预先知道的。如能量平衡断裂理论只能处理裂纹平面与施加拉力方向垂直并沿原来平面扩展的问题。所以，如果裂纹同拉伸轴线成一倾角，该理论就无法回答裂纹将向哪个方向扩展。而实际结构中的裂纹常是弯曲的。再有，当构件由拉伸变为压缩时，裂纹又将沿不同途径扩展。这就要求断裂力学理论能进一步解决这些现实问题。

11.1　复合型裂纹问题

实际工程构件中，裂纹多处于复合型变形状态，其裂纹往往是复合型裂纹。例如大型旋转构件（如发电机轴等），往往是张开型（Ⅰ型）和扭转形成的撕开型（Ⅲ型）并存的复合型裂纹。对于两种以上组合材料及复合材料来说，情况则更为复杂。因此复合型裂纹的断裂问题，是工程上需要解决的一个重要课题。这方面的研究已成为断裂力学的一个专门领域，十分活跃。但总的来说，复合型断裂判据目前还不够成熟，特别是对于复合型裂纹的弹性断裂问题，尚未提出恰当的理论。

复合型裂纹一般不按裂纹原方向开裂和扩展，而且失稳条件也比较复杂。图 11－1 给出了一个平面弯曲构件产生复合型裂纹的背景。由于载荷不对称[图 11－1(a)]，裂纹方向不对称[倾斜或偏离，图 11－1(b)、(c)]，以及材料的各向异性[图 11－1(d)]等情况，使裂纹尖端的应力场中，同时掺杂着Ⅰ型和Ⅱ型，甚至Ⅲ型裂纹的应力。这种裂纹称为复合型裂纹。

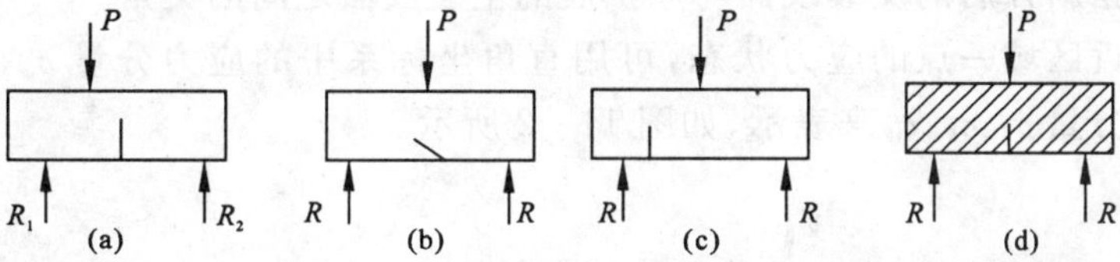

图 11－1　产生复合型裂纹的背景

以格里菲斯裂口断裂理论为基础发展起来的欧文应力强度因子断裂理论不能简单地用来分析和处理复合型裂纹问题。欧文应力强度因子断裂理论以裂纹尖端的应力强度因子作为参数，以 K 准则作为断裂判据，而且假定裂纹按原方向开裂和扩展，对于Ⅰ型与Ⅲ型裂纹问题，由试验证明裂纹按原方向开裂与扩展是正确的，而Ⅱ型裂纹则不然，欧文应力强度因子断裂理论回避了这一问题。人们通过观察发现，复合型裂纹扩展与单纯张开型裂纹扩展的主要不同之点在于其裂纹的扩展性往往不是沿着原裂纹方向，而是沿着与原裂纹面成某一角度（即开裂角度）的方向进行的。

显然，复合型裂纹一般不按裂纹原方向开裂与扩展，而且失稳的条件也比较复杂，不能把欧文应力强度因子断裂理论简单应用到复合型问题中来。在复合型裂纹问题中，需要主要研究以下两个问题：

——裂纹沿什么方向上开裂和扩展(即开裂角度问题)；

——裂纹在什么条件下开裂和扩展(即断裂判据问题)。

为了回答上述两个问题，目前已提出了许多种复合型裂纹的脆性断裂理论。这些理论不外乎从以下三方面分析：

——以应力为参数；

——以位移为参数；

——以能量为参数。

这些参数虽有一定的联系，但由于研究者所考虑的角度和观点不同，对宏观断裂机理的解释不同，因而所得出的结果有一定的差异，本章不评论这些理论的差异，只着重介绍三种主要的、也是最流行的复合型裂纹脆性断裂理论：最大拉应力理论、能量(应变能)释放率理论和应变能密度理论。最后给出工程上实用的偏于安全方面的复合型裂纹断裂判据。

11.2　最大拉应力理论

1963 年厄尔道甘(Erdogan)和薛昌明(G. C. Sih)根据具有中心斜裂纹承受均匀拉伸的树脂玻璃板的实验结果，提出了复合型裂纹脆性断裂的最大拉应力理论，简称最大拉应力理论。该理论有两个基本假设：

①裂纹沿最大拉(周向)应力 $\sigma_{\theta\max}$ 的方向开裂和扩展；

②当此方向的拉(周向)应力达到临界值时，裂纹失稳扩展。

下面根据第一个假设可以求得开裂角，根据第二个假设可以确定临界条件。

11.2.1　开裂角度

开裂角度是指新开启的支裂纹面与原扩展的主裂纹面之间的夹角。

裂纹尖端附近区域一点的应力状态，可用直角坐标系中的应力分量 σ_x、σ_y、τ_{xy} 表示，也可用极坐标系中的分量 σ_r、σ_θ、$\tau_{r\theta}$ 来表示，如图 11－2 所示。

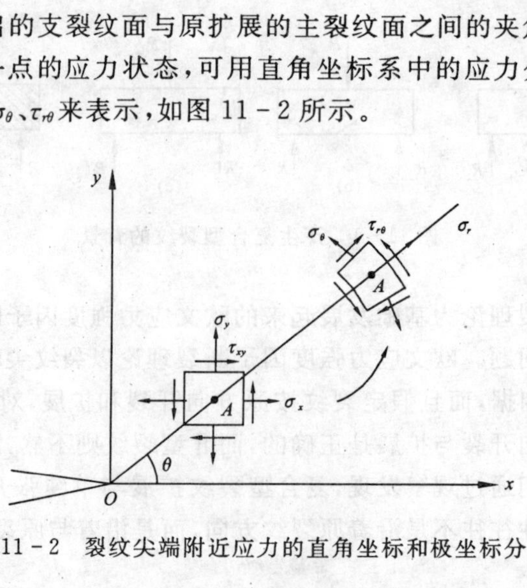

图 11－2　裂纹尖端附近应力的直角坐标和极坐标分量

Ⅰ-Ⅱ复合型裂纹问题中，裂纹顶端附近应力场由式(8-21)和式(8-81)相叠加而成

$$\left.\begin{aligned}\sigma_x &= \frac{1}{\sqrt{2\pi r}}\left[K_{\mathrm{I}}\cos\frac{\theta}{2}\left(1-\sin\frac{\theta}{2}\sin\frac{3\theta}{2}\right)+K_{\mathrm{II}}\sin\frac{\theta}{2}\left(2+\cos\frac{\theta}{2}\cos\frac{3\theta}{2}\right)\right]\\ \sigma_y &= \frac{1}{\sqrt{2\pi r}}\left[K_{\mathrm{I}}\cos\frac{\theta}{2}\left(1+\sin\frac{\theta}{2}\sin\frac{3\theta}{2}\right)+K_{\mathrm{II}}\sin\frac{\theta}{2}\cos\frac{\theta}{2}\cos\frac{3\theta}{2}\right]\\ \tau_{xy} &= \frac{1}{\sqrt{2\pi r}}\left[K_{\mathrm{I}}\cos\frac{\theta}{2}\sin\frac{\theta}{2}\sin\frac{3\theta}{2}+K_{\mathrm{II}}\cos\frac{\theta}{2}\left(1-\sin\frac{\theta}{2}\cos\frac{3\theta}{2}\right)\right]\end{aligned}\right\}\tag{11-1}$$

利用弹性力学中应力分量的坐标变换公式，有

$$\left.\begin{aligned}\sigma_r &= \frac{\sigma_x+\sigma_y}{2}+\frac{\sigma_x-\sigma_y}{2}\cos2\theta+\tau_{xy}\sin2\theta\\ \sigma_\theta &= \frac{\sigma_x+\sigma_y}{2}-\frac{\sigma_x-\sigma_y}{2}\cos2\theta-\tau_{xy}\sin2\theta\\ \tau_{r\theta} &= \tau_{xy}\cos2\theta-\frac{\sigma_x-\sigma_y}{2}\sin2\theta\end{aligned}\right\}\tag{11-2}$$

即可把直角坐标中的应力分量变换为极坐标的应力分量，表达式为

$$\left.\begin{aligned}\sigma_r &= \frac{1}{2\sqrt{2\pi r}}\left[K_{\mathrm{I}}(3-\cos\theta)\cos\frac{\theta}{2}+K_{\mathrm{II}}(3\cos\theta-1)\sin\frac{\theta}{2}\right]\\ \sigma_\theta &= \frac{1}{2\sqrt{2\pi r}}\cos\frac{\theta}{2}\left(K_{\mathrm{I}}\cos^2\frac{\theta}{2}-\frac{3}{2}K_{\mathrm{II}}\sin\theta\right)\\ \tau_{r\theta} &= \frac{1}{2\sqrt{2\pi r}}\cos\frac{\theta}{2}\left[K_{\mathrm{I}}\sin\theta+K_{\mathrm{II}}(3\cos\theta-1)\right]\end{aligned}\right\}\tag{11-3}$$

依据式(11-3)，就可由第一个假设来确定开裂角。由于在 $r\to0$ 的裂尖处，各应力分量趋于无穷大，所以只能比较裂尖一微小距离 $r=r_0$ 的圆周上各点处的拉应力即周向应力 σ_θ(图11-3)，并由此得到开裂角 θ_0。

周向应力 σ_θ 取得极值的条件为

$$\frac{\partial\sigma_\theta}{\partial\theta}=0$$

将式(11-3)中的第二式对 θ 求导，得

$$\frac{\partial\sigma_\theta}{\partial\theta}=\frac{-3}{4\sqrt{2\pi r}}\cos\frac{\theta_0}{2}\left[K_{\mathrm{I}}\sin\theta_0+K_{\mathrm{II}}(3\cos\theta_0-1)\right]\tag{11-4}$$

若令 $\theta=\theta_0$ 时，能满足 $\frac{\partial\sigma_\theta}{\partial\theta}=0$，则有

$$\cos\frac{\theta_0}{2}\left[K_{\mathrm{I}}\sin\theta_0+K_{\mathrm{II}}(3\cos\theta_0-1)\right]=0\tag{11-5}$$

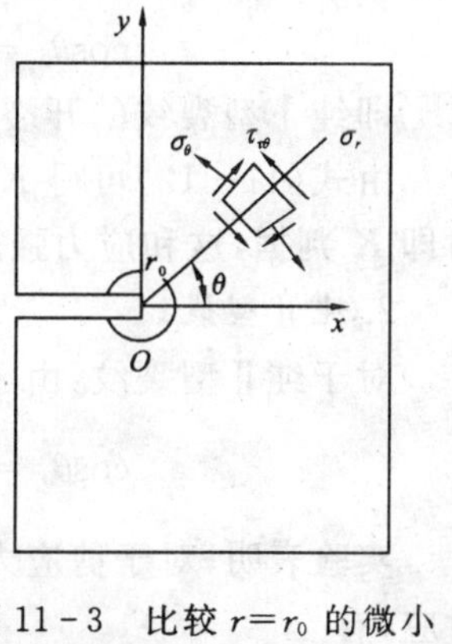

图 11-3 比较 $r=r_0$ 的微小圆周上各点的周向应力

其中，由 $\cos\frac{\theta_0}{2}=0$ 得出的解 $\theta_0=\pm\pi$ 无实际意义。因此，开裂角 θ_0 决定于方程

$$K_{\mathrm{I}}\sin\theta_0+K_{\mathrm{II}}(3\cos\theta_0-1)=0\tag{11-6}$$

由式(11-6)求出开裂角 θ_0

$$\theta_0=\arccos\frac{2K_{\mathrm{II}}^2\pm\sqrt{K_{\mathrm{I}}^4+8K_{\mathrm{I}}^2K_{\mathrm{II}}^2}}{K_{\mathrm{I}}^2+9K_{\mathrm{II}}^2}\tag{11-7}$$

对于特殊情况，当裂纹为纯Ⅰ型时，$K_{\mathrm{II}}=0, \theta_0=0$，故上述根号前的符号必须取正值，于是有

$$\theta_0=\arccos\frac{2K_{\mathrm{II}}^2+\sqrt{K_{\mathrm{I}}^4+8K_{\mathrm{I}}^2K_{\mathrm{II}}^2}}{K_{\mathrm{I}}^2+9K_{\mathrm{II}}^2} \tag{11-8}$$

11.2.2 断裂判据

将式(11-7)代入式(11-3)中的第二式，即可求得 $r=r_0$ 圆周上的最大周向应力为

$$(\sigma_\theta)_{\max}=\frac{1}{\sqrt{2\pi r_0}}\cos\frac{\theta_0}{2}\left(K_{\mathrm{I}}\cos^2\frac{\theta_0}{2}-\frac{3}{2}K_{\mathrm{II}}\sin\theta_0\right) \tag{11-9}$$

根据假设②，可以建立起相应的断裂判据

$$(\sigma_\theta)_{\max}=(\sigma_\theta)_c \tag{11-10}$$

式中，$(\sigma_\theta)_c$ 为最大周向应力的临界值，可以通过Ⅰ型裂纹的断裂韧度 $K_{\mathrm{I}c}$ 来确定。由于Ⅰ型裂纹的扩展总是沿着原裂纹面的方向进行，因此，开裂角 $\theta_0=0$。将 $K_{\mathrm{II}}=0, \theta_0=0, K_{\mathrm{I}}=K_{\mathrm{I}c}$ 代入(11-9)式，即可求得最大周向应力的临界值为

$$(\sigma_\theta)_c=\frac{K_{\mathrm{I}c}}{\sqrt{2\pi r_0}} \tag{11-11}$$

将式(11-9)和式(11-11)同时代入式(11-10)，得

$$\cos\frac{\theta_0}{2}\left(K_{\mathrm{I}}\cos^2\frac{\theta_0}{2}-\frac{3}{2}K_{\mathrm{II}}\sin\theta_0\right)=K_{\mathrm{I}c} \tag{11-12}$$

这就是按最大周向拉应力理论建立起来的Ⅰ-Ⅱ复合型裂纹的断裂判据。

11.2.3 特殊情况

1. 纯Ⅰ型裂纹

对于纯Ⅰ型裂纹：由于 $K_{\mathrm{II}}=0$，则由式(11-6)，得

$$\cos\theta_0=1,\ \theta_0=0$$

即纯Ⅰ型裂纹的开裂角度 $\theta_0=0$，裂纹沿所在平面开裂和扩展。

由式(11-12)可得 $K_{\mathrm{I}}=K_{\mathrm{I}c}$，由此可见，复合型裂纹最大拉应力脆断理论在纯Ⅰ型裂纹时即 K 判据，这和应力强度因子断裂理论是吻合的。

2. 纯Ⅱ型裂纹

对于纯Ⅱ型裂纹：由于 $K_{\mathrm{I}}=0$，则由式(11-6)，得 $K_{\mathrm{II}}(3\cos\theta_0-1)=0$，即

$$\cos\theta_0=\frac{1}{3},\ \theta_0=\pm 70°32''$$

实验表明，对于剪应力为正号的Ⅱ型裂纹，其开裂角 θ_0 应为负角。于是，与 $\cos\theta_0=1/3$ 相对应，有

$$\sin\frac{\theta_0}{2}=-\sqrt{\frac{1-\cos\theta_0}{2}}=-\sqrt{\frac{1}{3}}$$

$$\cos\frac{\theta_0}{2}=-\sqrt{\frac{1+\cos\theta_0}{2}}=\sqrt{\frac{2}{3}}$$

$$\sin\theta_0=2\sin\frac{\theta_0}{2}\cos\frac{\theta_0}{2}=-\sqrt{\frac{8}{9}}$$

当裂纹扩展时，$K_{\mathrm{II}}=K_{\mathrm{II}c}$，故由断裂判据式(11-12)，得

$$\cos\frac{\theta_0}{2}\left(0-\frac{3}{2}K_{\mathrm{II}c}\sin\theta_0\right)=K_{\mathrm{I}c}$$

则

$$K_{\mathrm{II}c}=\frac{K_{\mathrm{I}c}}{\frac{3}{2}\cos\frac{\theta_0}{2}\sin\theta_0}=\frac{\sqrt{3}}{2}K_{\mathrm{I}c}=0.87K_{\mathrm{I}c} \tag{11-13}$$

3. 斜裂纹问题

如图 11-4 所示的无限大平板中，有一斜裂纹，与铅垂线成 β 角，长 $2a$，受拉应力 σ 作用。将应力 σ 沿裂纹面分解为正应力和剪应力，则相应的应力强度因子为

$$\left.\begin{aligned}K_{\mathrm{I}}&=\sigma\sqrt{\pi a}\sin^2\beta\\K_{\mathrm{II}}&=\sigma\sqrt{\pi a}\sin\beta\cos\beta\end{aligned}\right\} \tag{11-14}$$

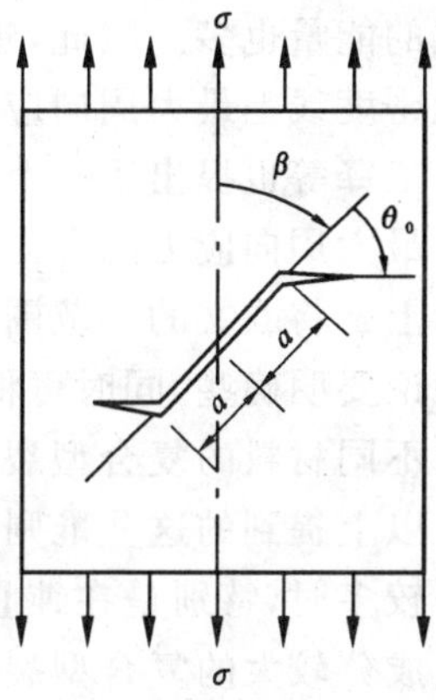

图 11-4　单向拉伸无限板中的斜裂纹

将式(11-14)带入式(11-12)后，经整理得

$$\cos\theta_0=\frac{1-3\cos\theta_0}{\sin\theta_0}\tan\beta$$

或

$$\cos\theta_0=\frac{\cos^2\beta+\sqrt{\sin^2\beta+8\cos^2\beta}}{1+8\cos^2\beta}$$

即

$$\theta_0=\arccos\left(\frac{\cos^2\beta+\sqrt{\sin^2\beta+8\cos^2\beta}}{1+8\cos^2\beta}\right) \tag{11-15}$$

如给定角 β，由上式确定开裂角 θ_0。将 θ_0 带入式(11-12)，有

$$\sigma\sqrt{\pi a}\cos\frac{\theta_0}{2}\sin\beta\left(\sin\beta\cos^2\frac{\theta_0}{2}-\frac{3}{2}\cos\beta\sin\theta_0\right)=K_{\mathrm{I}c} \tag{11-16}$$

令 $\sigma_{\theta c}$ 为 $\beta=\frac{\pi}{2}$（即Ⅰ型）的临界应力，$\sigma'_{\theta c}$ 为斜裂纹的临界应力，由式(11-16)可得

$$\sigma_{\theta c}\cos\frac{\theta_0}{2}\sin\beta\left(\sin\beta\cos^2\frac{\theta_0}{2}-\frac{3}{2}\cos\beta\sin\theta_0\right)=\sigma'_{\theta c}$$

再求斜裂纹的临界应力 $\sigma'_{\theta c}$ 与纯Ⅰ型裂纹的临界应力之比 $\sigma_{\theta c}$，有

$$\frac{\sigma'_{\theta c}}{\sigma_{\theta c}}=\frac{1}{\cos\frac{\theta_0}{2}\sin\beta\left(\sin\beta\cos^2\frac{\theta_0}{2}-\frac{3}{2}\cos\beta\sin\theta_0\right)} \tag{11-17}$$

上式一般作为确定斜裂纹问题临界应力的公式。

工程中的压力容器往往遇到受双向拉伸的斜裂纹问题，只要对式(11-14)中的 K_{I} 和 K_{II} 考虑双向拉伸的影响，就易于求得压力容器中斜裂纹的开裂方向与开裂条件。

11.2.4　修正准则

最大拉应力理论实际上是在以裂纹尖端为圆心的同心圆上比较周向应力得出的准则，其中至少有两点考虑得不够全面：一是该准则没有综合考虑其他应力分量的作用；二是该准则不

能将广义的平面应力和平面应变两类问题区分开来。但是,最大拉应力理论比较简单,而且在复合型中的Ⅱ型成分不大时与实验结果相差无几,所以人们仍愿意应用。为此,也有些人提出了一些修正方法,现简单介绍如下。

薛大为认为裂纹的形成与扩展和位错有关,建议考虑在裂纹尖端附近的等 $\tau_{r\theta}$ 线上取最大周向应力点,裂纹将由其尖端沿指向此点的方向开裂,开裂条件为沿此方向的周向应力达到某临界值时裂纹开裂。

中国科学院力学研究所有人认为应变能密度表征了材料储存的能量,储存得越多,断裂时释放的能量也多。因此,建议将裂纹附近等应变能密度线上的 σ_θ 作为参数,假定裂纹沿等应变能密度线上最大周向应力的方向开裂,以在此方向的周向应力达到某临界值作为开裂条件。

王铎等也提出了一个最大拉应力理论的修正准则,该准则假定裂纹沿裂纹尖端塑性区边界上最大周向应力的方向开裂,开裂条件定为沿此方向的周向应力达到某临界值。这一准则实际上是将欧文的小范围屈服塑性区的修正推广到复合型裂纹问题中,物理意义比最大拉应力理论要明确些,同时可将平面应力和平面应变两种情况分开。其也已经进一步被推到拉、压性质不同材料的复合型裂纹体中。

以上提到的这些准则,在Ⅱ型成分不大时比较接近,而且较符合实验结果。但是,当Ⅱ型成分较多时,特别是在纯Ⅱ型时,不仅彼此相差较大,而且与实验结果的差距也较大。因此,对Ⅱ型成分较大的复合型裂纹的断裂问题还需要进一步研究。

11.3 能量释放率理论

以能量为参数判断复合型裂纹失稳开裂的理论,有应变能密度(因子)脆断理论和能量(应变能)释放率脆断理论等。

下面先介绍能量释放率脆断理论。

11.3.1 基本假设

对于Ⅰ型裂纹,由能量平衡断裂理论,有

$$G_{\mathrm{I}} = G_{\mathrm{I}c}$$

有人将这一准则推广到复合型裂纹,认为对于Ⅰ、Ⅱ、Ⅲ型复合的裂纹问题,当其能量释放率之和达到临界值时,裂纹开始扩展,即

$$G_{\mathrm{I}} + G_{\mathrm{II}} + G_{\mathrm{III}} = G_{\mathrm{I}c}$$

或

$$K_{\mathrm{I}} + K_{\mathrm{II}} + \frac{1}{1-v}K_{\mathrm{III}} = K_{\mathrm{I}c} \tag{11-18}$$

式(11-18)表达的关系,是根据假定裂纹仍然沿其延长线方向扩展而得到的,但某些实验表明:复合型裂纹不一定沿其延长线方向扩展,因此式(11-18)不一定成立。

帕兰尼斯瓦米(Palaniswamy)从裂纹扩展能量释放率的概念出发,建立断裂判据,提出了两个基本假设:

①裂纹沿着产生最大能量释放率的方向扩展,即

$$\frac{\partial G_\theta}{\partial \theta} = 0,\ \frac{\partial^2 G_\theta}{\partial^2 \theta} < 0$$

②当此方向($\theta=\theta_0$)上的能量释放率达到了临界值时裂纹开始扩展,即

$$G_\theta\big|_{\theta=\theta_0}=G_{\mathrm{I}c} \tag{11-19}$$

式中,G_θ 是裂纹扩展成极角 θ 的分支裂纹的能量释放率。如图 11-5 所示。

该理论是将格里菲斯用于Ⅰ型裂纹扩展的能量平衡原理推广到复合型的结果。我们仅对Ⅰ-Ⅱ复合型裂纹做些介绍。

11.3.2　Ⅰ-Ⅱ复合型裂纹

假设裂纹沿 $\theta=\theta_0$ 方向产生一个长为 $\bar{a}$ 的支裂纹,其有关的坐标系如图 11-5 所示。为了区别,将支裂纹的有关各量符号上加一横线。

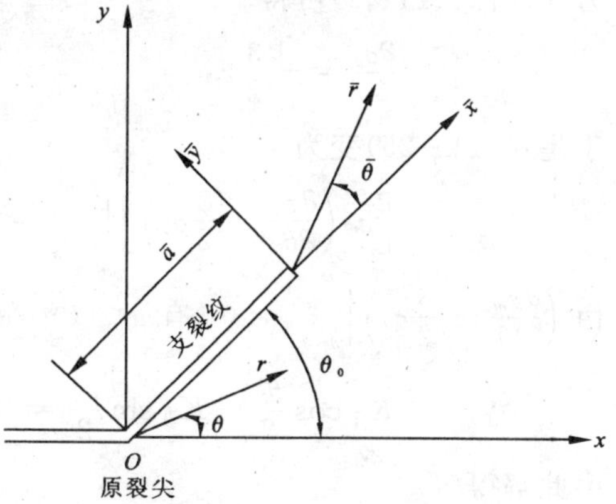

图 11-5　支裂纹及其有关坐标系

在平面应变情况下,裂纹沿本身平面扩展时能量释放率分别为

$$G_{\mathrm{I}}=\frac{1-\mu^2}{E}K_{\mathrm{I}}^2 \qquad (\text{纯Ⅰ型裂纹})$$

$$G_{\mathrm{II}}=\frac{1-\mu^2}{E}K_{\mathrm{II}}^2 \qquad (\text{纯Ⅱ型裂纹})$$

对于Ⅰ-Ⅱ复合型裂纹,沿本身平面扩展的能量释放率为

$$G_0=G_{\mathrm{I}}+G_{\mathrm{II}}=\frac{1-\mu^2}{E}(K_{\mathrm{I}}^2+K_{\mathrm{II}}^2) \tag{11-20}$$

于是,支裂纹沿其本身平面扩展时的能量释放率为

$$\bar{G}_0=\frac{1-\mu^2}{E}(\bar{K}_{\mathrm{I}}^2+\bar{K}_{\mathrm{II}}^2) \tag{11-21}$$

由于只涉及断裂的起始,可利用连续性假设求应力强度因子的起始值 $\bar{K}_{\mathrm{I}0}$ 和 $\bar{K}_{\mathrm{II}0}$。当支裂纹尺寸 $\bar{a}\to 0$ 时,可推得

$$\left.\begin{aligned}\bar{K}_{\mathrm{I}0}&=\cos\frac{\theta_0}{2}\left[K_{\mathrm{I}}\cos^2\frac{\theta_0}{2}-\frac{3}{2}K_{\mathrm{II}}\sin\frac{\theta_0}{2}\right]\\ \bar{K}_{\mathrm{II}0}&=\cos\frac{\theta_0}{2}\left[K_{\mathrm{I}}\sin\frac{\theta_0}{2}+K_{\mathrm{II}}(3\cos\theta_0-1)\right]\end{aligned}\right\} \tag{11-22}$$

则沿支裂纹方向开始扩展瞬间的能量释放率为

$$G_{\theta_0}=\frac{1-\mu^2}{E}(\bar{K}_{\mathrm{I}0}^2+\bar{K}_{\mathrm{II}0}^2) \tag{11-23}$$

可见,当材料一定时,裂纹起始扩展的能量释放率完全决定于原有裂纹尖端的应力状态和扩展所取的路径。

根据帕兰尼斯瓦米提出的第一个假设,裂纹起始扩展的方向应是能量释放率最大的方向,则起始扩展方向应满足下面方程

$$\frac{\partial G_{\theta_0}}{\partial\theta_0}=\frac{2(1-\mu^2)}{E}\left(\bar{K}_{\mathrm{I}0}\frac{\partial\bar{K}_{\mathrm{I}0}}{\partial\theta_0}+\bar{K}_{\mathrm{II}0}^2\frac{\partial\bar{K}_{\mathrm{II}0}}{\partial\theta_0}\right)=0 \tag{11-24}$$

将式(11-3)与式(11-22)相比较,则式(11-24)可写成

$$\left(\sigma_{\theta_0} = \frac{\partial\sigma_\theta}{\partial\theta} + \tau_{r\theta}\frac{\partial\tau_{r\theta}}{\partial\theta_0}\right)\Big|_{\theta=\theta_0} = 0 \tag{11-25}$$

另外，由式(11-3)可得

$$\frac{\partial\sigma_\theta}{\partial\theta} = -\frac{3}{2}\tau_{r\theta} \tag{11-26}$$

于是式(11-25)变为

$$\left[\tau_{r\theta}\left(\frac{\partial\tau_{r\theta}}{\partial\theta_0} - \frac{3}{2}\sigma_\theta\right)\right]\Big|_{\theta=\theta_0} = 0 \tag{11-27}$$

由 $\left(\frac{\partial\tau_{r\theta}}{\partial\theta} - \frac{3}{2}\sigma_\theta\right)\Big|_{\theta=\theta_0} = 0$，有

$$K_{\mathrm{I}}\cos\frac{\theta_0}{2} - K_{\mathrm{II}}\sin\frac{\theta_0}{2} = 0$$

由此解得

$$\tan\frac{\theta_0}{2} = \frac{K_{\mathrm{I}}}{K_{\mathrm{II}}} \tag{11-28}$$

于是

$$\left.\begin{aligned}
\sin\frac{\theta_0}{2} &= \frac{\tan\frac{\theta_0}{2}}{\sqrt{1+\tan^2\frac{\theta_0}{2}}} = \frac{K_{\mathrm{I}}}{\sqrt{K_{\mathrm{I}}^2 + K_{\mathrm{II}}^2}} \\
\cos\frac{\theta_0}{2} &= \frac{1}{\sqrt{1+\tan^2\frac{\theta_0}{2}}} = \frac{K_{\mathrm{II}}}{\sqrt{K_{\mathrm{I}}^2 + K_{\mathrm{II}}^2}} \\
\sin\theta_0 &= 2\sin\frac{\theta_0}{2}\cos\frac{\theta_0}{2} = \frac{2K_{\mathrm{I}}K_{\mathrm{II}}}{\sqrt{K_{\mathrm{I}}^2 + K_{\mathrm{II}}^2}} \\
\cos\theta_0 &= \cos^2\frac{\theta_0}{2} - \sin^2\frac{\theta_0}{2} = \frac{K_{\mathrm{I}}^2 - K_{\mathrm{II}}^2}{K_{\mathrm{I}}^2 + K_{\mathrm{II}}^2}
\end{aligned}\right\} \tag{11-29}$$

将上述关系代入式(11-28)，就可用式(11-23)求得相应于该方向的能量释放率

$$G_{\theta_0} = \frac{1-\mu^2}{E}\left(\frac{K_{\mathrm{II}}^4}{K_{\mathrm{I}}^2 + K_{\mathrm{II}}^2}\right) \tag{11-30}$$

将式(11-30)与式(11-20)比较可知，$G_{\theta_0} < G_0$。这表明由式(11-28)所给定的 θ_0 的根不能使 G_{θ_0} 达最大值，故在考虑裂纹扩展方向时应去掉这个根。这样就可把裂纹扩展起始方向的推测缩小到满足下面方程的解

$$\left.\begin{aligned}
&\tau_{r\theta}\big|_{\theta=\theta_0} = 0 \\
&-\frac{3}{2}\frac{\partial\sigma_\theta}{\partial\theta}\Big|_{\theta=\theta_0} = 0
\end{aligned}\right\} \tag{11-31}$$

可见，按能量释放率准则推测的裂纹扩展起始方向，就是周向应力 σ_θ 取得最大值的方向。该方向上能量释放率最大，剪应力 $\tau_{r\theta}$ 为零。由式(11-30)、式(11-3)和式(11-22)得出 $\overline{K}_{\mathrm{II}0}=0$。因此，由式(11-23)得最大能量释放率为

$$G_{\theta_0} = \frac{1-\mu^2}{E}\overline{K}_{\mathrm{I}0}^2 \tag{11-32}$$

式中，$\overline{K}_{\text{I}0}$由式(11-22)给定。

根据帕兰尼斯瓦米提出的第②假设，当最大能量释放率达到临界值时，裂纹开始扩展。由此建立断裂判据

$$G_{\theta_0} = (G_{\theta_0})_c \tag{11-33}$$

式中，$(G_{\theta_0})_c$ 可通过 Ⅰ 型裂纹的断裂韧度 $K_{\text{I}c}$ 来确定。由于 Ⅰ 型裂纹的开裂角 $\theta_0 = 0°$，将 $K_{\text{II}} = 0$、$\theta_0 = 0°$、$K_{\text{I}} = K_{\text{I}c}$ 代入式(11-32)，可得

$$(G_{\theta_0})_c = \frac{1-\mu^2}{E}K_{\text{I}c}^2 \tag{11-34}$$

则断裂判据式(11-33)可改写成

$$\overline{K}_{\text{I}0} = K_{\text{I}c} \tag{11-35}$$

用 $\overline{K}_{\text{I}0}$的计算式代入，可看出其与最大周向应力准则的断裂判据式(11-12)相同。

11.3.3　Ⅰ-Ⅲ复合型裂纹

对于Ⅰ-Ⅲ复合型裂纹，实验表明裂纹扩展是沿原裂纹面方向进行的(即 $\theta_0 = 0°$)，因而其断裂判据可直接表示为

$$G_0 = G_{\text{I}} + G_{\text{III}} = (G_{\theta_0})_c \tag{11-36}$$

即

$$\frac{1-\mu^2}{E}K_{\text{I}}^2 + \frac{1+\mu}{E}K_{\text{III}}^2 = \frac{1-\mu^2}{E}K_{\text{I}c}^2$$

亦即

$$K_{\text{I}}^2 + \frac{1}{1-\mu}K_{\text{III}}^2 = K_{\text{I}c}^2 \tag{11-37}$$

若为单纯Ⅲ型裂纹，则 $K_{\text{I}} = 0$，上式变为

$$\frac{1}{1-\mu}K_{\text{III}}^2 = K_{\text{I}c}^2$$

于是，可得到 $K_{\text{III}c}$与 $K_{\text{I}c}$之间的关系

$$K_{\text{III}c} = \sqrt{1-\mu}K_{\text{I}c} \tag{11-38}$$

当 $\mu = 0.3$ 时，

$$K_{\text{III}c} = 0.84K_{\text{I}c}$$

11.4　应变能密度理论

应变能密度理论是薛昌明提出的，简称 S 准则。该准则综合考虑了裂尖附近六个应力分量的作用，计算出裂尖附近局部的应变能密度，并在以裂尖为圆心的同心圆上比较局部的应变能密度，从而提出裂纹失稳开裂的判据。该理论计算简单，适用性广。

11.4.1　基本假设

由弹性力学知，弹性体的应变能密度为

$$W = \left[\frac{1}{2E}(\sigma_x^2 + \sigma_y^2 + \sigma_z^2) - \frac{\mu}{E}(\sigma_x\sigma_y + \sigma_y\sigma_z + \sigma_z\sigma_x) + \frac{1+\mu}{2E}(\tau_{xy}^2 + \tau_{yz}^2 + \tau_{zx}^2)\right] \tag{11-39}$$

将Ⅰ、Ⅱ、Ⅲ型裂纹尖端附近区域的应力场进行叠加，就可以得到Ⅰ-Ⅱ-Ⅲ复合型裂纹尖端附近区域的应力场。在平面应变情况下，其表达式为

$$\left.\begin{aligned}\sigma_x &= \frac{1}{\sqrt{2\pi r}}\left[K_{\mathrm{I}}\cos\frac{\theta}{2}\left(1-\sin\frac{\theta}{2}\sin\frac{3\theta}{2}\right)+K_{\mathrm{II}}\sin\frac{\theta}{2}\left(2+\cos\frac{\theta}{2}\cos\frac{3\theta}{2}\right)\right]\\ \sigma_y &= \frac{1}{\sqrt{2\pi r}}\left[K_{\mathrm{I}}\cos\frac{\theta}{2}\left(1+\sin\frac{\theta}{2}\sin\frac{3\theta}{2}\right)+K_{\mathrm{II}}\sin\frac{\theta}{2}\cos\frac{\theta}{2}\cos\frac{3\theta}{2}\right]\\ \tau_{xy} &= \frac{1}{\sqrt{2\pi r}}\left[K_{\mathrm{I}}\cos\frac{\theta}{2}\sin\frac{\theta}{2}\sin\frac{3\theta}{2}+K_{\mathrm{II}}\cos\frac{\theta}{2}\left(1-\sin\frac{\theta}{2}\cos\frac{3\theta}{2}\right)\right]\\ \tau_{yz} &= \frac{K_{\mathrm{III}}}{\sqrt{2\pi r}}\cos\frac{\theta}{2}\\ \tau_{zx} &= -\frac{K_{\mathrm{III}}}{\sqrt{2\pi r}}\sin\frac{\theta}{2}\end{aligned}\right\} \tag{11-40}$$

将式(11-40)代入式(11-39)，可得用应力强度因子表达的应变能密度

$$W=\frac{1}{r}(a_{11}K_{\mathrm{I}}^2+2a_{12}K_{\mathrm{I}}K_{\mathrm{II}}+a_{22}K_{\mathrm{II}}^2+a_{33}K_{\mathrm{III}}^2) \tag{11-41}$$

式中系数分别为

$$\left.\begin{aligned}a_{11} &= \frac{1}{16\pi\mu}[(3-4\mu-\cos\theta)(1+\cos\theta)]\\ a_{12} &= \frac{1}{16\pi\mu}(2\sin\theta)[\cos\theta-(1-2\mu)]\\ a_{22} &= \frac{1}{16\pi\mu}[4(1-\mu)(1-\cos\theta)+(1+\cos\theta)(3\cos\theta-1)]\\ a_{33} &= \frac{1}{4\pi\mu}\end{aligned}\right\} \tag{11-42}$$

式(11-42)为平面应变情况下的系数，对于平面应力状态，只需用$\frac{1+\mu}{\mu}$代替式中的μ即可。

将式(11-40)代入式(11-39)，经整理可得到裂纹附近的应变能密度

$$W=\frac{S}{r} \tag{11-43}$$

其中，

$$S=a_{11}K_{\mathrm{I}}^2+2a_{12}K_{\mathrm{I}}K_{\mathrm{II}}+a_{22}K_{\mathrm{II}}^2+a_{33}K_{\mathrm{III}}^2 \tag{11-44}$$

S称为“应变能密度因子”。它表示裂纹附近区域应变能密度场的强度，其单位是$\mathrm{N}\cdot\mathrm{m}^{-1}$。

由于$r\to 0$时，应力、应变均趋于无穷大，因此处理问题时，必须避开裂尖点，可考虑距裂尖$r=r_0$的微小区域以外的应变能密度，如图11-6所示。

应变能密度(因子)理论在预测裂纹扩展时有两个基本假设：

①裂纹沿应变能密度(因子S)最小的方向扩展；

②当最小应变能密度(因子$S_{\min}$)达到了材料相应的临界值(S_c)时，裂纹失稳扩展。

由假设①知，裂纹开裂方向必须满足条件

$$\frac{\partial S}{\partial\theta}=0,\ \frac{\partial^2 S}{\partial\theta^2}>0 \tag{11-45}$$

根据上式可求得开裂角 θ_0。

由假设②知，以 $\theta=\theta_0$ 代入式(11-44)，可建立裂纹失稳扩展的断裂判据

$$S_{\min} = S(\theta_0) = S_c \qquad (11-46)$$

S_c 与 $G_{\mathrm{I}c}$、$K_{\mathrm{I}c}$类似，是材料常数，标志材料抵抗裂纹扩展的能力，不论是Ⅰ型还是复合型，由实验得到的 S_c 应该相同，由此可以建立 S_c 与 $K_{\mathrm{I}c}$或$G_{\mathrm{I}c}$的定量关系，并可由 $K_{\mathrm{I}c}$来确定。

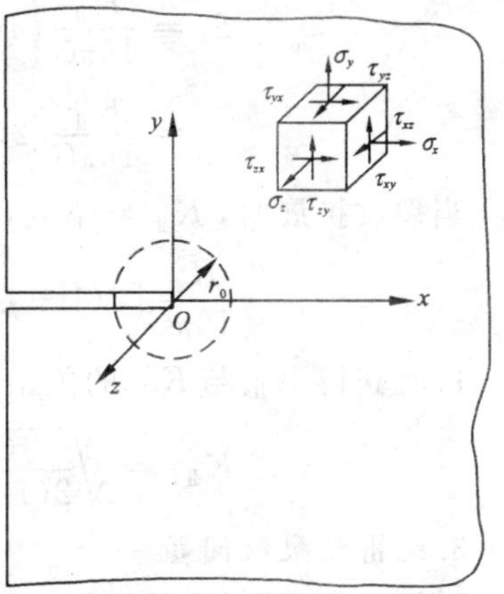

图 11-6　考虑 $r=r_0$ 的微小区域以外的应变能密度

11.4.2　简单情况

以下叙述几种简单情况下的开裂角度与断裂判据。

1. 纯Ⅰ型裂纹问题

对于纯Ⅰ型裂纹问题，由于 $K_{\mathrm{II}}=K_{\mathrm{III}}=0$，可由式(11-42)得到相应的应变能密度因子为

$$S = a_{11}K_{\mathrm{I}}^2 = \frac{1}{16\pi G}[(3-4\mu-\cos\theta)(1+\cos\theta)]K_{\mathrm{I}}^2 \qquad (11-47)$$

鉴于Ⅰ型裂纹总是沿着原来的裂纹面方向扩展，故开裂角 $\theta_0=0°$，当裂纹扩展时，$K_{\mathrm{I}}=K_{\mathrm{I}c}$。

因此，在式(11-47)中令 $K_{\mathrm{I}}=K_{\mathrm{I}c}$、$\theta_0=0°$ 时所得到的 S 值，就是材料相应的临界值 S_c，即

$$S_c = \frac{1}{16\pi G}[(3-4\mu-1)(1+1)]K_{\mathrm{I}c}^2 = \frac{1-2\mu}{4\pi G}K_{\mathrm{I}c}^2 \qquad (11-48)$$

利用应变能密度因子理论，不仅可以建立复合型裂纹问题的断裂判据，而且也可以导出Ⅱ型、Ⅲ型裂纹的断裂韧度 $K_{\mathrm{II}c}$、$K_{\mathrm{III}c}$与$K_{\mathrm{I}c}$之间的关系。

2. 纯Ⅱ型裂纹问题

对于纯Ⅱ型裂纹，$K_{\mathrm{I}}=0$，$K_{\mathrm{II}}\neq 0$，在应变能密度因子的表达式中，仅含有 K_{II}^2 的一项不等于零，即

$$S = a_{22}K_{\mathrm{II}}^2 = \frac{1}{16\pi G}[4(1-\mu)(1-\cos\theta)+(1+\cos\theta)(3\cos\theta-1)]K_{\mathrm{II}}^2 \qquad (11-49)$$

将上式对 θ 求导，得

$$\frac{\partial S}{\partial\theta} = \frac{K_{\mathrm{II}}^2}{8\pi G}\sin\theta(1-2\mu-3\cos\theta)$$

$$\frac{\partial^2 S}{\partial\theta^2} = \frac{K_{\mathrm{II}}^2}{8\pi G}\sin\theta[(1-2\mu)\cos\theta-3\cos2\theta]$$

令 $\dfrac{\partial S}{\partial\theta}=0$，得

$$\theta=0,\ \cos\theta=\frac{(1-2\mu)}{3}$$

其中，$\cos\theta=\dfrac{(1-2\mu)}{3}$ 使$\dfrac{\partial^2 S}{\partial\theta^2}>0$，因而，开裂角 $\theta_0=\arccos\dfrac{(1-2\mu)}{3}$。

将 θ_0 代入应变能密度因子表达式(11-49)，便可求得纯Ⅱ型裂纹的最小应变能密度因子

$$S_c = \frac{K_{\mathrm{II}}^2}{16\pi G}\left\{4(1-\mu)\left[1-\frac{(1-2\mu)}{3}\right]+\left[1+\frac{(1-2\mu)}{3}\right](1-2\mu-1)\right\}$$
$$= \frac{K_{\mathrm{II}}^2}{16\pi G}[2(1-\mu)-\mu^2] \tag{11-50}$$

当裂纹扩展时，$K_{\mathrm{II}}=K_{\mathrm{II}c}$，$S_{\min}=S_c$，把式(11-48)的 S_c 代入，则

$$\frac{K_{\mathrm{II}}^2}{16\pi G}[2(1-\mu)-\mu^2]=\frac{1-2\mu}{4\pi G}K_{\mathrm{I}c}^2$$

由此获得 $K_{\mathrm{II}c}$ 与 $K_{\mathrm{I}c}$ 的关系为

$$K_{\mathrm{II}c}=\sqrt{\frac{3(1-2\mu)}{2(1-\mu)-\mu^2}}K_{\mathrm{I}c}=0.96K_{\mathrm{I}c}\quad(\mu=0.3) \tag{11-51}$$

3. 纯Ⅲ型裂纹问题

对于纯Ⅲ型裂纹，$K_{\mathrm{I}}=0$，$K_{\mathrm{II}}=0$，因此，

$$S=a_{33}K_{\mathrm{III}}^2=\frac{1}{4\pi G}K_{\mathrm{III}}^2$$

可见，在纯Ⅲ型裂纹中，应变能密度因子 S 不随极角 θ 而变化。当裂纹扩展时，$K_{\mathrm{III}}=K_{\mathrm{III}c}$，$S=S_c$，将式(11-48)代入，则

$$\frac{1}{4\pi G}K_{\mathrm{III}c}^2=\frac{1-2\mu}{4\pi G}K_{\mathrm{I}c}^2$$

由此解得

$$K_{\mathrm{III}c}=\sqrt{1-2\mu}K_{\mathrm{I}c}=0.63K_{\mathrm{I}c}\quad(\mu=0.3) \tag{11-52}$$

11.5 近似断裂判据

前面介绍的几种复合型断裂准则，虽然都有各自的物理意义和适用性，但是应用于工程仍存在问题。由于受裂纹检测技术水平的限制，目前还不能对裂纹的性质、尺寸、形状和方位作出准确的判断。并且，某些情况下理论与实验结果尚存在一定差距。因此，与其用上述理论，还不如用基于实验资料得到的一些经验公式。按这一想法，人们通过试验，总结归纳出了适用于工程应用的近似断裂判据。

——Ⅰ-Ⅱ复合型裂纹问题。

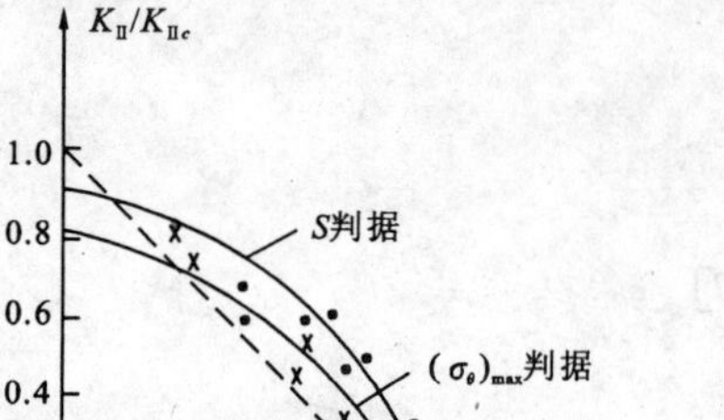

图 11-7　Ⅰ-Ⅱ复合型裂纹的断裂判据和实验结果

图 11-7 给出了计算获得的Ⅰ-Ⅱ复合型裂纹在临界状态时，K_{I} 和 K_{II} 的相互影响关系曲线。已有的实验结果也绘于图上，由于数据分散，很难判定哪一个判据更符合实际。作为工程近似计算，可取实验数据的下限，即虚线表示的直线。则断裂判据为

$$\left.\begin{aligned}\frac{K_{\mathrm{I}}}{K_{\mathrm{I}c}}+\frac{K_{\mathrm{II}}}{K_{\mathrm{II}c}}&=1\\ K_{\mathrm{I}}+K_{\mathrm{II}}&=K_{\mathrm{I}c}\end{aligned}\right\} \tag{11-53}$$

——Ⅰ-Ⅲ复合型裂纹问题。

前面已经指出，实验表明这种复合型裂纹扩展时是沿着原裂纹面方向的，即开裂角 $\theta_0=0°$。在此

条件下，由能量释放率理论和应变能密度因子理论得到的断裂判据具有相同的形式，即

$$\left(\frac{K_{\mathrm{I}}}{K_{\mathrm{I}c}}\right)^2+\left(\frac{K_{\mathrm{III}}}{K_{\mathrm{III}c}}\right)^2=1 \tag{11-54}$$

式中，$K_{\mathrm{III}c}$是分别根据这两种不同理论计算得到的材料在纯Ⅲ型裂纹下的断裂韧度值。

若按能量释放率理论计算，由式(11-32)可知，$K_{\mathrm{III}c}=\sqrt{1-\mu}K_{\mathrm{I}c}$；

而按应变能密度因子理论计算，由式(11-52)知，$K_{\mathrm{III}c}=\sqrt{1-2\mu}K_{\mathrm{I}c}$。

图 11-8 绘出了这两种理论计算结果的差异，显然，S 判据偏于安全。因此，作为工程近似计算，通常将断裂判据式(11-54)变为

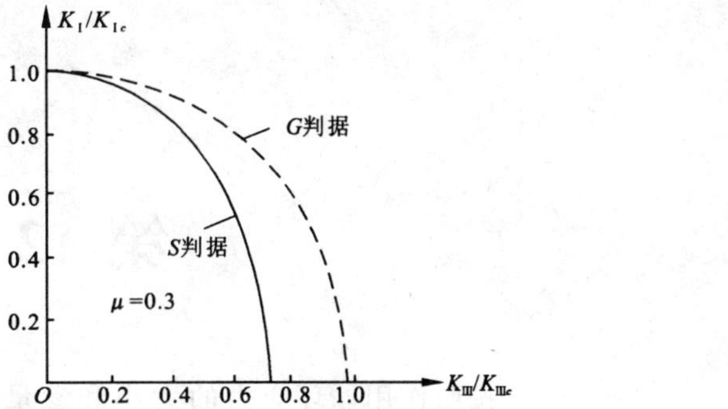

图 11-8 Ⅰ-Ⅲ复合型裂纹下 G 与 S 判据的差异

$$\left(\frac{K_{\mathrm{I}}}{K_{\mathrm{I}c}}\right)^2+\left(\frac{K_{\mathrm{III}}}{\sqrt{1-2\mu}K_{\mathrm{I}c}}\right)^2=1$$

即

$$\sqrt{K_{\mathrm{I}}^2+\frac{1}{1-2\mu}K_{\mathrm{III}}^2}=K_{\mathrm{I}c} \tag{11-55}$$

——Ⅰ-Ⅱ-Ⅲ复合型裂纹问题。

断裂判据可用下式表示

$$\left(\frac{K_{\mathrm{I}}+K_{\mathrm{II}}}{K_{\mathrm{I}c}}\right)^2+\left(\frac{K_{\mathrm{III}}}{K_{\mathrm{III}c}}\right)^2=1 \tag{11-56}$$

仍按应变能密度因子理论，引用 $K_{\mathrm{III}c}=\sqrt{1-2\mu}K_{\mathrm{I}c}$ 的关系，则上式变为

$$\left(\frac{K_{\mathrm{I}}+K_{\mathrm{II}}}{K_{\mathrm{I}c}}\right)^2+\left(\frac{K_{\mathrm{III}}}{\sqrt{1-2\mu}K_{\mathrm{I}c}}\right)^2=1$$

即

$$\sqrt{(K_{\mathrm{I}}+K_{\mathrm{II}})^2+\frac{1}{1-2\mu}K_{\mathrm{III}}^2}=K_{\mathrm{I}c} \tag{11-57}$$

——统一表达形式。

为了简单起见，上述几种断裂判据可以写成一个统一的形式，即

$$K_{\mathrm{I}}^*=K_{\mathrm{I}c}$$

式中，K_{I}^*称为等价Ⅰ型应力强度因子。

对于Ⅰ-Ⅱ复合型裂纹，

$$K_{\mathrm{I}}^*=K_{\mathrm{I}}+K_{\mathrm{II}}$$

对于Ⅰ-Ⅲ复合型裂纹，

$$K_{\mathrm{I}}^*=\sqrt{K_{\mathrm{I}}^2+\frac{1}{1-2\mu}K_{\mathrm{III}}^2}=\sqrt{K_{\mathrm{I}}^2+2.5K_{\mathrm{III}}^2}\quad(\mu=0.3)$$

对于Ⅰ-Ⅱ-Ⅲ复合型裂纹，

$$K_{\mathrm{I}}^*=\sqrt{(K_{\mathrm{I}}+K_{\mathrm{II}})^2+\frac{1}{1-2\mu}K_{\mathrm{III}}^2}$$

$$=\sqrt{(K_{\mathrm{I}}+K_{\mathrm{II}})^2+2.5K_{\mathrm{III}}^2}\quad(\mu=0.3)$$

疲劳断裂篇

第 12 章　传统疲劳

按照作用循环应力的大小和参量，疲劳可分为应力疲劳和应变疲劳。若最大循环应力 σ_{max} 小于屈服应力 σ_y，则称为应力疲劳；因为作用的循环应力水平较低，寿命循环次数较高（疲劳寿命 N_f 一般大于 10^4 次），故也称为高周疲劳。

若最大循环应力 σ_{max} 大于屈服应力 σ_y，则由于材料屈服后应变变化较大，应力变化相对较小，用应变作为疲劳控制参量更为恰当，故称之为应变疲劳；因为应变疲劳作用的循环应力水平较高，故寿命较低，N_f 一般小于 10^4，应变疲劳也称为低周疲劳。

进行疲劳裂纹萌生寿命分析时，一般按应力-寿命或应变-寿命关系进行，称为传统疲劳；进行疲劳裂纹扩展寿命分析时，则必须考虑裂纹的存在，需用断裂力学方法研究，故称为断裂疲劳。

本章介绍传统疲劳的分析方法，主要包括应力-寿命法和应变-寿命法。

12.1　应力-寿命法

法国的 J. V. 彭赛列(Poncelet)于 1839 年首先论述了疲劳问题并提出"疲劳"这一术语。但疲劳研究的奠基人则是德国的 A. 沃勒(A. Wöhler)。他在 19 世纪 50～60 年代首先得到描述疲劳行为和表征疲劳性能的 $S-N$ 曲线，并提出疲劳极限的概念。在此基础上，后来的许多科研人员作出了不懈的努力和得出重大的成果，包括 $S-N$ 曲线的经验规律表述和累积损伤理论等。

12.1.1　基本 $S-N$ 曲线

现在先研究材料的疲劳性能。

1. 试验设计

材料的疲劳性能，用作用应力 S（最大应力 σ_{max} 或应力幅 σ_a）与破坏时的寿命 N 之间的关系描述。

在疲劳载荷作用下，最简单的载荷谱是恒幅循环应力。描述循环应力水平需要两个量，为了分析的方便，使用应力比 r 和应力幅 S_a。如前所述，应力比给定了循环特性，应力幅是疲劳破坏的控制参量。

当 $r=-1$ 时，在对称恒幅循环载荷控制下，实验给出的应力-寿命关系，用 S_a-N 曲线表达，是材料的基本疲劳性能曲线。且有 $S=S_a=S_{max}$，故基本应力-寿命曲线称 $S-N$ 曲线。应

力 S 可以是 S_a，也可以是 S_{max}，因为两者数值相等。

寿命 N_f 定义为在对称恒幅载荷作用下循环到破坏的循环次数。

疲劳破坏有裂纹萌生、稳定扩展和失稳扩展（至断裂）三个阶段，这里研究的是裂纹萌生寿命。因此，"破坏"可定义如下。

——标准小尺寸试件断裂。

对于高、中强度钢等脆性材料，从裂纹萌生到扩展至小尺寸圆截面试件断裂的时间很短，对整个寿命的影响很小，考虑到裂纹萌生时尺度小，观察困难，故这样定义是合理的。

——出现可见小裂纹（如 1mm）或有 5%～15%应变降。

对于延性较好的材料，裂纹萌生后有相当长的一段扩展阶段，不应当计入裂纹萌生寿命。小尺寸裂纹观察困难时，可以监测恒幅循环应力作用下的应变变化。当试件出现裂纹后，刚度改变，应变也随之变化，故可用应变变化量来确定是否萌生了裂纹。

材料疲劳性能试验所用标准试件，一般是小尺寸（3～10mm）光滑圆柱试件。

材料的基本 $S-N$ 曲线，给出的是光滑材料在恒幅对称循环应力作用下的裂纹萌生寿命。

用一组标准试件（通常为 7～10 件），在给定的应力比 r 下，施加不同的应力幅 S_a，进行疲劳试验，记录相应的寿命 N，即可得到图 12－1 所示的 S 曲线。

2. *疲劳极限*

由图 12－1 可知，在给定的应力比下，应力 S（S_a 或 S_{max}）越小，寿命越长。当应力 N 小于某极限值时，试件不发生破坏，寿命趋于无限长。

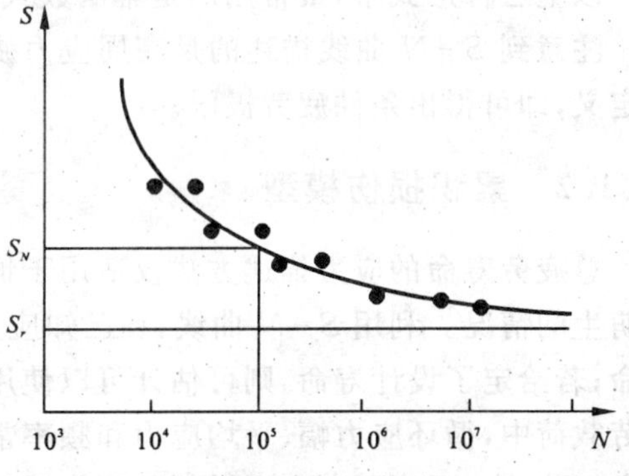

图 12－1　$S-N$ 曲线

由 $S-N$ 曲线确定的，对应于寿命 N 的应力，称为寿命为 N 循环的疲劳强度（fatigue strength），记作 S_N。

寿命 N 趋于无穷大时所对应的应力 S 的极限值 S_f，称为材料的疲劳极限（endurance limit）。

特别地，$r=-1$ 的对称循环下的疲劳极限，记作 $S_{f(r=-1)}$，简记为 S_{-1}。

由于疲劳极限是由试验确定的，试验又不可能一直做下去，故在许多试验研究的基础上，所谓的"无穷大"一般被定义为：

钢材，10^7 次循环；

焊接件，2×10^6 次循环，即 200 万周次；

有色金属，10^8 次循环。

满足 $S<S_f$ 的设计，即无限寿命设计。

3. 数学表达

试验得出 $S-N$ 曲线，可以采用不同的数学表达式描述其经验规律，典型的有三种。

——幂函数式。

描述材料 $S-N$ 曲线的最常用形式是幂函数式，即

$$S^m \cdot N = C \tag{12-1}$$

式中，m、C 是与材料、应力比、加载方式等有关的参数。两边取对数，有

$$\lg S = A + B\lg N \tag{12-2}$$

式中，材料参数 $A=\lg C/m, B=-1/m$。式(12-2)表示应力 S 与寿命 N 间有对数线性关系，这一点，可由观察实验数据 S、N 在双对数图上是否线性而确定。

——指数式。

指数形式的 $S-N$ 曲线表达式为

$$e^{mS} \cdot N = C \tag{12-3}$$

两边取对数后成为

$$S = A + B\lg N \tag{12-4}$$

式中，材料参数 $A=\lg C/(m\lg e), B=-1/(m\lg e)$。表示在寿命取对数、应力不取对数的图中，$S$ 与 N 间有线性关系，通常称为半对数线性关系。

——三参数式。

有时也希望在 $S-N$ 曲线中考虑疲劳极限 S_f，写成

$$(S-S_f)^m \cdot N = C \tag{12-5}$$

与式(12-3)、式(12-4)相比，此式中多了一个参数，即疲劳极限 S_f，且当 S 趋近于 S_f 时，N 趋于无穷大。

以上三种形式中，最常用的是幂函数式表达的 S 与 N 间的双对数线性关系。

注意到 $S-N$ 曲线描述的是高周应力疲劳，故其使用下限为 $10^3 \sim 10^4$。上限则由疲劳极限定义，即可得出条件疲劳极限。

12.1.2　累积损伤模型

总疲劳寿命的应力描述方法仅适用于恒幅疲劳加载。前面已经讨论了恒幅载荷下疲劳裂纹萌生的情况。利用 $S-N$ 曲线，在已知应力水平(如工作应力幅 S_a 和应力比 r)时，可以估计寿命；若给定了设计寿命，则可估计可以使用的应力水平。然而实际上，在工程构件所承受的疲劳载荷中，循环应力幅、平均应力和频率常有变化。也就是说，大部分构件的实际工作载荷是变幅载荷。下面研究变幅循环载荷作用下的疲劳裂纹萌生寿命估计。

1. 变幅载荷谱

进行疲劳分析时，首先必须确定零构件或结构在工作状态下所承受的扰动载荷谱。

载荷谱的确定，通常有两种方法：

其一，借助于已有的类似构件、结构或其模型，在使用或模拟使用条件下进行应变测量，得到各典型工况下的载荷谱，再将各工况组合起来得到的载荷谱，称为实测载荷谱；

其二，在没有适当的类似结构或模型可用时，依据设计目标分析工作状态，结合经验估计载荷谱，这样给出的是设计载荷谱。

图 12-2 所示为某飞机主轮毂的载荷谱示意图。此构件的工况分为滑行、拐弯、着陆等，分别对应不同的载荷水平，载荷循环次数可以按起落数计算，一个起落包括各种工况下的许多变幅载荷循环，起落数与载荷循环数间可以换算，如由滑行距离和机轮直径，即可计算一段滑行所对应的循环数。图中将 100 个起落合并为一个典型载荷循环块，整个变幅载荷谱便是载荷块谱的重复作用。

2. 线性累积损伤理论

在有不同载荷块(对应着不同的恒应力幅)组成的变幅加载疲劳中，可以用一个名为潘格

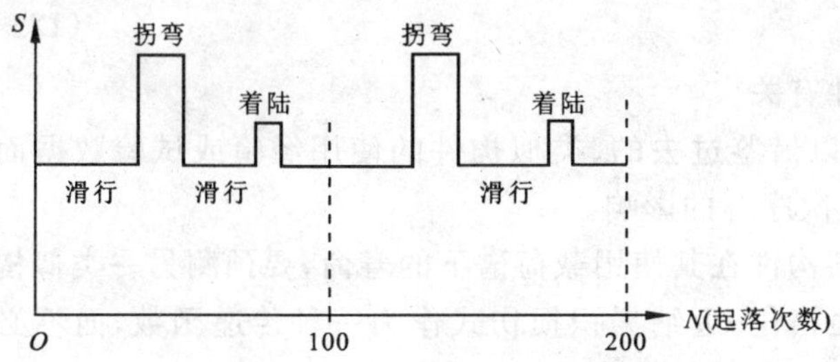

图 12-2　飞机变幅载荷谱

伦-迈纳(Palmgren - Miner)累积损伤模型(潘格伦,1924;迈纳,1945)的简单法则来预测某一载荷块产生的疲劳损伤。在这种线性损伤法则中有如下假定:

①如果将某一载荷块的应力循环数表示为相同应力幅下造成破坏所需的总应力循环数的百分数,这一百分数就是该载荷块所消耗的变幅疲劳寿命的百分数;

②载荷块的顺序不影响疲劳寿命;

③当每个载荷水平引起的损伤线性累加和达到临界值时发生破坏。

由载荷谱,可以通过计数得到如图 12-3 所示的载荷(S)-循环次数(n)图。

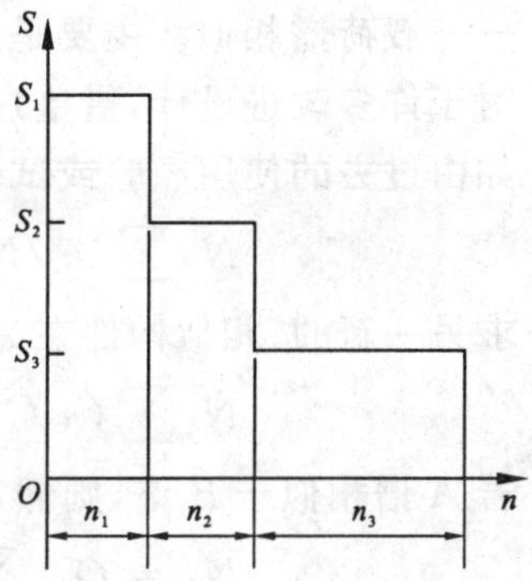

图 12-3　载荷(S)-循环次数(n)图

若构件在某恒幅应力水平 S 作用下,循环至破坏的寿命为 N,则可定义其在经受 n 次循环时的损伤为

$$D = n/N \qquad (12-6)$$

显然,在恒幅应力水平 S 作用下,若 $n=0$,则 $D=0$,构件未受疲劳损伤;若 $n=N$,则 $D=1$,构件发生疲劳破坏。

构件在应力水平 S_i 作用下,经受 n_i 次循环的损伤为 $D_i=n_i/N_i$。

若在 k 个应力水平 S_i 作用下,各经受 n_i 次循环,则可定义其总损伤为

$$D = \sum_{i=1}^{k} D_i = \sum n_i/N_i \quad (i = 1,2,\cdots,k) \qquad (12-7)$$

破坏准则为

$$D = \sum n_i/N_i = 1 \qquad (12-8)$$

这就是最简单、最著名、使用最广泛的潘格伦-迈纳线性累积损伤理论。

式中,n_i 是在 S_i 作用下的循环次数,由载荷谱给出;N_i 是在 S_i 作用下循环到破坏的寿命,由 $S-N$ 曲线确定。

利用潘格伦-迈纳线性累积损伤理论进行疲劳分析的一般步骤为:

——确定构件在设计寿命期的载荷谱,选取拟用的设计载荷或应力水平。

——选用适合构件使用的 $S-N$ 曲线(通常需要考虑构件的具体情况,对材料 $S-N$ 曲线进行修正而获得)。

——再由 $S-N$ 曲线计算其损伤,$D_i=n_i/N_i$,按式(12-7)计算总损伤 D。

——判断是否满足疲劳设计要求。若在设计寿命内的总损伤 $D<1$,构件是安全的;若 $D>1$,则构件将发生疲劳破坏,应降低应力水平或缩短使用寿命。

3.相对类似损伤理论

如前所述,总损伤 $D=1$ 是潘格伦-迈纳线性累积损伤的经验破坏准则。考虑谱序影响,实际上应为

$$D = \sum n_i / N_i = Q \tag{12-9}$$

Q 与载荷谱型、作用次序及材料的分散性有关。

实际上，对某具体构件，Q 的取值可以借鉴过去的、类似构件的使用经验或试验数据而确定，这样估计的 Q 值，可以反映实际载荷次序等的影响。

若由过去的使用经验或试验，已知某构件在其使用载荷谱下的寿命，要预测另一类似构件在相似谱作用下的疲劳寿命时，只需将潘格伦-迈纳累积损伤式作为一种传递函数，而不必假定其损伤和为 1。这就是 Miner-Sclllltz 相对类似损伤理论，是沃尔特(Walter)和 Sclllltz 于 1972 年提出的。

相对类似损伤的实质是：取消损伤和 $D=1$ 的假定，由实验或过去的经验确定 Q，并由此估算寿命。其使用条件有两个。

——结构件相似。主要是疲劳破坏发生的高应力区几何相似。

——载荷谱相似。主要是载荷谱型(次序)相似，载荷大小可以不同。

对于许多改进设计，借鉴过去的原型，以上两点常常是可以满足的。

如由过去的使用经验或试验知，构件在 B 谱下的寿命为 N_B，则有

$$N_B \sum (n_i/N_i)_B = Q_B \tag{12-10}$$

求另一新的、相似构件在 A 谱下的寿命 N_A，同样有

$$N_A \sum (n_i/N_i)_A = Q_A \tag{12-11}$$

若 A 谱相似于 B 谱，则假定 $Q_A = Q_B$，可得

$$N_A = Q_A / \sum (n/N)_A = N_B \sum (n/N)_B / \sum (n/N)_A \tag{12-12}$$

式中，N_A 是要预测的、构件在 A 谱下的寿命；$\Sigma(n/N)_A$ 和 $\Sigma(n/N)_B$ 分别是新、老构件在 A、B 典型载荷谱下的损伤和；N_B 是类似构件在 B 谱下的寿命。正因为相对类似损伤理论利用了来源于实验的 N_B，取消了损伤和 $D=1$ 的人为假定，所以可以得到比线性累积损伤理论更好的预测寿命。

12.2　应变-寿命法

基于循环应力连续介质分析方法得到的信息主要适用于弹性的和非约束的变形。在许多实际应用中，工程部件一般承受一定程度的约束和局部的塑性流动，特别是在应力集中部位更为突出。在这种情况下，用应变-寿命疲劳分析方法更为适当。

也就是说，对于循环应力水平较低($S_{max} < S_{ys}$)、寿命长的情况，用应力-寿命曲线($S-N$ 曲线)来描述其疲劳性能是恰当的。然而，有许多工程构件，在其整个使用寿命期间，所经历的载荷循环次数却并不多。在寿命要求较短的情况下，设计应力或应变水平当然可以高一些，以充分发挥材料的潜力。这样，就可能使构件中某些高应力处(尤其是缺口根部)进入塑性屈服。显然，对于延性较好的材料，屈服后应变的变化大，应力的变化小。因此，用应变作为疲劳性能的控制参量更好一些。

载荷水平高(超过屈服应力)，寿命短($N < 10^4$)，即是本节研究的应变疲劳或低周应变疲劳，下面将讨论具有光滑表面的金属试件在承受恒幅或变幅循环载荷下总疲劳寿命的应变分析方法。

12.2.1　单调应力-应变响应

在讨论应变疲劳性能之前，有必要研究在循环载荷作用下材料的应力-应变响应，以便有助于对应变疲劳问题有较深入的了解。为此，先讨论材料的单调应力-应变响应，便于后面进一步对循环应力-应变响应进行研究。

1.概念延伸

在由标准试件单轴拉伸试验确定材料的应力-应变曲线时，应力和应变都是以变形前的几何尺寸(标距长度 l_0、截面积 A_0)定义的，称为工程应力 S、工程应变 e，且

$$S=\frac{P}{A_0} \tag{12-13}$$

$$e=\frac{\Delta l}{l_0}=\frac{l-l_0}{l_0} \tag{12-14}$$

式中，P 为所施加的载荷；A_0 为试件的初始横截面积；l_0 为试件的初始标距长度；Δl 为 l_0 的改变量，等于试件的当时长度 l 与其原长 l_0 之差。

实际上，一旦作用有载荷，材料在发生纵向伸长的同时，由于泊松效应而使截面尺寸缩小，真实应力应当等于轴力除以当时的截面面积 A(而不是原面积 A_0)，故真应力 σ 应定义为

$$\sigma=\frac{P}{A} \tag{12-15}$$

式中，A 为试件变形后的横截面积。

在载荷从 O 加载到 P 的过程中，杆的伸长是逐步发生的。对于任一载荷增量 dP，应变增量 $d\varepsilon$ 等于长度增量 dl 与当时长度 l(不是原长 l_0)之比，故真应变 ε 应定义为

$$\varepsilon=\int_{l_0}^{l}\frac{dl}{l}=\ln(l/l_0)=\ln\left(\frac{l_0+\Delta l}{l_0}\right)=\ln(1+e) \tag{12-16}$$

式中，l 为加载到 P 时变形后的长度。

随着载荷的增加，材料进入屈服，经过强化、颈缩直至最后断裂。在颈缩之前，试件发生伸长的同时，其横截面均匀缩小，称为均匀变形阶段，如图12-4所示。

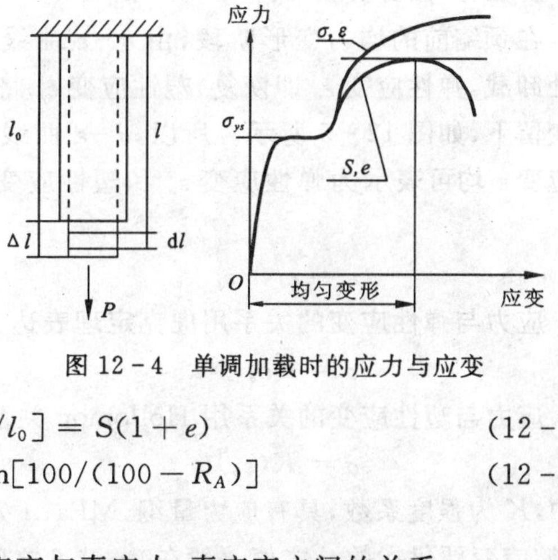

图12-4　单调加载时的应力与应变

忽略弹性体积变化，假定发生变形后体积不变，则在颈缩之前的均匀变形阶段，可以假设有

$$A_0l_0=Al$$

则由前述各式即有

$$\sigma=P/A=Pl/A_0l_0=(P/A_0)[(l_0+\Delta l)/l_0]=S(1+e) \tag{12-17}$$

$$\varepsilon=\ln(1+e)=\ln(l/l_0)=\ln(A/A_0)=\ln[100/(100-R_A)] \tag{12-18}$$

式中，$R_A=(A-A_0)\times 100/A_0$，为截面收缩率。

上述两式，给出了均匀变形阶段工程应力、应变与真应力、真应变之间的关系。

由式(12-17)可见，$\sigma=S(1+e)>S$，即真应力 σ 大于工程应力 S，两者之间的相对误差为

$$(\sigma-S)/S=e \tag{12-19}$$

故 e 越大，$(\sigma-S)$ 越大。当 $e=0.2\%$ 时，σ 比 S 大 0.2%。

由式(12-18)可见，$\varepsilon=\ln(1+e)$，因为 e 是一个小量，可展开得

$$\varepsilon = e - e^2/2 - e^3/3 - \cdots < e$$

即真应变 ε 小于工程应变 e。略去三阶小量，可知两者的相对误差为

$$(e-\varepsilon)/e = e/2 \tag{12-20}$$

由上式可知，e 越大，$(e-\varepsilon)$ 越大。当 $e=0.2\%$ 时，ε 比 e 小 0.1%。

对于一般的工程问题，有 $\varepsilon \approx e < 0.01$，因为此时 σ 与 S、ε 与 e 相差均不超过 1%，两者可以不加区别。一般情况下均用 σ 与 ε 表示应力与应变。

图 12-4 给出了工程应力-应变曲线与真应力-应变曲线。随着应变的增大，两者差别增大，颈缩后的差别更大。破坏时的真应力，称为断裂真应力，记作 σ_f；破坏时的真应变，称为断裂真应变，记作 ε_f。

注意到颈缩后变形不再均匀，故只能定义颈缩后的名义值。

名义断裂真应力为

$$\sigma_f = P/A_{\min}$$

考虑到颈缩局部非均匀变形引入的三向应力状态，修正后的断裂真应力为

$$\bar{\sigma}_f = \sigma_f \Big/ \left[A_{\min}\left(1+\frac{a}{4b}\right)\right] \tag{12-21}$$

式中，a 为颈缩部分的最小横截面半径；b 为颈缩部分轮廓线的曲率半径；$1/[1+a/(4b)]$ 称为 Bridgmen 颈缩修正系数。

名义断裂真应变为

$$\varepsilon_f = \ln[100/(100-R_A)] \tag{12-22}$$

式中，$R_A=(A-A_{\min})\times 100/A_0$，为断裂时截面收缩率；$A_{\min}$ 是颈缩处的最小截面面积；R_A 即材料的延性指标 ψ，R_A 大，ε_f 大，材料的延性好，故 ε_f 也是反映材料延性的指标。

2. 应力-应变关系

在颈缩前的均匀变形阶段，由 σ-ε 曲线上任一点 A 处卸载，弹性应变 ε_e 即恢复，塑性应变 ε_p 将作为残余应变留下，如图 12-5 所示。所以，σ-ε 曲线上任一点的应变 ε 均可表示为弹性应变 ε_e 和塑性应变 ε_p 之和，即

$$\varepsilon = \varepsilon_e + \varepsilon_p \tag{12-23}$$

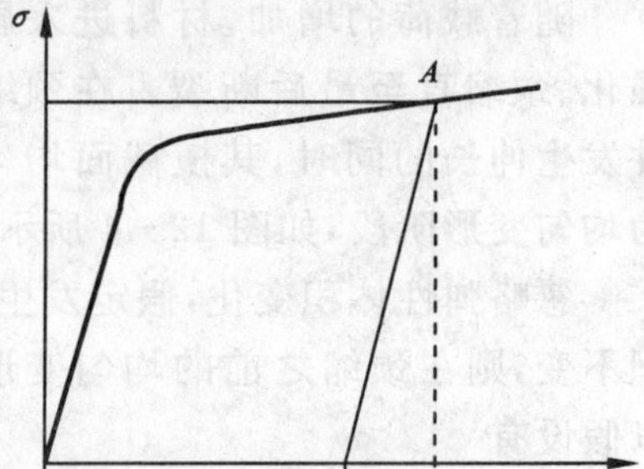

图 12-5　应力-应变关系

应力与弹性应变的关系用虎克定理表达为

$$\sigma = E\varepsilon_e$$

应力与塑性应变的关系用 Hollomon 关系表达为

$$\sigma = K(\varepsilon_p)^n$$

式中，K 为强度系数，具有应力量纲，MPa；n 为应变硬化指数，是无量纲量，对于常用结构金属材料，应变硬化指数 n 之值一般在 0～0.6 之间，$n=0$ 表示无应变硬化，应力与塑性应变无关，是理想塑性材料。

利用上述各式，可将应力-应变关系写为

$$\varepsilon = \varepsilon_e + \varepsilon_p = \frac{\sigma}{E} + (\frac{\sigma}{K})^{-n} \quad (12-24)$$

这就是著名的 Remberg－Osgood 弹塑性应力-应变关系。

12.2.2 循环应力-应变响应

在循环载荷作用下，材料的应力-应变响应与单调加载时相比，有很大的不同。

1. 滞后环曲线（$\Delta\sigma-\Delta\varepsilon$ 曲线）

在恒幅对称应变循环试验中，连续监测 $\sigma-\varepsilon$ 响应，可以得到一系列的应力应变环，如图 12－6 所示。这些环，反映了在循环载荷作用下，应力与应变的连续变化情况，通常称为滞后环。由此可以发现：

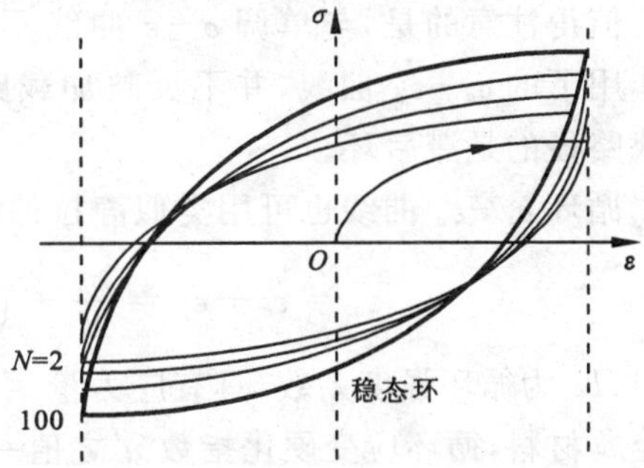

图 12－6 循环应力与应变响应

——$\sigma-\varepsilon$ 响应随循环次数而改变。

图 12－5 所示低碳钢的 $\sigma-\varepsilon$ 响应是在恒幅对称应变循环下得到的。随着循环次数的增加，同样的应变幅下，应力幅不断地增加。

——一定周次后有稳定滞后环。

大多数金属材料，在循环数增加到一定次数后，$\sigma-\varepsilon$ 响应逐渐趋于稳定，形成稳定滞后环。

——有循环硬化或软化现象。

在 ε_a 不变的对称循环下，随着循环次数 N 的增加，应力幅 σ_a 不断增大的现象，称为循环硬化。图 12－6 所示的低碳钢是循环硬化的。反之，若随着循环次数 N 的增加，应力幅 σ_a 不断减小的现象，称为循环软化。

循环硬化和软化现象与材料及其热处理状态有关。一般说来，低强度、软材料趋于循环硬化，高强度、硬材料趋于循环软化。如完全退火铜是循环硬化的，冷拉铜是循环软化的；不完全退火铜在循环应变幅较小时是循环硬化的，应变幅较大时却是循环软化的。

对于拉压性能对称的材料，其滞后环曲线的上升与下降两个半支是关于原点对称的，如图 12－7 所示，故只需考虑半支即可。

以滞后环曲线下顶点 O' 为坐标原点，考虑滞后环曲线的上升半支。注意此时的坐标轴分别为应力变程 $\Delta\sigma$ 和应变变程 $\Delta\varepsilon$。

在试验观察的基础上，假设滞后环曲线与循环应力-应变曲线几何相似，即在 $\sigma_a-\varepsilon_a$ 坐标系中的 σ_a、ε_a 分别是 $\Delta\sigma-\Delta\varepsilon$ 坐标系中的 $\Delta\sigma/2$、$\Delta\varepsilon/2$，由两者的相似性，可以仿照式(12－24)写出滞后环曲线为

$$\Delta\varepsilon = \Delta\varepsilon_e + \Delta\varepsilon_p = \frac{\Delta\sigma}{E} + 2\left(\frac{\Delta\sigma}{2K'}\right)^{\frac{1}{n'}} \quad (12-25)$$

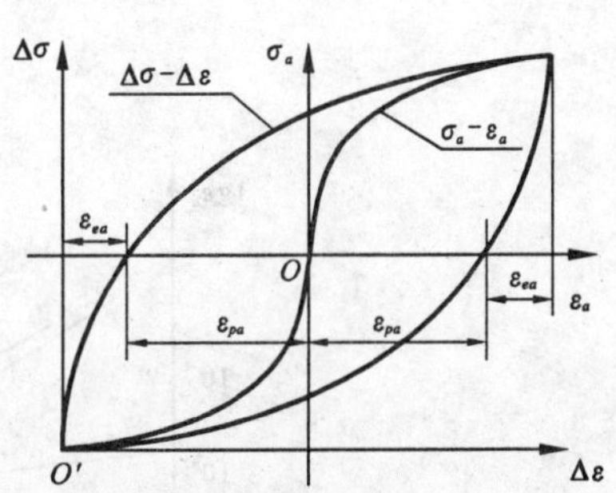

图 12－7 滞后环曲线

上述假设称为 Massing 假设。满足这一假设的材料，称为 Massing 材料。式(12－25)是反映加载路径的滞后环曲线。

2. 循环应力-应变曲线($\sigma_a-\varepsilon_a$ 曲线)

由不同应变恒幅对称循环控制下的疲劳试验，可得到一族稳态滞后环。图 12-8 将这些稳态环置于同一坐标系内。各稳态滞后环顶点的连线反映了不同应变幅 ε_a 循环下的应力幅 σ_a 响应，由此所给出的 $\sigma_a-\varepsilon_a$ 关系，称为循环 $\sigma_a-\varepsilon_a$ 曲线。

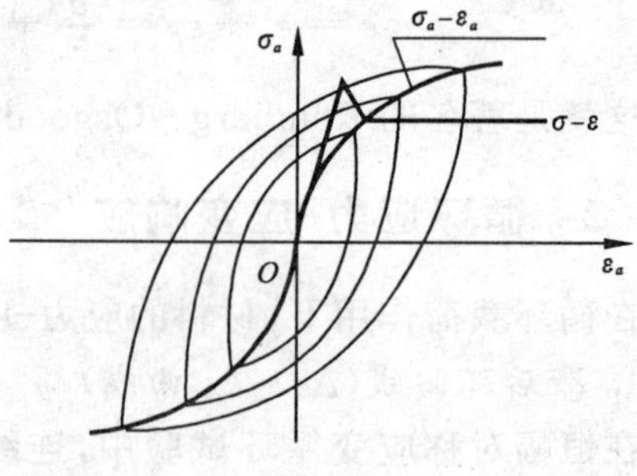

图 12-8　循环应力-应变曲线

值得注意的是，与单调 $\sigma-\varepsilon$ 曲线不同，循环载荷作用下的 $\sigma_a-\varepsilon_a$ 曲线，并不反映加载路径。反映加载路径的是滞后环。

循环 $\sigma_a-\varepsilon_a$ 曲线也可用类似静拉伸流变曲线的 Hollomon 关系来描写，即

$$\varepsilon_a=\varepsilon_e+\varepsilon_p=\frac{\sigma_a}{E}+\left(\frac{\sigma_a}{K'}\right)^{-n'} \tag{12-26}$$

式中，K'为循环强度系数，具有应力量纲，MPa；n'为循环应变硬化指数，是无量纲量，对于大多数金属材料，循环应变硬化指数 n'之值一般在 0.1～0.2 之间。

将应变幅写为弹性应变幅于塑性应变幅两部分，分别表达它们与应力幅的关系，有

$$\sigma_a=E\varepsilon_{ea}$$

$$\sigma_a=K'(\varepsilon_{pa})^{n'}$$

由此，已知应变幅 ε_a，则可知弹性应变幅 $\varepsilon_{ea}=\sigma_a/E$，与其相应的塑性应变幅为 $\varepsilon_{pa}=\varepsilon_a-\varepsilon_{ea}$。

3. 应变-寿命曲线($\varepsilon-N$ 曲线)

应变-疲劳曲线和循环应力-应变曲线都是衡量材料低周疲劳特性的曲线。

在材料的低周疲劳试验中，试样的失效寿命可以有不同的规定：试样断裂，或者稳定载荷幅值下降一定百分比(如 5%或 10%)，或出现某种可测长度裂纹等。所以，在对比不同材料的疲劳寿命特性时，应注意所采取规定的一致性。

按照标准试验方法，在 $r=-1$ 的对称循环下，进行给定应变幅下的恒幅循环疲劳试验，可得到图 12-9 所示的一般规律。图中，载荷用应变幅 ε_a 表示，寿命用载荷反向次数 $2N$ 表示。注意到一个循环有两次反向，N 即为循环次数。应变幅 ε_a 越小，寿命 N 就越长，低于某一载荷水平(应力或应变幅)，寿命可以趋近无穷大。

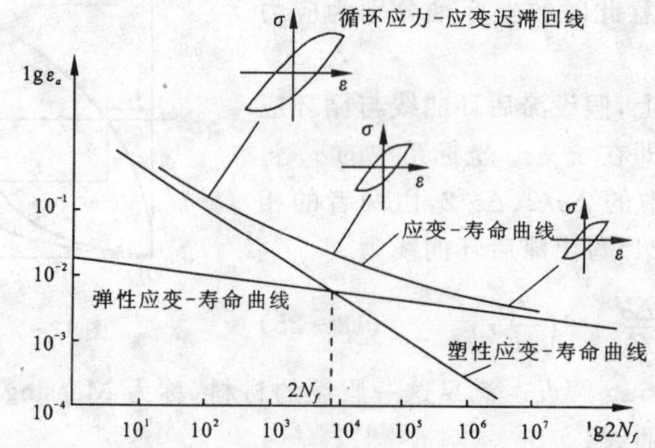

图 12-9　典型的应变-寿命曲线

由实验记录可知应变幅 ε_a、应力幅 σ_a 和循环次数 $2N_f$。将总应变幅 ε_a 写成弹性应变幅 ε_{ea} 和塑性应变幅 ε_{pa} 两部分，有

$$\varepsilon_{ea} = \sigma_a/E \text{ 和 } \varepsilon_{pa} = \varepsilon_a - \varepsilon_{ea}$$

分别画出 $\lg\varepsilon_{ea} - \lg(2N_f)$，$\lg\varepsilon_{pa} - \lg(2N_f)$ 之关系，如图中直线所示，呈对数线性关系。由此，可分别有

$$\varepsilon_{ea} = \frac{\sigma'_f}{E}(2N)^b \tag{12-27}$$

$$\varepsilon_{pa} = \frac{\varepsilon'_f}{E}(2N)^c \tag{12-28}$$

式(12-27)反映了弹性应变幅 ε_{ea} 与寿命 $2N$ 之间的关系，σ'_f 称为疲劳强度系数，具有应力量纲；E 为弹性模量；b 为疲劳强度指数。

式(12-28)反映了塑性应变幅 ε_{pa} 与寿命 $2N$ 之间的关系，ε'_f 称为疲劳延性系数，与应变一样，无量纲；c 为疲劳延性指数。

b、c 分别为图中两直线的斜率。对于大多数金属材料，疲劳强度指数 b 一般为 -0.06～-0.14，估计时可取 -0.1；疲劳延性指数 c 一般为 -0.5～-0.7，常取 -0.6 作为其典型值。

因此，$\varepsilon-N$ 曲线可写为

$$\varepsilon_a \approx \varepsilon_{ea} + \varepsilon_{pa} = \frac{\sigma'_f}{E}(2N)^b + \varepsilon'_f(2N)^c \tag{12-29}$$

在长寿命阶段，以弹性应变幅 ε_{ea} 为主，塑性应变幅 ε_{pa} 的影响可忽略，即 $\varepsilon_a \approx \varepsilon_{ea}$，且有

$$\varepsilon_{ea} = \frac{\sigma'_f}{E}(2N)^b \quad \text{或} \quad \varepsilon_{ea}^{m_1}N = C_1$$

此即反映应力疲劳性能的 $S-N$ 曲线。

在短寿命阶段，以塑性应变幅 ε_{pa} 为主，弹性应变幅 ε_{ea} 的影响可忽略，即 $\varepsilon_a \approx \varepsilon_{pa}$，且有

$$\varepsilon_{pa} = \varepsilon'_f(2N)^c \quad \text{或} \quad \varepsilon_{pa}^{m_2}N = C_2$$

这就是著名的 Manson-Coffin 低周应变疲劳公式(是 1963 年提出的)。

当 $\varepsilon_{ea} = \varepsilon_{pa}$ 时，有

$$\frac{\sigma'_f}{E}(2N_t)^b = \varepsilon'_f(2N_t)^c$$

由此可得

$$2N_t = (\varepsilon'_f E/\sigma'_f)^{1/(b-c)} \tag{12-30}$$

式中，N_t 为高周疲劳与低周疲劳的分界点。

若寿命大于 $2N_t$，弹性应变为主，是高周应力疲劳；寿命小于 $2N_t$，塑性应变为主，是低周应变疲劳。因此，$2N_t$ 被称为转变寿命(或过渡寿命)。

利用 $\varepsilon-N$ 曲线和 Manson-Coffin 低周应变疲劳公式可以进行疲劳寿命的估算，在此不详述。

综合上述，可以知道传统的疲劳设计总寿命法的三种具体方法。

1. 应力疲劳分析法

应力疲劳分析法是研究材料或构件中的名义应力 S 与疲劳寿命 N 之间关系的分析法。由于试验条件及耗资等因素一般采用材料试样的 $S-N$ 曲线进行推算，如考虑尺寸影响、应力集中影响与加工影响等因素，然后推算出能经受指定 N 次循环数的尚存应力水平作为具体的

估计量。对于有一定存活率($P\%$)要求的构件,需从 $P-S-N$ 曲线着手,推算出具有指定存活率的疲劳强度作为估计量。估计裂纹形成寿命 N_i 时,宜作裂纹形成寿命的 $S-N$ 曲线。工程裂纹长度 a_{min} 是工程上人为选定的用以区分裂纹形成与裂纹扩展阶段的界限,其值因检测手段、构件、材料、受载形式等因素而不同,有时采用 $a_{min}=0.3\sim0.5$mm。

2. 应变疲劳分析法

应变疲劳分析法是 20 世纪 60 年代后兴起的方法。其认为构件的疲劳寿命主要由构件的危险部位所决定。疲劳破坏的起因取决于构件的应力集中部位的塑性变形。这种方法主要用于低周疲劳分析,它是针对该疲劳危险部位的小块材料,在加载过程中的局部应力-应变历程所建立的理论,较为符合疲劳破坏机理。同时也考虑了加载次序的影响,是估算裂纹形成寿命的较好方法之一。以循环应力-应变迟滞回线为损伤计算特征的光滑试样的应变-寿命曲线,即 $\varepsilon-N$ 曲线,其中 N_t 为高周疲劳与低周疲劳的分界点。有应力集中的构件其寿命预估,是利用材料的光滑试样的疲劳寿命资料,只需其应力集中部位的局部应变历程与光滑试样相同,且两者工程裂纹尺寸的规定又一样,则光滑试验的寿命即为该构件的寿命。

3. 随机疲劳分析法

常以构件上的随机载荷历程或者构件上的响应时间历程编制成载荷谱,以损伤当量的概念编成离散的载荷程序块,等效于实际的连续的随机载荷历程,这样可采用与变幅疲劳相似的方法进行疲劳寿命预估。载荷谱的编制是应力疲劳分析法的基础,它不仅在模拟加载试验中需要,而且是寿命预估的载荷依据。编制时的计数法较多,雨流计数法为最常用的方法之一。编制时尚有随机波形的变均值简化原则、累积频次的统计推断以及八级程序块的选用等。随机疲劳的计算已编制有计算机的通用计算程序。因篇幅原因,本书不做详细介绍。

第 13 章　断裂疲劳

上章讨论的应力疲劳、应变疲劳中，都认为材料是均匀、无缺陷的，由此研究疲劳载荷作用下的裂纹萌生机理、规律、寿命预测与控制。然而，在许多情况下，材料或构件中的缺陷是不可避免的。

有缺陷怎么办？

开始无缺陷的构件在使用中发现了裂纹，能否继续使用？

含缺陷的构件如果还能继续使用，有多少剩余寿命？

对于一些大型重要结构或构件，往往需要依靠检修来保证安全，如何控制检修？

以上都是工程中需要研究与回答的问题。

20 世纪 60 年代以后，断裂力学尤其是线弹性断裂力学，已经得到相当成熟的发展，为研究含缺陷结构的疲劳问题提供了理论基础；计算机技术的迅速发展，为含缺陷结构疲劳问题的研究提供了强有力的计算手段；60 年代起出现并迅速发展的高倍电子显微镜、电液伺服材料试验机、电火花切割机等，为裂纹扩展的实验研究、裂纹扩展破坏机理的观察、裂纹的制备等提供了可用的实验手段。这些条件的具备，使含缺陷结构疲劳问题的研究成为可能。

近 50 年来，大量的研究和应用经验表明：线弹性断裂力学（应力强度因子断裂理论）是研究疲劳裂纹扩展 (Fatigue crack growth)的十分有力的工具。

线弹性断裂力学认为，裂纹尖端附近的应力场是由应力强度因子 K 控制的，故裂纹在疲劳载荷作用下的扩展应当能够利用应力强度因子 K 进行定量的描述。

工程中，线弹性断裂力学甚至被用来研究低强度、高韧性材料的疲劳裂纹扩展，因为在疲劳载荷下裂纹尖端的应力强度因子一般较低，裂纹尖端的塑性区尺寸也不大。只有当裂纹扩展速率很快或裂纹尺寸较小时，线弹性断裂力学的应用才受到限制。对于裂纹扩展速率很快的情况，由于此时裂纹扩展寿命只占构件总寿命的很小一部分，故这一限制在许多情况下对于疲劳分析是并不重要的。对于小裂纹的疲劳扩展，则需要利用弹塑性断裂力学分析，这正是仍在继续研究与发展的重要领域之一。

进行疲劳裂纹萌生寿命分析时，一般按应力-寿命或应变-寿命关系进行，称为传统疲劳；进行疲劳裂纹扩展寿命分析时，则必须考虑裂纹的存在，需用断裂力学方法研究，故称为断裂疲劳。

本章介绍断裂疲劳，主要包括疲劳裂纹扩展的机理、速率和寿命等。

13.1　疲劳裂纹演化机理

疲劳裂纹的萌生、扩展和断裂对应着种种机制，这些机制分别说明微观裂纹是在晶界、孪晶界、夹杂、微观结构或成分的不均匀区，以及微观或宏观的应力集中部位形核。

13.1.1 组织结构变化

在研究材料的疲劳现象时，除了疲劳断口分析外，人们还注意到在疲劳过程中材料的组织结构及材料的性能也会发生许多变化，研究与分析这些变化，对于揭示疲劳裂纹的萌生、扩展和断裂机制有重要作用。

研究表明，当交变应力等于材料的疲劳极限时，经过一定的应力循环以后，金属表面部分晶粒中开始出现滑移带。滑移带是金属塑性变形的可见标记，一般说来，它们是由不同数量的滑移线所构成的(图 13-1)，滑移线在晶粒的表面上形成了一些台阶，每一台阶高度至少要等于点阵常数，最常见的在几百到几千个点阵常数范围。随着循环次数的增加，滑移带加宽。由于交变应力较小，很少在其他的地方出现新的滑移带。

当循环应力高于材料的疲劳极限时，经过一定次数的循环后，其滑移带加宽变粗。通过电解抛光的方法将这些滑移带除去后再重新作疲劳试验，在原来的位置上又出现新的滑移带，这表明在这些位置的变形抗力较低；当应力循环次数进一步增加，则可能出现滑移带不可能完全通过抛光的方法除去的现象，这种通过抛光后不可能除去的滑移带称为驻留滑移带，也称为持久滑移带。驻留滑移带只在构件表面上形成。

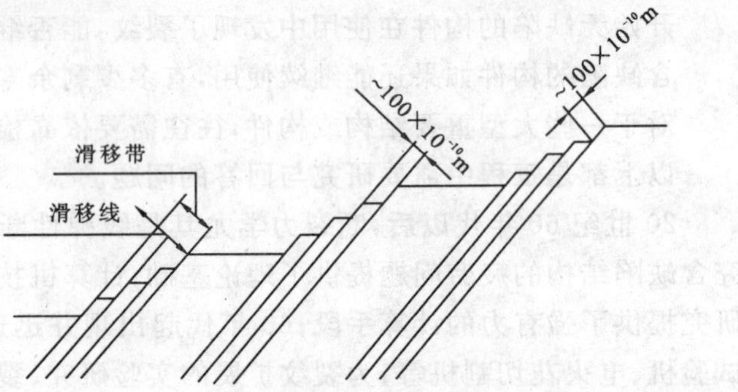

图 13-1　滑移线与滑移带

研究已经证明，在交变载荷条件下发生的滑移与静载荷条件下发生滑移的晶体学特征是相同的，即在同种材料中，两种不同应力条件下其滑移系是相同的。与静载荷条件下金属的塑性变形结果不同的是，疲劳过程中产生的塑性变形没有明显的晶格畸变，这可能是疲劳时的塑性变形不产生晶格畸变，也可能是产生了晶格畸变在随后的循环应力中畸变又得到了恢复。

挤出脊和侵入沟是疲劳过程中发生在金属表面的另一普遍现象。其表现形式为在交变应力的作用下，有些金属或合金表面滑移带中会出现比周围高出一些的被挤出来的物质，其表现形式多样，具有清楚而明确的边缘，其厚度小于 1μm，高度可达 10μm，它们在很宽的温度范围内包括在极低的温度下(例如钢在 -269℃以下)出现。这种在宽的滑移带表面上出现的材料的挤出物就称为挤出脊(图 13-2)。使用电解抛光的方法将挤出脊去掉以后，有时可在原挤出脊处发现裂纹，所以有人认为，这一现象与疲劳裂纹是直接联系的，但是在有些材料的挤出脊中并不出现裂纹。

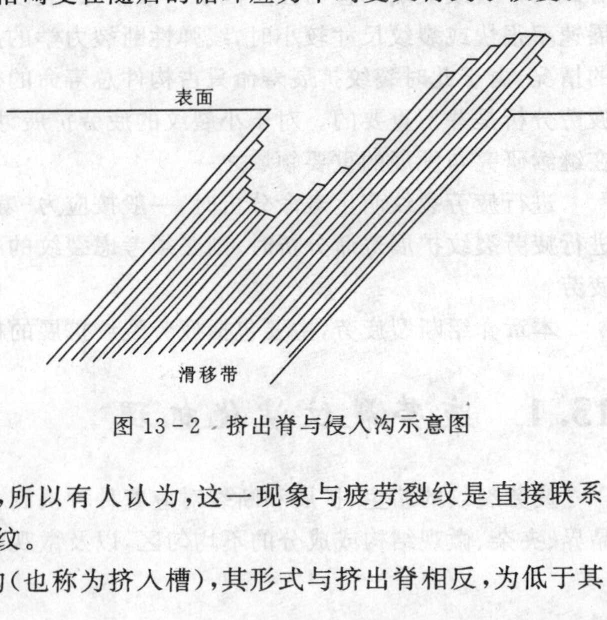

图 13-2　挤出脊与侵入沟示意图

有时在挤出脊的旁边同时又出现侵入沟(也称为挤入槽)，其形式与挤出脊相反，为低于其表面的沟槽所构成(图 13-2)。

试验已经证明,金属材料在交变载荷作用下,表面出现驻留滑移带、挤出脊和侵入沟,并在这些地方形成微观疲劳裂纹,最后连接成宏观疲劳裂纹。所以可以认为,驻留滑移带、挤出脊、侵入沟均是疲劳裂纹的发源地。

13.1.2 裂纹萌生机理

由疲劳断口的形貌特征,可将疲劳断口分为三个区,即疲劳源区、裂纹的缓慢扩展区及瞬时断裂区,这三个区对应着疲劳断裂的三个阶段,即裂纹的萌生、裂纹的缓慢(稳定)扩展及断裂(失稳扩展)。

已有许多模型用以描述疲劳裂纹的萌生及生长,有晶体学模型也有非晶体学模型,有简单模型也有较为复杂的模型,在这些模型中往往简单的模型比较接近真实情况。

1. 纽曼(P. Neumann)模型

纽曼模型以晶体中两个滑移面系统的交变滑移和形变强化为基础,解释了滑移带内裂纹的萌生及扩展,该模型可用图 13-3 来说明。

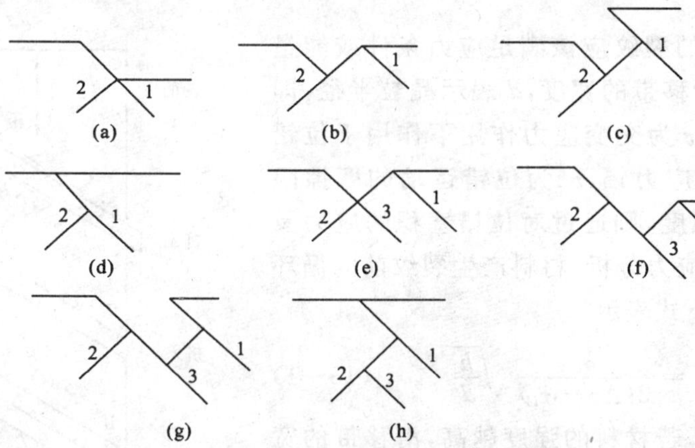

图 13-3 滑移带中裂纹的萌生及成长模型

一构件受拉压交变循环应力的作用,在表面某一晶粒内有两正交的滑移系 1,2,在张应力作用下,滑移系 1 启动,在其表面产生一台阶,如图 13-3(a)所示,由于滑移系 1 滑移后引起该滑移系中位错运动阻力增加,在张应力的继续作用下,滑移系 2 启动,形成如图 13-3(b)所示的状态;在压缩时,滑移系 1 首先作用,向与张应力相反的方向滑移,如图 13-3(c)所示,然后滑移系 2 发生作用,在压应力结束时达到如图 13-3(d)状态。这时虽然两个滑移面块互相接触,但是,由于其间已形成了新的表面,两面间不能焊合,所以可以认为该滑移面上已经形成了裂纹。在第二个拉伸状态,由于其中已形成了裂纹[图 13-3(d)],则由滑移系 1,2 的依次启动,在较小的张应力条件下就达到了图 13-3(e)状态,张应力继续增加,则平行于滑移系 1 的滑移系 3 启动将进入图 13-3(f)状态。在下一个压缩状态,滑移系 1,2,3,依次启动则分别为图 13-3(g)、(h)状态。进一步重复这些步骤,即造成裂纹的不断延伸。该模型解释了疲劳过程中滑移与裂纹形成的关系,虽然它是一个理想化的模型,这种裂纹的形成在钢的单晶体的拉压试验中得到了证实。

2. Tanaka-Mura 模型

在挤出脊与侵入沟中形成裂纹的另一模型是由 Tanaka 和 Mura 提出的。

纯金属、单相金属以及一些多相金属在驻留滑移带上形成疲劳裂纹是一个比较普遍的现象，这说明驻留滑移带与疲劳裂纹有密切的内在关系。Mott 很早就对金属疲劳时在表面发生的挤出和侵入的特定变形带进行了分析，并假定正向加载与反向加载时位错不是沿着同一个滑移面运动，在此基础上，Tanaka 和 Mura 用位错偶极子塞积的概念解释了疲劳过程中构件表面的挤出和侵入现象以及疲劳裂纹的形成条件。该模型可用图 13－4 说明。

设一构件处于拉压交变应力循环之中，构件表面有一处于软位向的晶粒，Ⅰ、Ⅱ是两个邻近的滑移系。Tanaka 和 Mura 假定，在正向加载时，一群位错沿Ⅰ运动并塞积到晶界；当反向加载时，符号相反的位错沿Ⅱ运动也塞积到晶界，且正向加载产生的位错塞积不受反向加载的影响而保持其运动的不可逆性；同样，反向加载的位错塞积也不受正向加载的影响。这样，在交变载荷连续的作用下，Ⅰ和Ⅱ上的符号相反的位错不断增加，由于Ⅰ和Ⅱ上的位错彼此正对，形成位错偶极子群塞积，如果形成的是空位型位错偶极子群塞积，则多余的原子将沿滑移面移出表面而形成挤出脊，如果形成的是填隙型位错偶极子群，则表面对应的则是侵入现象(图 13－4)。

在滑移带上形成的裂纹应该满足应力条件或能量条件，若以 h 定义为滑移带的宽度，d 表示晶粒半径，即位错塞积区的长度，$\Delta\tau$ 为交变应力作用下作用于位错上的分切应力的循环应力幅，τ_i 为位错运动的摩擦阻力，σ_c 为材料的断裂强度，则通过对位错塞积的应力及位错间的互相作用的应力分析，材料产生裂纹前的循环次数 N_f 可近似地用下式表示

$$N_f=\frac{\sigma_c}{2(\Delta\tau-\tau_i)}\sqrt{\frac{h}{d}} \qquad (13-1)$$

由上式可以看出，若材料的强度越高，滑移带的宽度越大或晶粒尺寸越小，则在滑移带中产生裂纹前的循环次数也越高。

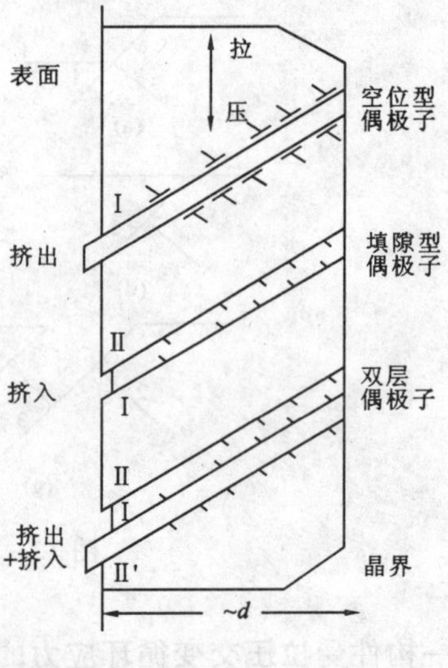

图 13－4 Tanaka-Mura 模型

应当说明的是，式(13－1)虽然是材料本身性质与产生裂纹前循环寿命的定量表达式，但由于在导出过程中使用了许多近似的假设条件，所以式(13－1)仅是一个定性的关系式。

3. 伍德(Wood)模型

伍德提出了一种十分简单且又直观的滑移机制来解释应力交变循环过程中挤出与侵入的形成。该机制认为，材料在承受单向应力时，其滑移特征如图 13－5(a)所示，而受到交变应力作用时，由于滑移的双向特性，即可形成如图 13－5(b)、(c)的挤出或侵入现象。

滑移带的挤出和侵入是常见的疲劳裂纹主要发源地。其形成疲劳裂纹核心的机理有两种观点，其一是认为驻留滑移带中组成的侵入沟本身由于高度的应力集中，实际应力可能超过材料的断裂强度，则必然产生裂纹核心，如图 13－5(b)所示；其二是认为驻留滑移带中，由于材料的挤出，必然在其内部产生大量空穴、空洞之类的显微缺陷，这些显微缺陷的凝集连接就构成了裂纹的核心。

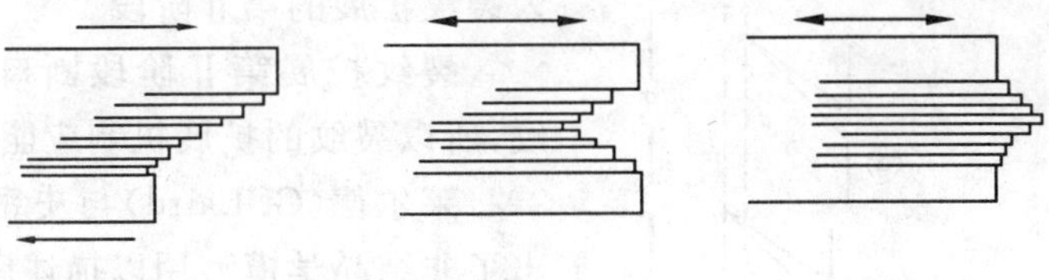

图 13－5 滑移带挤出和侵入形成示意图

伍德机制不能解释为什么纯粹以滑移面滑移的金属锌在疲劳过程中不发生挤出与侵入现象。

还有其他许多关于疲劳裂纹生核的机制，但正如前面所讲到的，有的解释疲劳裂纹萌生的机制很复杂，但距离实际情况却似乎更远。

13.1.3 裂纹扩展机理

疲劳裂纹的失稳扩展与材料的一次断裂具有相同的特征，此处不再叙述。这里讨论的疲劳裂纹扩展是指从疲劳裂纹生核直到失稳扩展发生前的亚临界扩展过程，即疲劳裂纹的缓慢扩展过程。

疲劳裂纹的亚临界扩展是一个不连续的过程，该过程可以分为两个阶段，即疲劳裂纹扩展的第Ⅰ阶段和疲劳裂纹扩展的第Ⅱ阶段(图 13－6)。

1. 微观裂纹扩展机理

第Ⅰ阶段属于显微裂纹的扩展。该阶段的裂纹扩展是由剪切应力所控制的，所以裂纹沿着与应力轴成 45°角的方向，扩展深度在 1～4 个晶粒范围内，扩展速率很低，每循环扩展量在 10^{-8} cm 数量级。

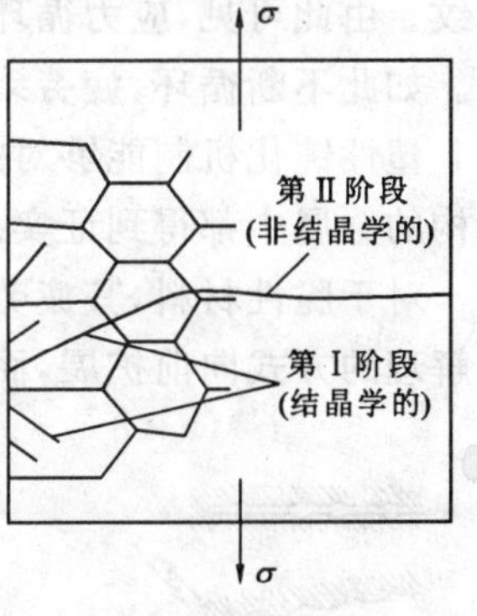

图 13－6 疲劳裂纹扩展阶段

由于在每一应力循环时，裂纹扩展量很小，而且裂纹属于结晶学性质的扩展，所以其微观断口上没有什么显著特征。

有两种描述裂纹扩展第Ⅰ阶段的模型，其一为塑性钝化模型，其二为位移模型(图 13－7)。

塑性钝化模型如图 13－7(A)所示，(a)为在压应力半周期及滑移带中存在的裂纹，裂纹顶端在位置 1 处。当构件表面变为张应力时裂纹顶端由于存在较大的集中应力而发生钝化，增加了裂纹表面积(b)；当裂纹再次承受压应力时裂纹闭合。由于新增加了裂纹的表面，所以裂纹顶端到达 2 的位置(c)。

位移模型如图 13－7(B)所示，(d)为压应力半周期内的裂纹状态，其裂纹顶端位置在 1 处，(e)为张应力半周期内在裂纹上下两侧产生了相对位移，裂纹顶端位置到达 2，(f)为下一个压应力半周期，裂纹上下两侧移回原位置，裂纹顶端已向前扩展。

由上述模型可以看出，疲劳裂纹扩展的第Ⅰ阶段是由构件自由表面开始并以滑移的方式进行塑性循环应变而造成的。提高表面层的强度对于提高第Ⅰ阶段疲劳裂纹扩展抗力有重要作用。

2. 宏观裂纹扩展机理

当微观裂纹扩展到 1～4 个晶粒深度以后，裂纹的扩展方向变为与应力轴垂直的方向，进

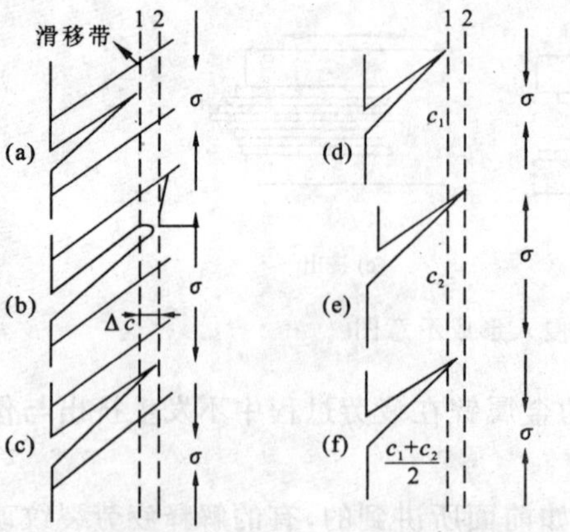

（A）塑性钝化模型　（B）位移模型

图 13－7　疲劳裂纹扩展第Ⅰ阶段的两种模型

入裂纹扩展的第Ⅱ阶段。

裂纹扩展第Ⅱ阶段断口的微观特征是疲劳纹，所以裂纹的扩展机制应能解释疲劳纹的产生。

莱尔德(G. Laird)与史密斯(G. C. Smith)提出了非结晶学模型用以描述疲劳裂纹第Ⅱ阶段的扩展。该模型也称为塑性钝化模型，如图 13－8 所示。

所谓塑性钝化模型是指疲劳裂纹是由裂纹顶端的钝化—锐化—再钝化这种循环来进行扩展的一种模型。图 13－8(a)表示循环应力正好为零时一定长度的裂纹，裂纹顶端处于锐化状态；图 13－8(b)表示当循环应力为拉应力时裂纹张开，裂纹顶端塑性区内沿 45°角方向产生滑移变形，并且使裂纹顶端由锐化状态变为钝化状态；图 13－8(c)表示循环拉应力达到最大值，钝化状态也达到最大，裂纹顶端张开成圆弧形，并向前张开一个长度 Δa，由于塑性变形松弛裂纹顶端的集中应力，最后滑移停止，裂纹也停止扩展；当循环应力向压应力转变[图 13－8(d)]，裂纹顶端附近塑性区的滑移向相反方向进行，并使张开的裂纹压扁，在裂纹顶端部分则被压折成一个耳状端部；当循环压应力达到最大后裂纹表面被压合，裂纹顶端由钝变锐，形成一对尖角，这对尖角在断口上留下的痕迹便是微观断口上的疲劳纹。由此可见，应力循环一周期，在断口上便留下一条疲劳纹，裂纹向前扩展一个纹带的距离。如此不断循环，疲劳裂纹也不断向前扩展。

塑性钝化机制能够对疲劳断口上出现的条纹做出满意的解释，而且这一机制在三种典型结构的金属中都得到证实。

对于脆性材料，其疲劳裂纹的扩展机制如图 13－9 所示，在最大张应力作用下，裂纹顶端以解理的方式向前扩展，而且裂纹顶端也会发生塑变而钝化，并留下脆性疲劳纹的痕迹。

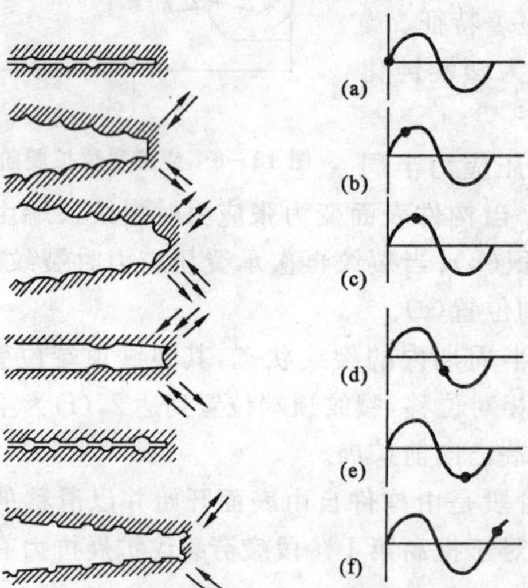

图 13－8　疲劳裂纹扩展的塑性钝化模型

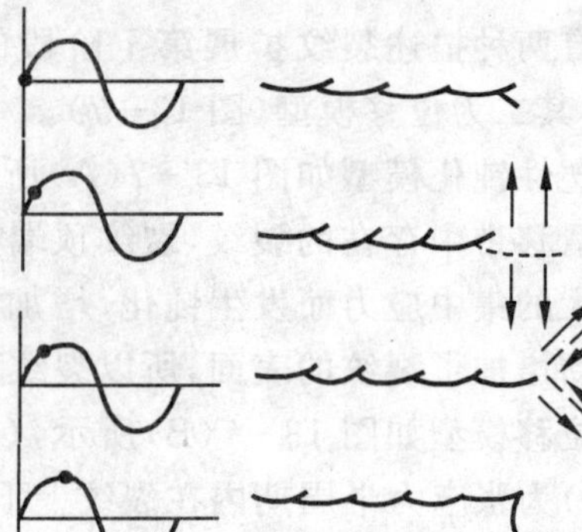

图 13－9　脆性疲劳纹形成过程示意图

13.2　疲劳裂纹扩展速率

所谓疲劳裂纹的扩展速率是指在疲劳裂纹的缓慢扩展阶段内每一次应力循环裂纹扩展的距离。该速率用 $\Delta a/\Delta N$(mm/ 周) 表示，其中，Δa 为应力循环 ΔN 次时裂纹扩展的长度，在极限条件下用微分 da/dN 表示。

13.2.1　$a-N$ 曲线

若裂纹尖端塑性区的尺寸 r_P 远小于裂纹尺寸 a，即 $a \gg r_P$，则线弹性断裂力学可适用。

工程中最常见、最危险的裂纹是垂直于最大主应力的张开型裂纹(或称 Ⅰ 型裂纹)。

下面将在线弹性断裂力学成立的条件下，讨论 Ⅰ 型裂纹的疲劳裂纹扩展。

疲劳裂纹扩展速率 da/dN(或 da/dt)是在疲劳载荷作用下，裂纹长度 a 随循环次数 N(或循环载荷作用时间 t)的变化率，反映裂纹扩展的快慢。

有多种测定材料 da/dN 的方法，如三点弯曲试样(SEB)测定方法与中心裂纹拉伸试样(CCT 试样——Center Crack Tension)或者紧凑拉伸试样(CT 试样——Compact Tension)测量方法。用中心裂纹试样测定时，用一板状试样，在垂直于力轴的方向采用线切割的方法预制一裂纹，在交变应力作用下，使裂纹顶端扩展尖锐化，然后在一恒定的交变应力作用下循环加载。使用读数显微镜测量裂纹长度与循环次数之间的关系，如 $a_1-N_1, a_2-N_2, \cdots, a_n-N_n$，直至断裂，将所得数据绘制于直角坐标系上即得 $a-N$ 曲线，如图 13-10 所示。该曲线表示在某一恒定循环载荷条件下裂纹长度与循环周次之间的关系。

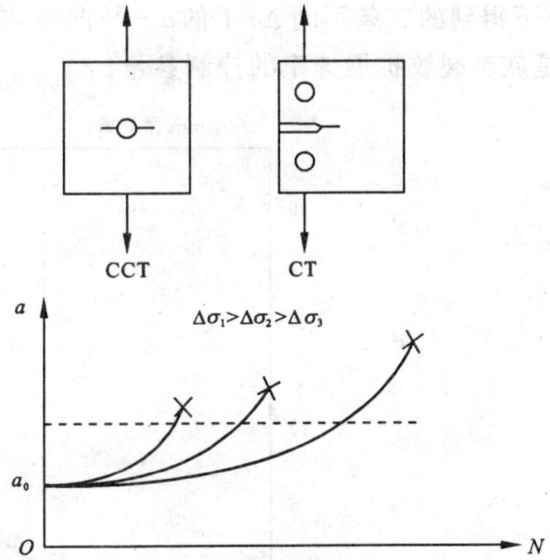

图 13-10　$a-N$ 曲线

图 13-10 中示出了应力比 $r=0$ 时，三种不同恒幅载荷作用下的 $a-N$ 曲线。$a-N$ 曲线的斜率，就是裂纹扩展速率 da/dN。

注意到裂尖应力强度因子 $K_{\mathrm{I}} = Y\sigma\sqrt{\pi a}$，$Y$ 是几何修正因子。则由图中 $a-N$ 曲线可知：

对于给定的 a，循环应力幅 $\Delta\sigma$ 增大，即 ΔK 增大，则曲线斜率 da/dN 增大。

对于给定的 $\Delta\sigma$，裂纹长度 a 增大，即 ΔK 增大，则曲线斜率 da/dN 增大。

故裂纹扩展速率由 da/dN 的控制参量是应力强度因子幅度 $\Delta K = f(\Delta\sigma, a)$，即

$$da/dN = f(\Delta K, r) = g(\Delta K, K_{max}) \tag{13-2}$$

式中，应力比 $r=\sigma_{min}/\sigma_{max}=P_{min}/P_{max}=K_{min}/K_{max}$，$K_{max}=\Delta K/(1-r)$，与 ΔK 相比，r 对疲劳裂纹扩展速率的影响是第二位的。

裂纹只有在张开的情况下才能扩展，压缩载荷的作用将使裂纹闭合。

因此，应力循环的负应力部分对裂纹扩展无贡献，故疲劳裂纹扩展控制参量——应力强度因子幅度 ΔK 定义为

$$\left.\begin{aligned}\Delta K &= K_{\max} - K_{\min} \quad (r > 0)\\ \Delta K &= K_{\max} \quad (r < 0)\end{aligned}\right\} \tag{13-3}$$

13.2.2 da/dN－ΔK 曲线

由 $a-N$ 曲线中任一裂纹尺寸 a_i 处的斜率，即可知其扩展速率$(\mathrm{d}a/\mathrm{d}N)_i$；

同时，由已知载荷 $\Delta\sigma$ 和 a_i，还可以计算相应的 ΔK_i。这样就由 $a-N$ 曲线得到了一组$[\Delta K_i,(\mathrm{d}a/\mathrm{d}N)_i]$ 数据，进而可绘出 $\mathrm{d}a/\mathrm{d}N-\Delta K$ 曲线。

$\mathrm{d}a/\mathrm{d}N-\Delta K$ 曲线与 $S-N$ 曲线、$\varepsilon-N$ 曲线一样，都表示了材料的疲劳性能，只不过 $S-N$ 曲线、$\varepsilon-N$ 曲线所描述的是疲劳裂纹萌生性能，$\mathrm{d}a/\mathrm{d}N-\Delta K$ 曲线描述的是疲劳裂纹扩展性能而已。

值得指出的是：$S-N$ 曲线、$\varepsilon-N$ 曲线是以 $r=-1$（对称循环）时的曲线作为基本曲线，$\mathrm{d}a/\mathrm{d}N-\Delta K$ 曲线则是以 $r=0$（脉冲循环）时的曲线作为基本曲线的。

在双对数坐标中画出的 $\mathrm{d}a/\mathrm{d}N-\Delta K$ 曲线图如图 13－11 所示。图 13－10 中在相同应力比 r 下得到的三条不同 $\Delta\sigma$ 下的 $a-N$ 曲线，在 $\mathrm{d}a/\mathrm{d}N-\Delta K$ 图上成为一条曲线，这进一步说明 ΔK 是疲劳裂纹扩展速率的控制参量。

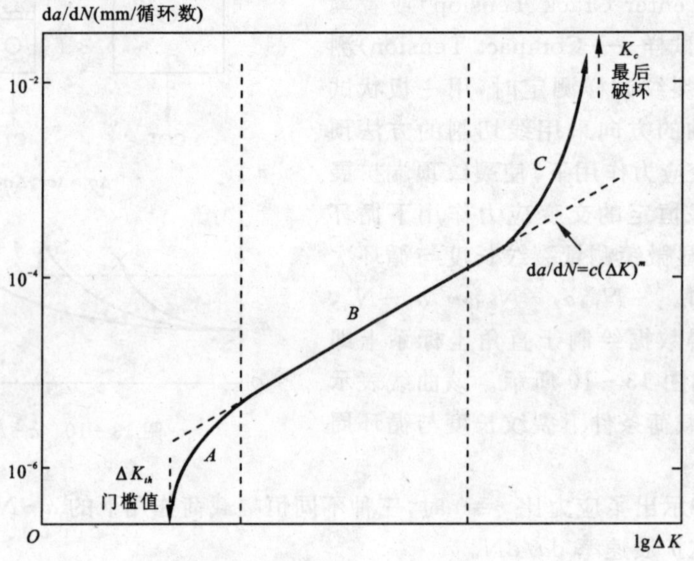

图 13－11 da/dN－ΔK 曲线

由图 13－11 可以看出，在双对数坐标系中，$\mathrm{d}a/\mathrm{d}N$ 与 ΔK 可近似地用三段直线表示。根据三段直线的斜率不同，可将其大致划分为 1、2、3 三个阶段，分别对应低、中、高速率三个区域。

第 1 阶段：是低速率区。该区域内，随着应力强度因子幅度 ΔK 的降低，裂纹扩展速率迅速下降。到某一值 ΔK_{th} 时，裂纹扩展速率趋近于零（$\mathrm{d}a/\mathrm{d}N < 10^{-10}\,m/C$）。若 $\Delta K < \Delta K_{th}$，可以认为裂纹不发生扩展。ΔK_{th} 是反映疲劳裂纹是否扩展的一个重要的材料参数，称为疲劳裂纹扩展的门槛应力强度因子幅度，是 $\mathrm{d}a/\mathrm{d}N-\Delta K$ 曲线的下限。

第 2 阶段：是中速率裂纹扩展区。此时，裂纹扩展速率一般在$(10^{-9}\sim10^{-5})\,m/C$ 范围内。

大量的实验研究表明：中速率区内，$da/dN-\Delta K$ 有良好的对数线性关系。利用这一关系进行疲劳裂纹扩展寿命预测，是疲劳断裂研究的重点。

第3阶段：是高速率区。在这一区域内，da/dN 大，裂纹扩展快，寿命短。其对裂纹扩展寿命的贡献，通常可以不考虑。随着裂纹扩展速率的迅速增大，裂纹尺寸迅速增大，断裂发生。断裂的发生由断裂条件 $K_{max}<K_c$ 控制。因为 $\Delta K=(1-r)K_{max}$，故图13-11中的上渐近线为 $\Delta K=(1-r)K_c$。

13.2.3 帕里斯公式

1. 帕里斯公式的一般表达式

疲劳裂纹扩展的第2阶段是疲劳裂纹扩展的主要阶段，也是决定疲劳裂纹扩展寿命的主要组成部分。这是一个研究得最广泛最深入的阶段。一般认为，对于中速率区的稳定裂纹扩展，在双对数坐标系中 da/dN 与 ΔK 关系是一条直线（也有用两条直线来描述的）。用于描述这一阶段的 da/dN 的关系式有数十个之多，其中用得最广泛而且最简单的是帕里斯提出的表达式

$$da/dN=C(\Delta K)^m \tag{13-4}$$

这就是著名的帕里斯公式（1963年提出的）。

在双对数坐标系中，上式的形式为

$$\lg da/dN=\lg C+m\lg\Delta K \tag{13-5}$$

式(13-4)、式(13-5)表明：应力强度因子幅度 ΔK 是疲劳裂纹扩展的主要控制参量，ΔK 增大（即载荷水平 $\Delta\sigma$ 增大或裂纹尺寸 a 增大），则裂纹扩展速率 da/dN 增大。

裂纹扩展参数 C、m 是描述材料疲劳裂纹扩展性能的基本参数，由实验确定。因为压应力对裂纹扩展基本无贡献，故与 $S-N$ 曲线、$\varepsilon-N$ 曲线不同，$da/dN-\Delta K$ 曲线是以 $r=0$（脉冲循环）时的曲线作为基本曲线的。

在低速率区内，主要是控制应力强度因子幅度的门槛值 ΔK_{th}，进行裂纹不扩展设计。亦即裂纹不发生疲劳扩展的条件为

$$\Delta K<\Delta K_{th} \tag{13-6}$$

ΔK_{th} 也是由实验确定的描述材料疲劳裂纹扩展性能的重要基本参数。

如果将裂纹扩展速率从中速率区向高速率区转变的应力强度因子幅度记作 ΔK_T，则当 $r=0$ 时，ΔK_T 就等于最大循环应力作用下的 K_{maxT}。许多实验研究表明，对于韧性金属材料，可用下式估计裂纹扩展速率从中区向高区转变时的应力强度因子

$$K_{maxT}=0.006\ 37\sqrt{E\sigma_{ys}} \tag{13-7}$$

式中，E 为弹性模量；σ_{ys} 为屈服极限，单位为 MPa；K_{maxT} 为应力强度因子，$\mathrm{MPa}\sqrt{\mathrm{m}}$。

2. 参数(C,m)的确定

由疲劳裂纹扩展实验，可以确定帕里斯公式(13-4)中的裂纹扩展参数 C、m，其方法如下。

——试验$(\Delta\sigma,r,a_0)$。

用标准试件在 $\Delta\sigma$ 为常数、$r=0$、$a=a_0$ 的条件下，进行疲劳裂纹扩展试验。

——记录(a_i,N_i)。

记录 $\Delta\sigma$、a_i、N_i 数据。

——估算$(da/dN)_i$。

由(a_i, N_i)数据，估算扩展速率$(da/dN)_i$。如用割线法，则以两相邻数据点连线（割线）的斜率，作为该区间的平均裂纹尺寸 $\bar{a}_i=(a_{i+1}-a_i)/2$ 所对应的裂纹扩展速率，故有

$$(da/dN)_i=(a_{i+1}-a_i)/(N_{i+1}-N_i)$$

——估算 ΔK_i。

由$(\Delta\sigma,\bar{a}_i)$数据，估计对应于 $\bar{a}_i$ 的应力强度因子幅度 ΔK_i。

——拟合 C、m。

由式(13-5)有：$\lg da/dN=\lg C+m\lg\Delta K$

利用上述数据$[(da/dN)_i,\Delta K_i]$，按上式作最小二乘线性拟合，即可确定材料参数 C、m。

3. 帕里斯公式修正

不同阶段裂纹扩展速率 da/dN 的变化反映了在一定变动载荷条件下 ΔK 对 da/dN 的影响规律。此外还有其他一些因素也对疲劳过程中的 da/dN 有重要影响，如循环应力的平均应力，应力循环过程中的偶然过载，以及材料本身的性能特性与构件运行的环境等，因此，有人从不同角度研究后提出了对帕里斯公式的修正方法。

平均应力 σ_m 对 da/dN 的影响可以通过应力循环对称系数 r 来体现。由式(3-2)、式(3-3)及式(3-4)，有

$$\frac{\sigma_m}{\sigma_a}=\frac{\sigma_{max}+\sigma_{min}}{\sigma_{max}-\sigma_{min}}=\frac{1+r}{1-r}$$

所以

$$\sigma_m=\frac{1+r}{1-r}\sigma_a=\frac{1+r}{1-r}\cdot\frac{\Delta\sigma}{2}$$

$$=\frac{\Delta\sigma}{1-r}-\frac{\Delta\sigma}{2} \qquad (13-8)$$

当 $\Delta\sigma$ 为一定时，ΔK 即为定值。由上式可以看出，σ_m 随着 r 的增大而增大，所以平均应力与应力循环对称系数 r 对 da/dN 的影响具有等效性。

由于压应力使裂纹闭合，不会引起裂纹扩展，所以在讨论 r 对 da/dN 的影响时，都是在 $\sigma_m>0$ 和 $r>0$ 的情况下进行的。

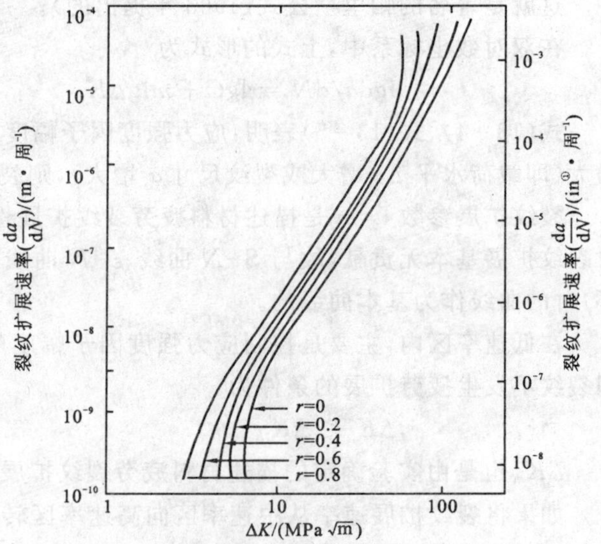

图 13-12　平均应力对 da/dN 的影响

注：①1in=0.025 4m，下同

大量的试验表明，当 ΔK 一定时，da/dN 随着应力比 r 的增加而增加，其变化规律如图 13-12 所示。

由图可以看出，平均应力 σ_m 或应力比 r 影响裂纹扩展速率曲线的位置，随着 r 的增加，曲线向左上方移动，使 da/dN 升高。

在图 13-11 曲线的第 1 区域即曲线的第 1 阶段，疲劳门槛值 ΔK_{th} 受到 r 的影响更为显著，随着 r 的增加，ΔK_{th} 下降，其关系可用下式表示

$$\Delta K_{th} = \Delta K_{th}^{0}\left(\frac{1-r}{1+r}\right)^{\frac{1}{2}} \qquad (r > 0) \tag{13-9}$$

曲线的第 2 区域即曲线的第 2 阶段，r 对 da/dN 的影响要小一些，而在由材料断裂韧性 K_{Ic} 或 K_c 控制的第 3 区，r 的影响也很显著。

许多试验还表明，裂纹扩展速率 da/dN 不仅与 σ_m 及 ΔK 有关，而且还要考虑当应力强度因子趋于 K_{Ic} 或 K_c 时裂纹加速扩展的效应，因此，福尔曼(Forman)等人提出以下表达式

$$\frac{da}{dN} = \frac{C(\Delta K)^m}{(1-r)K_c - \Delta K} \tag{13-10}$$

式中，C、m 为与试验条件有关的材料常数。

目前这个表达式已得到广泛应用。由该式可见，当 $\Delta K \to (1-r)K_c$ 时，则 $da/dN \to \infty$。由断裂力学知，当循环最大应力对应的 $K_{max} \to K_c$ 时，则 $da/dN \to \infty$，所以福尔曼公式也表达为

$$\frac{da}{dN} = \frac{C(\Delta K)^m}{(1-r)(K_c - K_{max})} \tag{13-11}$$

式(13-10)、式(13-11)表明了材料的断裂韧性、平均应力、循环最大应力及应力强度因子幅对裂纹扩展速率的综合影响。如由式(13-11)可以看出，材料的断裂韧性值与 da/dN 的关系，即 K_c 值越高，da/dN 值就越小，裂纹越不容易扩展；平均应力越高，da/dN 越大等。

实际工作中构件承受的 $\Delta\sigma$ 往往不是恒定的，可能发生变化从而使裂纹扩展速率问题复杂化，其中最重要的就是所谓过载峰的影响。

在恒幅加载的过程中($\Delta\sigma$ 恒定)，如果突然受到一个高的应力作用，随后又以原先的恒幅加载，这个高的应力即称为过载峰。大量试验数据表明，在恒载疲劳裂纹扩展中，适当的过载峰会使裂纹扩展减慢或停滞一段时间，发生裂纹扩展的过载停滞现象，经过一段时间的恒幅载荷后裂纹的扩展又恢复正常。

为了解释过载峰使裂纹扩展减慢的现象，埃尔伯(Elber)提出了裂纹闭合模型。该模型认为，过载峰在裂纹顶端造成一个大塑性区，塑性区内的材料受到比周围弹性区更大的拉伸并产生永久变形，卸载后，由于塑性区周围的弹性区的弹性变形要恢复，但是由于塑性区内的塑性变形的不可逆性，所以在塑性区内就会产生残余压应力，由于此项残余压应力在随后的加载过程中将抵消掉一部分外加的张应力，所以裂纹顶端的有效应力强度因子幅就小于外加的实际张应力，裂纹的扩展速率也因而减慢；经过一定次数的循环以后，随着裂纹的不断扩展而穿越过因过载峰引起的大塑变区以后，此项闭合效应才会消失，裂纹的扩展速率也重新恢复到正常状态。

为了考虑过载峰对裂纹扩展速率的延缓作用，惠勒(Wheeler)在帕里斯公式中引入了一个修正系数 F，这样，在构件的偶然过载后疲劳裂纹扩展速率的计算公式就为

$$da/dN = FC(\Delta K)^m \tag{13-12}$$

修正系数 F 就称为疲劳裂纹过载后扩展的延迟参量，其值与恒幅应力引起的塑性区尺寸和由过载峰造成的大塑性区尺寸之比值以及裂纹长度有关；惠勒提出的计算 F 的公式为

$$F = \left[\frac{r_i}{r_0 - (a_i - a_0)}\right]^q \qquad (a_i + r_i \leqslant a_0 + r_0) \tag{13-13}$$

式中，a_0 为出现过载峰时的裂纹长度；r_0 为由过载峰引起的塑性区尺寸；a_i 是瞬时裂纹长度；r_i 为该瞬时由正常的恒幅载荷引起的塑性区尺寸，r_0 和 r_i 的值可按式(8-57)计算；指数 q 为一与材料有关的常数。

除上述因素对裂纹的扩展速率有明显的影响外，应力循环频率、材料的组织状态与力学性能及温度与环境对 da/dN 也有重要影响。

13.3 疲劳裂纹扩展寿命

在实际工程中，常遇到对已产生裂纹构件的剩余疲劳寿命的估计问题，断裂力学的发展为进行这种计算提供了可能。从初始裂纹长度 a_0 扩展到临界裂纹长度 a_c，所经历的载荷循环次数 N_c，称为疲劳裂纹扩展寿命。

构件的疲劳寿命 N_f 可以认为是疲劳裂纹萌生寿命（生核阶段的循环次数）N_i 与裂纹扩展寿命（扩展阶段循环次数）N_p 之和，即

$$N_f = N_t = N_i + N_p \tag{13-14}$$

实践证明，在总的疲劳寿命中，N_p 所占的比例高达 90%以上，因此研究这一阶段裂纹扩展速率和寿命与材料本身的性质、各种力学参数之间的关系对于提高构件的使用性能有重要指导意义。

这里，以帕里斯裂纹扩展速率公式为基础，讨论疲劳裂纹扩展寿命的预测和抗疲劳断裂设计。

用前节所述之基本公式，进行抗疲劳断裂设计计算和评定的主要工作包括：

——已知载荷条件 $\Delta\sigma$、r，初始裂纹尺寸 a_0，估算临界裂纹尺寸 a_c 和剩余寿命 N_c；

——已知载荷条件 $\Delta\sigma$、r，给定寿命 N_c，确定 a_c 及允许的初始裂纹尺寸 a_0；

——已知 a_0、a_c，给定寿命 N_c，估算在使用工况 (r) 下所允许使用的最大应力 $\sigma_{\max}$。

下面估算恒幅应力循环疲劳裂纹扩展寿命。

由帕里斯公式，可以得到

$$dN = da/[C(\Delta K)^m], \quad 即 \quad N = \int_{a_0}^{a_c} \frac{da}{C(\Delta K)^m} \tag{13-15}$$

其中，a_0 为裂纹原始长度；a_c 为裂纹临界尺寸；$\Delta K = Y\Delta\sigma\sqrt{\pi a}$，$Y$ 即为裂纹结构的几何形状因子，在很多情况下，Y 与构件形状与裂纹尺寸有关（如内部椭圆裂纹与表面半椭圆裂纹等），若 Y 与 a 无关或可近似地将 Y 看成常数，将式(13-15)积分即可得到疲劳裂纹扩展寿命公式。

要估算疲劳裂纹扩展寿命，必须首先确定在给定载荷作用下，构件发生断裂时的临界裂纹尺寸 a_c。依据线弹性断裂判据，有

$$K_{\mathrm{I}} = Y\sigma_{\max}\sqrt{\pi a_c} \leqslant K_c \text{ 或 } a_c = \frac{1}{\pi}\left(\frac{K_c}{Y\sigma_{\max}}\right)^2 \tag{13-16}$$

将式(13-16)代入式(13-15)，积分得

$$\int_0^{N_c} dN = \int_{a_0}^{a_c} \frac{da}{C(\Delta K)^m} = \int_{a_0}^{a_c} \frac{da}{C(Y\Delta\sigma\sqrt{\pi a})^m}$$

计算整理得到疲劳裂纹扩展寿命计算公式如下

$$N_c = \begin{cases} \dfrac{2}{(m-2)C(Y\Delta\sigma\sqrt{\pi})^m}\left[a_0^{(1-\frac{m}{2})} - a_c^{(1-\frac{m}{2})}\right], & m \neq 2 \\[2ex] \dfrac{1}{C(Y\Delta\sigma\sqrt{\pi})^m}\ln\left(\dfrac{a_c}{a_0}\right), & m = 2 \end{cases} \tag{13-17}$$

式中，a_0 为构件中存在的裂纹原始长度，一般可对构件使用无损探伤的方法测出，然后根据裂纹的性质与走向确定 ΔK 的表达式；a_c 为裂纹的临界尺寸，可用裂纹力学的方法确定，即由式(13-16) 根据材料的断裂韧性、所受应力、应力场强度因子的表达式计算出 a_c。最后使用上式计算出裂纹从 a_0 扩展到 a_c 时应力可能循环的周次 N，此即为构件的剩余疲劳寿命。

如果要考虑平均应力对裂纹扩展速率的影响，则可使用福尔曼公式[式(13-11)或式(13-12)]代替帕里斯公式，然后再同上述步骤一样来进行积分，以求其寿命。

断裂实践篇

第 14 章 工程应用

断裂尤其疲劳断裂是结构和机械工程破坏或失效的最主要模式，也是最危险的模式。疲劳和断裂问题来自于工程实际，经过无数科技工作者的研究，取得了不少的成果，尤其以线弹性断裂力学的应力强度因子断裂理论及其在解决疲劳问题的疲劳裂纹扩展理论最为突出，工程实际中在现代安全设计和评定方面得到广泛应用，包括脆断设计、疲劳设计、材料评定、工艺评定、缺陷评定、寿命估算等。

14.1 现代安全设计

防止脆性断裂的工程方法是以线弹性断裂力学理论为基础的。以含裂纹结构的应力强度因子的弹性解、结合实验测得的材料断裂韧性与温度的关系曲线来判断结构是否会发生脆断，确定临界裂纹尺寸的大小，评定许用缺陷尺寸，按工程要求、使用环境及条件设计结构，使其满足

$$nK_{\mathrm{I}} < K_{\mathrm{I}R} \tag{14-1}$$

并按裂纹扩展规律设计产品和定出服役产品的检验周期，使其在服役期内满足式(14－1)要求，以确保产品的安全。

由于在线弹性范围内，$J_{\mathrm{I}c}$、COD 和 $K_{\mathrm{I}c}$的一致性，也可按 $J_{\mathrm{I}c}$和 δ_c 来设计防脆断结构。

现有的设计方法可分为下列几种。

——按断裂判据分，有 K 判据法、COD 法、J 积分法、应变能密度因子法等。

——按许用缺陷尺寸设计分(多用于评定焊接结构的缺陷尺寸)，有当量裂纹尺寸法、临界裂纹尺寸法。

——按脆性转变温度设计分，有裂纹分析图法，确定能量水平法等。

——按一定设计要求分，有压力容器的“先漏后破”(LBB)准则等。

——按半经验方法，有寻找断裂韧性与常规性能指标的关系，并按经验给出常规性能指标(如夏比能 C_V)的限制等方法。

下面介绍一些主要的现代安全设计方法。

14.1.1 疲劳设计方法

工程实际中发生的疲劳断裂破坏，占全部力学破坏的 50％～90％，是结构、机械失效的最

常见最危险的形式。工程技术人员必须认真考虑可能的疲劳断裂问题。

1. 无限寿命设计

人们第一次认识到的疲劳破坏，是 19 世纪 40 年代的铁路车辆轮轴在重复交变载荷作用下发生的破坏。德国工程师 August Wbhlek(1819—1914 年)进行了一系列的试验研究后指出："对于疲劳，应力幅比构件承受的最大应力更重要。应力幅越大，疲劳寿命越短；应力幅小于某一极限值时，将不发生疲劳破坏。"他最先引入了应力-寿命($S-N$)曲线和疲劳极限的概念，并于 1867 年在巴黎展出了其研究成果。

基于上述研究成果可知，对于无裂纹构件，控制其应力水平，使其小于疲劳持久极限(S_f)，则不萌生疲劳裂纹。于是，无限寿命设计(Infinite-life design)条件为 $S<S_f$，材料的疲劳持久极限 S_f 由 $S-N$ 曲线给出。

对于需要经历无限次循环(>10^7 次)的零、构件(如发动机气缸阀门、顶杆、弹簧、长期频繁运行的轮轴等)，无限寿命设计至今仍是一种简单而合理的方法。

20 世纪 60 年代研究裂纹扩展的结果指出，裂纹扩展的控制参量——应力强度因子幅度也存在着一个门槛值。对于已有裂纹存在的构件，控制其应力强度因子，使其小于门槛值，则虽有裂纹但不扩展，也可实现无限寿命设计。

2. 安全寿命设计

无限寿命设计要求将构件中的使用应力控制在很低的水平，材料的潜力得不到充分发挥，对于并不需要经受很多循环次数的构件，无限寿命设计就很不经济。

1945 年，迈纳提出了变幅载荷作用下的疲劳损伤累积方法和判据，使变幅载荷作用下的疲劳寿命预测成为可能。

使构件在有限长设计寿命内，不发生疲劳破坏的设计，称为安全寿命设计(Safe-lifedesign)或有限寿命设计。民用飞机、容器、管道、汽车等，大都采用安全寿命设计。

材料的 $S-N$ 曲线和 Palmgren - Miner 线性累积损伤理论，是安全寿命设计的基础。当然，考虑到疲劳破坏的分散性等不确定因素，安全寿命设计应当具有足够的安全储备。

3. 损伤容限设计

由于裂纹的存在，安全寿命设计并不能完全确保安全。

1957 年，欧文提出了裂纹尖端场控制参量——应力强度因子 K 的概念，为线弹性断裂力学和疲劳裂纹扩展规律的研究奠定了基础。

1963 年，帕里斯提出疲劳裂纹扩展速率可以由应力强度因子幅度 ΔK 来描述。这使疲劳裂纹扩展寿命预测研究得到快速发展。

损伤容限设计(Damage telerence design)，是为保证含裂纹或可能含裂纹的重要构件的安全，从 20 世纪 70 年代开始发展并逐步应用的一种现代疲劳断裂控制方法。

这种方法的设计思路是：假定构件中存在着裂纹(依据无损探伤能力、使用经验等假定其初始尺寸)，用断裂力学分析、疲劳裂纹扩展分析和试验验证，保证在定期检查肯定能发现裂纹之前，裂纹不会扩展到足以引起破坏。

断裂判据和裂纹扩展速率方程是损伤容限设计的基础。

损伤容限设计希望在裂纹到达临界尺寸 a_c 前检出裂纹。因此，要选用韧性较好、裂纹扩展缓慢的材料，以保证有足够大的临界裂纹尺寸 a_c 和充分的时间。

4. 耐久性设计

20 世纪 80 年代起，以经济寿命控制为目标的耐久性设计(Durability design)概念形成。

耐久性是构件和结构在规定的使用条件下抗疲劳断裂性能的一种定量度量。这种方法首先要定义疲劳破坏严重细节(如孔、槽、圆弧、台阶等)处的初始疲劳质量，描绘与材料、设计、制造质量相关的初始疲劳损伤状态，再用疲劳或疲劳裂纹扩展分析预测在不同使用时刻损伤状态的变化，确定其经济寿命，制定使用、维修方案。

结构使用到某一寿命时，发生了不能经济修理的广布损伤，而不修理又可能引起结构的功能问题，这一寿命称为经济寿命。

耐久性设计由原来不考虑裂纹或仅考虑少数最严重的单个裂纹，发展到考虑全部可能出现的裂纹群；

由仅考虑材料的疲劳抗力，发展到考虑细节设计及其制造质量对疲劳抗力的影响；

由仅考虑安全，发展到综合考虑安全、功能及使用经济性；

提供指导设计、制造、使用、维护的综合信息。

耐久性设计已经开始应用于一些飞机结构及其他重要工程构件中，是 21 世纪疲劳断裂控制研究的一个主要发展方向。

上述各种疲劳设计方法，都反映了疲劳断裂研究的发展与进步。但是，由于疲劳问题复杂，影响因素多，使用条件和环境差别大，各种方法不是相互取代，而是相互补充的。不同构件、不同情况，应当采用不同方法。

正因为疲劳问题涉及因素多，情况复杂，对重要构件的抗疲劳设计必须进行充分的试验验证。若仅依据分析，则必须保证足够的安全裕度(其设计使用寿命往往仅为计算寿命的 1/4～1/10)。采用损伤容限设计时，在安排检修时必须保证足够高的裂纹检出概率。

14.1.2 基于 K_{Ic} 设计方法

该法基于线弹性断裂力学的原理，使构件的应力强度因子 K_{I} 小于构件材料的断裂韧性下限值 K_{IR}。

其基本要求如下。

1. 测定断裂韧性及确定 K_{IR}

测定材料的断裂韧性，并确定参考临界应力强度因子值 K_{IR}。

例如测定材料的静态断裂韧度 K_{Ic}、动态断裂韧度 K_{Id} 和止裂韧性 K_{Ia_0}，它们在各温度下的下限值即为 K_{IR}。

2. 测定材料的参考零延性转变温度 RT_{NDT}

它是用落锤试验决定的材料零延性转变温度 NDT，再附加夏比冲击试验的要求后确定的温度。即在 NDT 以上 33.3℃(60°F)进行三次夏比冲击试验，如三个试件的横向宽展不小于 0.875mm，吸收能量不小于 67.8N · m 时，$RT_{NDT}=T_{NDT}$。如不满足上述要求，需再继续试验，找到满足要求的 T_{CV}，则 $RT_{NDT}=T_{CV}-33.3$℃(60°F)。

此外，还可用 RT_{NDT} 作为参考形貌转变温度。

3. 作曲线图

作参考临界应力强度因子值 K_{IR} 与参考温度参数($T-RT_{NDT}$)的曲线(T 为工作环境温度)。

图 14 - 1 是 ASME 方法给出的 $K_{IR}-(T-RT_{NDT})$ 曲线，其近似解析式为

$$K_{IR}=26.78+1.223\exp(T-RT_{NDT}+160°F)(kiP\cdot in^{-3/2}) \tag{14-2}$$

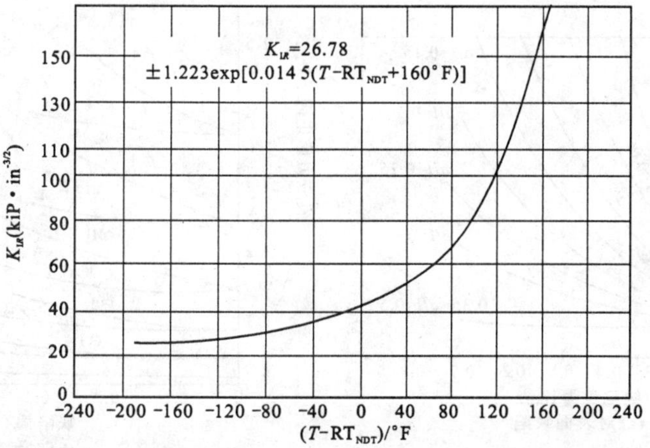

图 14 - 1　ASME 标准中 $K_{IR}-(T-RT_{NDT})$ 的关系曲线

4. 确定最大缺陷尺寸

对于已生产出的产品，可以通过探伤确定最大缺陷尺寸。但在多数情况下，设计时并无产品，因此只能根据以往的经验假定一缺陷进行设计。ASME 标准中假定在结构上存在一个最大缺陷，此缺陷垂直于最大应力方向，为尖锐的表面缺陷。当截面厚度为 102～305mm 时，则假设缺陷深度为 1/4 截面厚度，长度为 1.5 倍截面厚度；当截面厚度大于 305mm 时，缺陷按 305mm 厚度时的假定缺陷计算；而对截面厚度小于 102mm 时，缺陷保守的假定为深25.4mm。

5. 计算应力强度因子

计算要包括结构承受的各种载荷所引起的应力强度因子，一般采用 $K_I=Y\sigma\sqrt{\pi a}$ 计算。Y 为几何参数的修正因子。

ASME 标准规定应计算的应力强度因子有如下几个。

(1)薄膜拉伸应力引起的 K_{Im}。

$$K_{Im}=F\sigma\sqrt{\pi a}=\frac{M_S M_t M_P}{\phi_0}\sigma\sqrt{\pi a}=\sigma_m M_m\sqrt{\frac{\pi a}{Q}} \tag{14-3}$$

式中，M_S 为自由表面因子；M_t 为板厚影响因子；M_P 为塑性修正因子；ϕ_0 为二类完全椭圆积分；Q 为缺陷形状参数；M_m 为膜应力修正因子。

$$Q=\phi_0^2-0.212\frac{\sigma^2}{\sigma_s^2} \tag{14-4}$$

ASME 标准中，将 $M_S M_t$ 作成 M_m 因子图，如图 14 - 2 所示。

(2)弯曲应力引起的应力强度因子 K_{Ib}。

$$K_{Ib}=\sigma_b M_b\sqrt{\frac{\pi a}{Q}} \tag{14-5}$$

式中，σ_b 为弯曲应力，可以查阅图 14 - 3。ASME 标准的附录 G 针对 1/4 壁厚的缺陷，允许 M_b

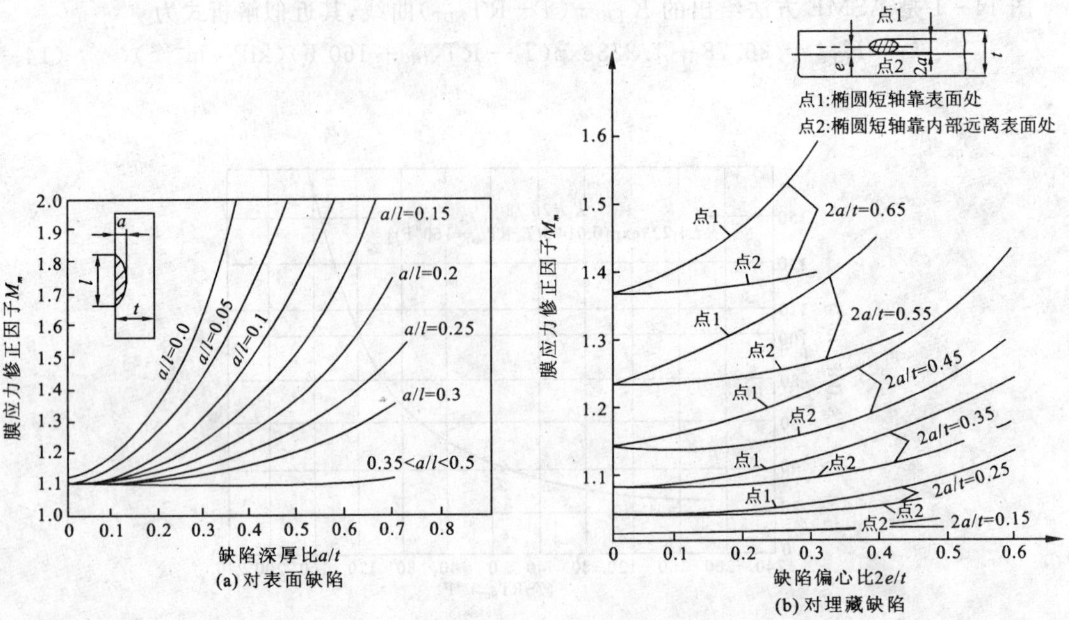

图 14-2　M_m 因子图

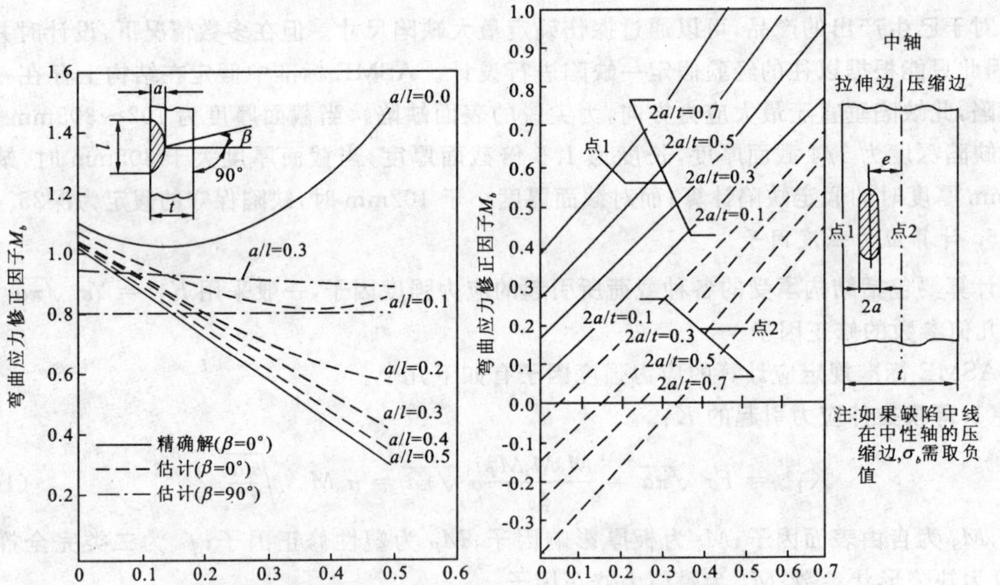

图 14-3　弯曲应力修正因子 M_b

$=\dfrac{2}{3}M_m$，亦可查图 14-2。

(3)由径向温度梯度引起的应力强度因子。

$$K_{\text{I}t}=M_t\times\Delta T_w \tag{14-6}$$

式中，ΔT_w 是全壁厚温差，℉[1℉＝(9K－459.67)/5]；M_t 为板厚影响因子，可由图 14－4 查取。

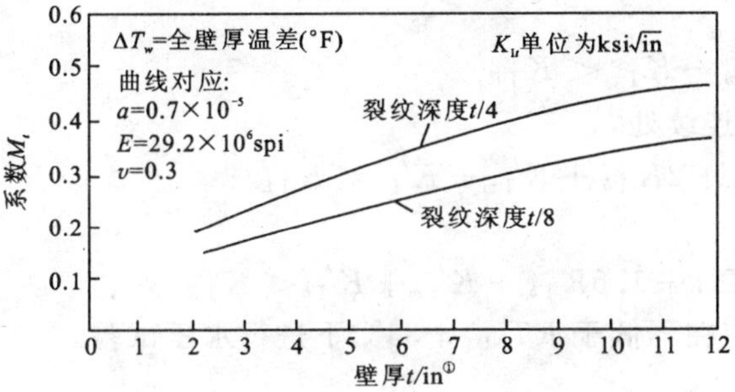

图 14－4　M_t 系数图

式(14－6)仅适用于温度梯度呈抛物线型分布的情况(图 14－5)，以及温度变化率在启动和停运时低于 55.5℃/h。

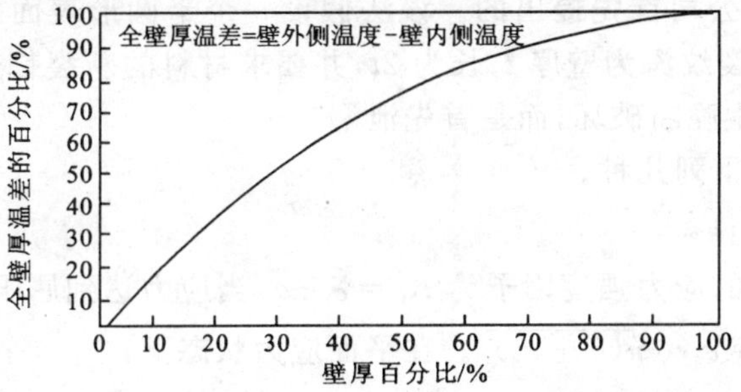

图 14－5　沿壁厚的温度分布

6. 选取安全系数

在计算主要应力强度因子时，必须乘以安全系数。表 14－1 给出了 ASME 规范对压力容器推荐的安全系数。

表 14－1　安全系数值

应　　力	安全系数	应力强度因子
一次薄膜应力	2	$2K_{\mathrm{I}m}$
一次弯曲应力	2	$2K_{\mathrm{I}b}$
二次应力(薄膜与弯曲)	1	$K'_{\mathrm{I}m}, K'_{\mathrm{I}b}$
热应力	1	$K_{\mathrm{I}t}$
系统水压时的一次薄膜应力	1.5	$1.5K_{\mathrm{I}m}$
系统水压时的一次弯曲应力	1.5	$1.5K_{\mathrm{I}b}$

7. 许用载荷条件

按式(14－1)，各种载荷所引起的应力强度因子的总和要小于构件材料的断裂韧性的下限

① 1in＝0.025 4m，下同。

值 K_{IR}，即

$$\sum nK_{I} < K_{IR} \tag{14-7}$$

对壳体部分，

$$2K_{Im} + K_{It} < K_{IR} \tag{14-8}$$

对接管法兰几何不连续处，

$$2K_{It} + 2K_{Ib} + K'_{Im} + K'_{Ib} < K_{IR} \tag{14-9}$$

对水压时，

$$1.5K_{It} + 1.5K_{Ib} + K'_{Im} + K'_{Ib} < K_{IR} \tag{14-10}$$

为防止冷脆，构件应在不低于 $RT_{NDT} + 33$℃下进行水压试验。

14.1.3 “先漏后破”(LBB)设计方法

为防止发生脆断事故，在压力容器方面常采用断裂前渗漏的设计方法，即“先漏后破”(Leak Before Break)设计准则，要求临界裂纹尺寸大于压力容器的壁厚。这样裂纹会稳定扩展直至穿透壁厚发生泄漏，而泄漏是可以检验的，从而可以避免突然发生的脆断事故。

LBB 准则是 FSSO 公司首先提出的。该法假设一个半圆形表面裂纹，由于疲劳而扩展，当扩展穿透壁厚(t)时，裂纹深为壁厚 t，长为 $2t$，并要求材料的断裂韧性相对该尺寸的裂纹在应力 $\sigma=\sigma_s$ 时也不会发生脆断破坏，而是首先泄漏。

具体的计算方法有下列几种。

——选择合适的 K_{IR}。

压力容器穿透裂纹的应力强度因子为 $K_I = \sigma\sqrt{\pi a}$，当应力达到屈服应力时，则 $K_I = \sigma_s\sqrt{\pi a}$。考虑塑性修正，则 $K_I = \sigma_s\sqrt{\pi(a + r_y)}$。在平面应力状态下，

$$r_y = \frac{1}{2\pi}\left(\frac{K_I}{\sigma_s}\right)^2$$

将其代入 K_I，并将裂纹尺 a 用壁厚 t 代入，则

$$K_I = \frac{\sigma\sqrt{\pi a}}{\sqrt{1 - 0.5\left(\frac{\sigma}{\sigma_s}\right)^2}} = \frac{\sigma_s\sqrt{\pi t}}{\sqrt{1 - 0.5\left(\frac{\sigma}{\sigma_s}\right)^2}} = \frac{\sigma_s\sqrt{\pi t}}{0.707} = 1.414\sigma_s\sqrt{\pi t}$$

因此，选用材料的断裂韧性使其满足

$$K_{IR} > K_I = 1.414\sigma_s\sqrt{\pi t} \tag{14-11}$$

则可使带缺陷容器先泄漏而后破裂。

——选择合适的相对塑性区尺寸参量 β_c、β_d。

由式(8-57)可知平面应力状态下塑性区尺寸 r_0 为

$$r_0 = \frac{1}{2\pi}\left(\frac{K_I}{\sigma_s}\right)^2$$

如果 $r_0 = t$，则意味着整个壁厚都进入塑性，因而可保证是全塑性的平面应力断裂。因此有

$$\left.\begin{aligned} \beta_c &= \frac{1}{t}\left[\frac{K_c}{\sigma_s}\right]^2 \geqslant 2\pi \\ \beta_d &= \frac{1}{t}\left[\frac{K_d}{\sigma_{sd}}\right]^2 \geqslant 2\pi \end{aligned}\right\} \tag{14-12}$$

式中，β_c、β_d 分别为静态和动态相对塑性区尺寸参量；K_c、K_d 分别为平面应力的静态和动态断裂韧性。

如果满足(14－12)式，则为平面应力的延性断裂，而不是脆性断裂，容器将先漏后破，该法称为 β_c 的 2π 准则。

将式(14－11)代入 β_c 式，同时令设计应力 $\sigma_L < \sigma_s$，则

$$\beta_c = \frac{1}{t}\left[\frac{K_c}{\sigma_s}\right]^2 = \frac{1}{t}\left[\frac{\sigma_L^2 \pi t}{1-0.5\left(\frac{\sigma_L}{\sigma_s}\right)^2} \Big/ \sigma_s^2\right] = \frac{\pi(\sigma_L^2/\sigma_s^2)}{1-0.5(\sigma_L^2/\sigma_s^2)} \tag{14-13}$$

令 $y_1 = \sigma_L/\sigma_s$，则式(14－13)可改写为

$$\frac{\pi y_1^2}{1+0.5y_1^2} = \beta_c = \beta_{\mathrm{I}c}(1+1.4\phi_{\mathrm{I}c})^2 \tag{14-14}$$

根据式(14－14)，就可由材料的 $K_{\mathrm{I}c}$、K_c 求出相对塑性区尺寸参量，再求出满足 LBB 准则的相对工作应力 y_1。也可反过来由应力 σ_L 求 β_c、$\beta_{\mathrm{I}c}$，再求 $K_{\mathrm{I}c}$、$K_{\mathrm{I}d}$。

——选择满足“先漏后破”要求的 COD。

由韦尔斯公式知：$\delta = 2\pi\phi\varepsilon_s a$，$\phi$ 为无因次 COD，根据不同的热处理状态，可将 ϕ 表示为几种。

经焊后热处理：

$$\phi = \varepsilon/\varepsilon_s - 0.25 \tag{14-15}$$

焊接状态：

$$\phi = \varepsilon/\varepsilon_s + 0.15 \tag{14-16}$$

或

$$\phi = \varepsilon/\varepsilon_s + 0.75 \tag{14-17}$$

当裂纹穿透时，

$$\delta = 2\pi\phi\varepsilon_s t \tag{14-18}$$

因此，当

$$\delta_{c\min} \geqslant 2\pi\phi\varepsilon_s t \tag{14-19}$$

时，就可先泄漏后破坏。

美国电力研究院 EPRI 已将式(14－19)作成计算图表，如图 14－6 所示，可直接由工作应变 $e(\varepsilon)$ 求出合适的 $\delta_{c\min}$。

14.1.4　按脆性转变温度设计方法

前面已经介绍了材料的断裂韧性随温度变化的情况，因此可按脆性转变温度进行防脆断设计。

什么是“脆性转变温度”呢？人们经大量实验发现：当温度高于某一能量水平所对应的转变温度时，就不会发生脆性断裂，因此就用某一能量水平来定义脆性转变温度。现简单介绍这几种方法。

——规定某一定量水平对应的温度为转变温度，并使它与使用温度联系起来的方法。

美国石油工业的《固定式海上平台的规划、设计和建造规范(API—RP2A)》仍采用这种方法作为缺口韧性标准之一。我国 1984 年正式实施的《海上固定平台入级与建造规范》将钢分成五类，并按最低设计温度选择具有一定缺口韧性的钢种。具体要求见表 14－2。

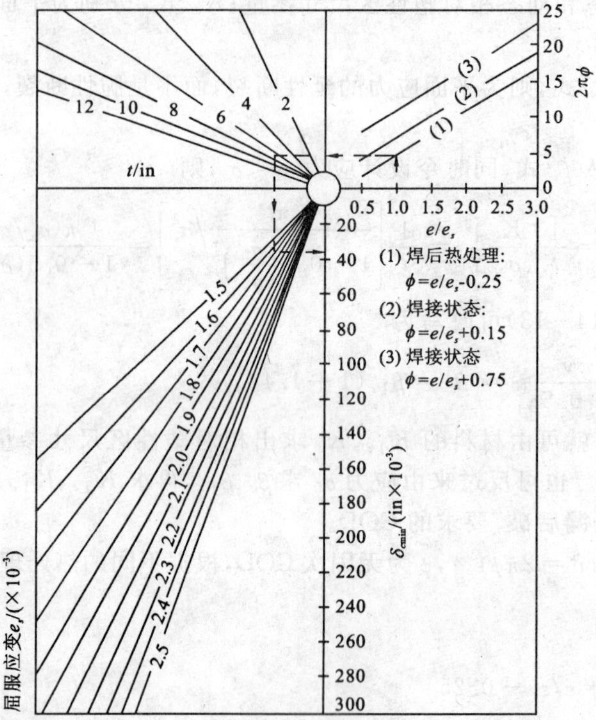

图 14-6　按“先漏后破”要求预计临界 COD 的计算图

表 14-2　海上固定平台选钢规定

构　件	最小设计温度 $T_{设}$/℃	构件厚度 /mm				
		<12	12<t≤19	19<t≤25	25<t≤35	35<t≤50
关键构件	$T_{设}\geqslant 0$	B	D	E	E	E
	$0>T_{设}\geqslant -10$	D	E	E	Δ	Δ
	$-10>T_{设}\geqslant -20$	E	E	E	Δ	Δ
	$-20>T_{设}\geqslant -30$	E	Δ	Δ	Δ	Δ
重要构件	$T_{设}>0$	B	B	B	D	E
	$0>T_{设}\geqslant -10$	D	D	D	E	E
	$-10>T_{设}\geqslant -20$	D	E	E	E	E
	$-20>T_{设}\geqslant -30$	E	E	E	Δ	Δ
一般构件	$T_{设}>0$	A	A	A	B	B
	$0>T_{设}\geqslant -10$	B	B	B	D	E
	$-10>T_{设}\geqslant -20$	B	D	D	E	E
	$-20>T_{设}\geqslant -30$	D	D	E	E	E

注:1. $T_{设}=T_{平均}-5$℃($T_{平均}$为几十年中最冷一个月份内的平均气温)。

2. A、B、C、D、E 类中 E 类要求最高。Δ 比 E 更高,此时抗脆性能应经验船部门特别同意。

——以无延性转变温度 NDT 为脆性转变温度的方法。

按 ASTM－E208 标准试验,落锤试验在低于 NDT 温度时板破裂,高于此温度板不破裂,在 NDT 温度以下脆性断裂时变形极小,在 NDT 以上则对脆性断裂的抗力逐渐增加。Pellini 等人早在 1963 年提出了带裂纹构件最低允许使用温度 $T_{\min}$(表 14－3)。按表 14－2 作的图称为断裂分析图,如图 14－7 所示。

表 14-3　最低使用温度 T_{min}

载荷/MPa	板厚/mm	T_{min}
$\sigma \leqslant 35 \sim 55$	25 以下	≥NDT
$\sigma \leqslant \frac{\sigma_b}{2}$	25 及以下	≥NDT+17℃
$\sigma \leqslant \sigma_s$	25 及以下	≥NDT+33℃
$\sigma \leqslant \sigma_b$	25 及以下	≥NDT+67℃
$\sigma \leqslant \sigma_s$	76 及以上	≥NDT+72℃
$\sigma \leqslant \sigma_b$	76 及以上	≥NDT+94℃

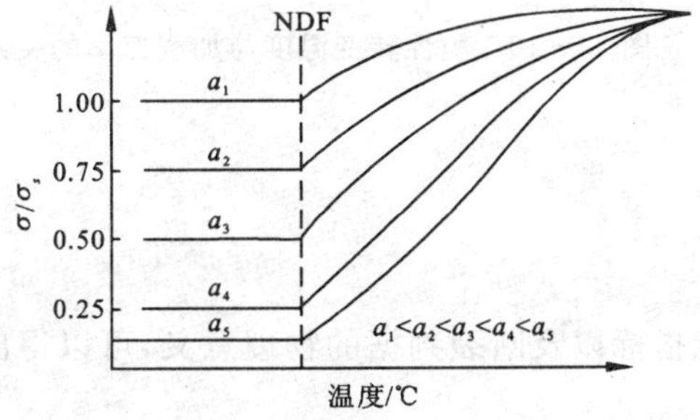

图 14-7　断裂分析图(FAD)

——按 50%纤维断口确定断裂转变温度，即形貌转变温度(FATT)法。

该法一般用于旋转机械构件，如发电机转子等。图 14-8 表示转子用钢的 K_{Ic} 与 FATT 温度的关系。

由于板厚、加载速率及裂纹尺寸都会引起转变温度的变化，因此应用脆性转变温度作防脆断设计时，应特别注意这些因素的影响。

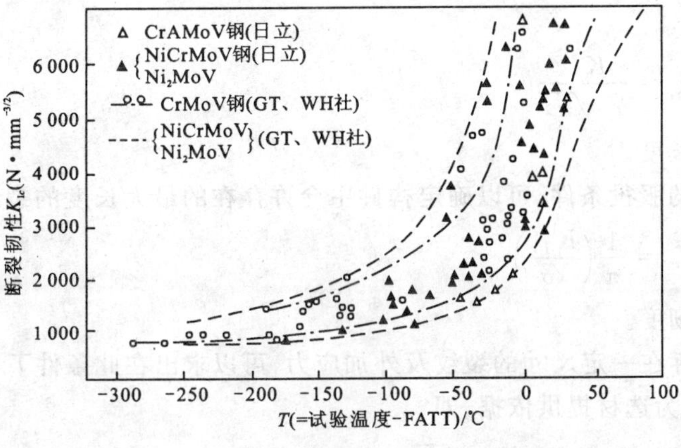

图 14-8　转子用钢 K_{Ic} 与 FATT 的关系

图 14-9 给出了脆性转变温度与试件厚度的关系。可以看出，转变温度随板厚的增加而增加。

图 14-10 给出了脆性转变温度与加载速率的关系。可以看出，冲击相对缓慢弯曲来说，转变温度升高。

实验还表明：相同的材料，在相同温度下，长裂纹表现为脆性断裂，而浅裂纹则表现为韧性断裂。由此可见裂纹尺寸影响断裂的性质。

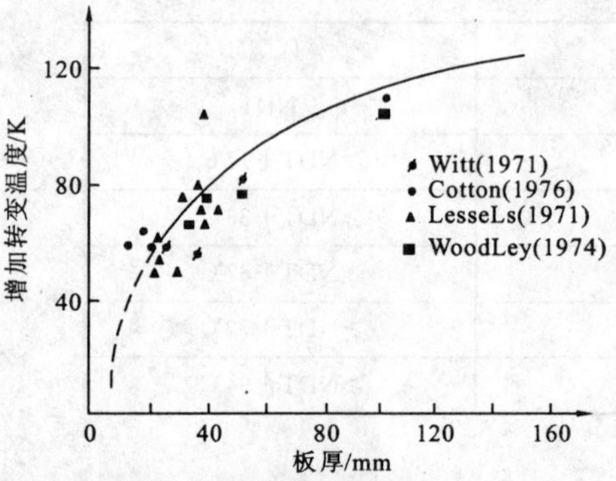

图 14-9　脆性转变温度与试件厚度的关系

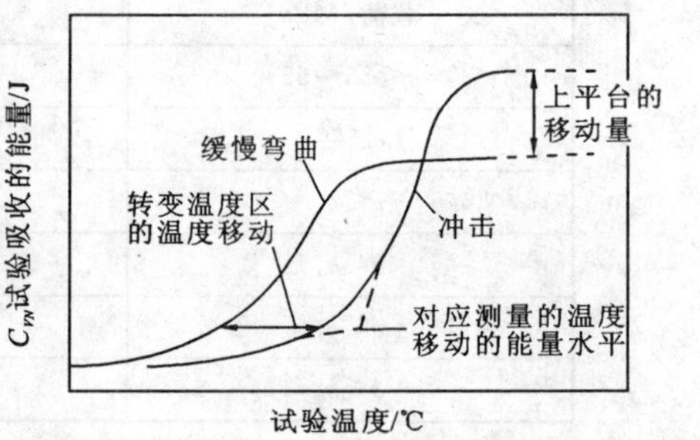

图 14-10　脆性转变温度与加载速率的关系

14.2　断裂安全评定

前面已经提到,断裂韧性作为材料的一个性能指标以及断裂判据的物理意义,可以得出其工程意义。

——临界应力水平。

若已知一构件中存在一定长度的裂纹 $2a$ 及材料的断裂韧性,则可由下式确定构件允许承担的最大应力

$$\sigma_c = \frac{K_{\mathrm{I}c}}{Y\sqrt{\pi a}} \tag{14-20}$$

——临界裂纹长度。

若已知一构件的服役条件,可以确定构件中允许存在的最大长度的裂纹为

$$a_c = \frac{1}{\pi}\left(\frac{K_{\mathrm{I}c}}{Y\sigma}\right)^2 \tag{14-21}$$

——临界断裂韧度。

若已知构件中存在一定尺寸的裂纹及外加应力,可以求出在此条件下,所用材料必须具备的断裂韧性值,以便为选材提供依据,即

$$K_{\mathrm{I}c} \geqslant K_{\mathrm{I}} = Y\sigma\sqrt{\pi a} \tag{14-22}$$

同理,对于Ⅱ型、Ⅲ型裂纹的断裂韧性为 $K_{\mathrm{II}c}$、$K_{\mathrm{III}c}$,其断裂判据为

$$K_{\mathrm{II}} = K_{\mathrm{III}c},\quad K_{\mathrm{III}} = K_{\mathrm{III}c} \tag{14-23}$$

下面具体介绍该理论在质量控制、工艺评定、材料评定、缺陷评定等方面的应用。

14.2.1　缺陷评定(压力容器)

锅炉及压力容器广泛应用于各个部门。它的破坏往往带来灾害性的影响,因此,许多国家对压力容器的设计、选材、制造、检验、操作及维修等都提出了许多严格的技术要求和规范。

从 20 世纪 60 年代开始,一些工业发达国家就开始了以“合于使用”为原则的缺陷评定标准研究和编制工作,到 1983 年为止,国际上先后颁布了九个《缺陷评定标准》。这些标准的制

定，对于防止焊接结构、特别是锅炉压力容器的破坏事故都起了重要作用，并取得了重大的经济效益。

我国于 1984 年制定了“压力容器缺陷评定规范(CVDA—1984)”。该规范为钢制压力容器(壁厚 $t>10\text{mm}$，材料 $\sigma_s<490\text{MPa}$)的缺陷评定提供了一个合乎使用要求、防止脆性和疲劳破坏的工程方法。该法的评定步骤如下：

(1)根据无损检验结果和其他方法，求得缺陷几何形状和计算尺寸；

(2)确定缺陷部位的应力和应变；

(3)确定缺陷部位有关材料的性能参数；

(4)计算最大容许缺陷尺寸；

(5)判定所评定的缺陷是否允许。

与英国、日本等国的标准相比，我国的规范有如下几个特点。

——对于埋藏裂纹及表面裂纹的等效裂纹尺寸 $\bar{a}$，换算时不采用双对数坐标的换算图线，而是用细分的表格给出式(14-24)和式(14-25)的计算结果供选查。

$$\bar{a}=a\left(\frac{M}{\phi}\right)^2 \quad (\text{对埋藏裂纹}) \tag{14-24}$$

$$\bar{a}=a\left(\frac{F}{\phi}\right)^2 \quad (\text{对表面裂纹}) \tag{14-25}$$

M 和 F 值由下式计算

$$\left.\begin{aligned} M&=1+d'\left(\frac{a}{P_1+a}\right)^K \\ d'&=\left[0.42+2.23\left(\frac{a}{c}\right)^{0.8}\right]^{-2} \\ K&=3.3+\left[1.1+50\left(\frac{a}{c}\right)^{-1}+1.95\left(\frac{a}{c}\right)^{1.5}\right] \end{aligned}\right\} \tag{14-26}$$

$$\left.\begin{aligned} F&=1.1+5.2\times0.5^{5a/c}\times\left(\frac{a}{t}\right)^{1.8+a/c} && (a/c>0) \\ F&=1.12-0.23\frac{a}{t}+10.55\left(\frac{a}{t}\right)^2-21.71\left(\frac{a}{t}\right)^3+30.38\left(\frac{a}{t}\right)^4 && (a/c<0) \end{aligned}\right\} \tag{14-27}$$

式中，c 为裂纹半长，$c=l/2$；t 为试件厚度。

——将残余应力作为膜应力处理，并根据实测结果，在与熔合线平行的裂纹方向的残余应力大小的选取上与国外标准稍有不同。

——在防脆断评定方面，根据宽板试验、容器试验结果，提出了我国的 CVDA 曲线(图 14-11)，提出

$$\bar{a}_m=\delta_c/\left[2\pi e_s\left(\frac{e}{e_s}\right)^2\right] \quad (\text{当 } e/e_s<1 \text{ 时}) \tag{14-28}$$

$$\bar{a}_m=\delta_c/[\pi(e+e_s)] \quad (\text{当 } e/e_s>1 \text{ 时}) \tag{14-29}$$

——我国规范中除以 COD 为主要判据外，也列入了应力强度因子判据，并使两种方法有大约一致的安全系数。断裂韧性除用 $K_{\text{I}c}$、δ_c 之外，也用我国标准中的 $\delta_{0.05}$。

14.2.2　材料评定

根据结构的工作条件，分析研究结构容易发生的主要失效形式以及断裂原因和机理，依此

合理选材及用材。既要考虑材料强度，又要考虑材料韧性。

1. 冶金因素对断裂韧性的影响

使材料既有较高的强度，又有较高的韧性的有效方法是：改进合金成分和熔炼工艺，以便除去降低韧性的有害成分；获得最佳显微结构和相分布以提高韧性，细化晶粒尺寸及显微结构等。

提高材料韧性的方法主要有三种。

——除去和减少合金中降低韧性的有害成分。

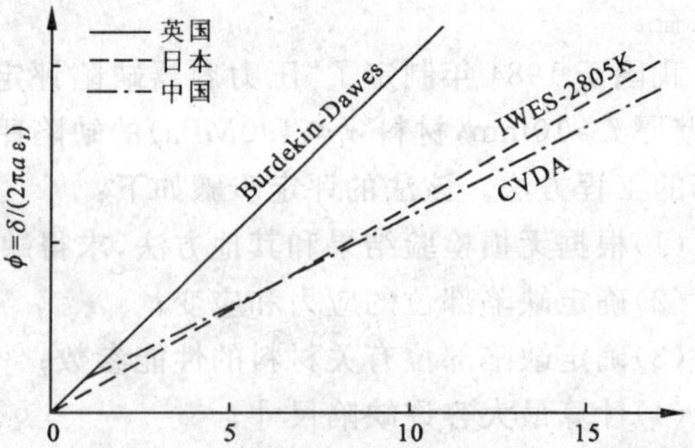

图 14-11　CVDA 曲线与 IWES-2805K 及 Burdekin-Dawes 的有关曲线的比较

首先，应去除有害气体元素，如氢、氧、氮等，则可避免脆化并明显降低气孔及夹杂的数量。目前采用真空熔炼、真空浇铸及除气、真空电弧重熔等先进熔炼技术来解决该问题。

其次，应去除硫、磷等有害元素，硫产生的硫化物夹杂是非常有害的，可大大降低材料韧性(图 14-12)。因此要控制硫、磷的含量。如海上建筑用钢的硫、磷含量要求为

	P/%	S/%
特级	0.04	0.03
一级	0.04	0.04
二级	0.05	0.05

此外碳化物颗粒断裂时形成微裂纹，成为断裂源，因此应减少碳含量。但碳的减少又对强度不利，因此目前常利用各种金属间化合物的沉淀硬化作用提高强度。如低碳马氏体时效钢，能使强度不减而韧性提高，还能抗氢、抗回火脆性及中子辐照。

还应减少有害的第二相颗粒，如铜、镁、硅等。

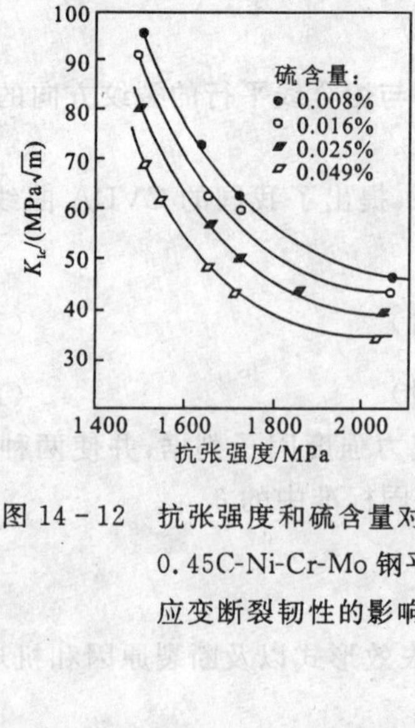

图 14-12　抗张强度和硫含量对 0.45C-Ni-Cr-Mo 钢平面应变断裂韧性的影响

另外，锌可强化合金而使韧性降低较小。镍元素可使合金获得最好强度和韧性，能降低转变温度，提高淬透性及奥氏体稳定性。

——获取达到最大韧性的显微结构。

在铁基合金中，下贝氏体和马氏体比铁素体、珠光体和上贝氏体有较大的断裂阻力，贝氏体组织不同其韧性也不同。图 14-13 给出了转变温度与贝氏体组织的关系。

由于奥氏体具有较韧的面心立方(FCC)结构，所以一般来说奥氏体(γ)钢比铁素体(α)钢或马氏体(α')钢要韧。因此通过合金化手段提高奥氏体相的稳定性，使其在低温度下亦稳定下来，是有利的。但高碳钢中的残留奥氏体却非常脆，使材料性能全面恶化。这是由于不适时的应

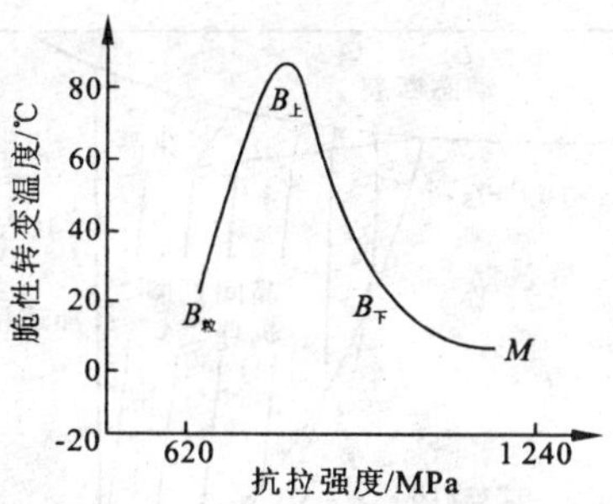

图 14-13 贝氏体组织韧性示意图

力诱导相变作用所致。目前有一种相变诱导塑性(TRIP)工艺可得到相当好的韧性。

——显微结构细化及减小晶粒。

细化晶粒可提高强度及韧性，还能降低脆性转变温度。因为晶粒越细显微开裂越容易受到晶界阻止，且裂纹还需要改变方向而消耗能量。

Cottrell 和 Petch 提出

$$\sigma_f = \frac{4G\gamma_m}{K_y}d^{-1/2} \tag{14-30}$$

式中，σ_f 为断裂应力；G 为剪切模量；γ_m 为裂纹穿过晶体时所作的塑性功；K_y 为锁住参数，反映晶界对硬化项的贡献；d 为晶粒尺寸。

从式中可以看出，断裂应力随晶粒的减小而增加，材料的屈服强度可表示为

$$\sigma_s = \sigma_i + K_y d^{-1/2} \tag{14-31}$$

式中，σ_i 为各种强化机制和晶格摩擦而产生的对位错运动的晶格阻力。可以看出，强度也随 d 的减小而增加。但应提请注意，在某些组合的条件下，如材料开裂是由三晶界相交的楔点引起，则细晶粒使裂纹源点增多，也有较粗晶粒比细晶粒好的情况。同时，起裂阻力和扩展阻力与 d 的关系不同，扩展阻力并不随 d 的减小而增加。例如高温下的蠕变疲劳裂纹发生于晶间，晶粒越细蠕变速率越快，因此抗蠕变的材料不希望细晶粒，而发展了单晶叶片。在分析工程问题时，应根据环境、适用条件综合考虑，不能简单套用。

2. 材料的断裂机理图

确定在各种特定条件下，支配材料性能的断裂机理是很重要的，这样就可根据各种机理的本构方程计算及预测寿命和安全裕度，并针对该机理采取最合适的防范措施。

把各种特定条件(如温度、应力、断裂韧性等)和断裂机理联系起来的关系图即为断裂机理图。断裂机理图的前身是变形机理图，由 Ashby 建立。它有两种基本形式。

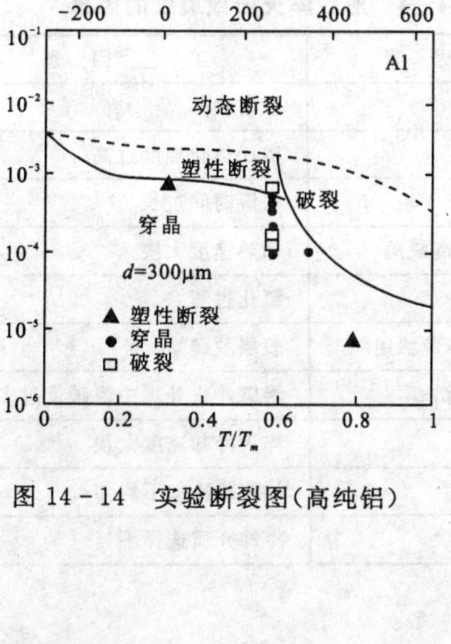

图 14-14 实验断裂图(高纯铝)

——实验图。

在不同应力和温度条件下，作大量实验并标出断裂的机理，如图 14-14 所示。

——模型基础图。

在给定条件下确定各种可能的断裂机理，对每种可能的断裂过程进行数值计算，确定各种断裂的时间，图的坐标可根据需要设定和扩充，见图 14-15 及图 14-16。图 14-15 给出了用于透平的镍基合金的裂纹扩展机理。图 14-16 为裂纹生长机理图。

近年来，也出现了三维空间坐标断裂机理图。

断裂机理图可应用于如下三种情况。

(1)事故分析：根据失效结构的工作环境及使用条件，经过力学分析及断口分析后，查看断裂机

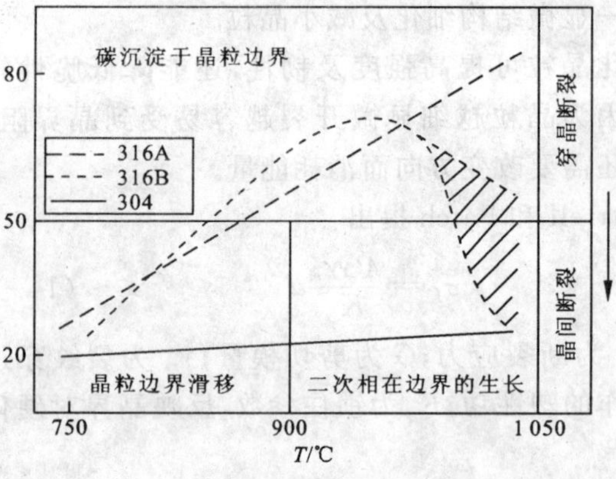

图 14－15　316A、316B、304 钢的断裂机理图

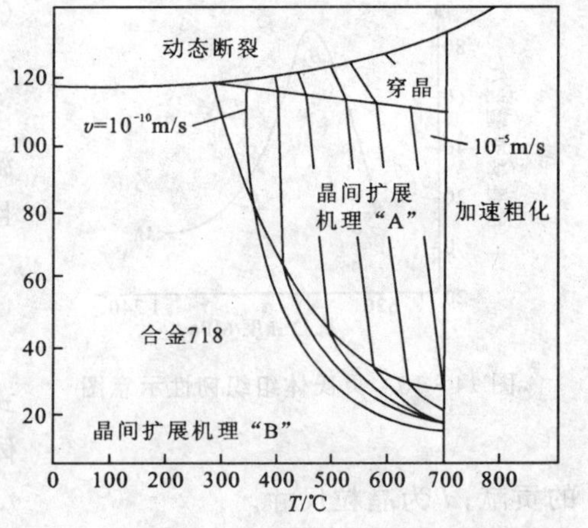

图 14－16　合金 718 的裂纹生长机理图

理图能较快、较正确地确定失效原因。

(2)预计寿命：如果裂纹扩展在机理图中经过两种机理时，可根据机理的本构方程，很快算出断裂时间。如

$$t_f=\int_{a_0}^{a_{g/h}}\frac{1}{g(K,T)}\mathrm{d}a+\int_{a_{g/h}}^{a_c}\frac{1}{g(K,T)}\mathrm{d}a \tag{14-32}$$

式中，$g(K,T)$、$h(K,T)$分别为两种不同裂纹扩展机理的裂纹扩展速率函数。

(3)材料选择：根据不同材料或不同工艺的断裂机理图，可很快对比出材料在使用条件下的性能，因而可根据需求正确选材，改进材料或热处理工艺。

14.2.3　工艺评定

1.热处理工艺评定

因热处理不当，使断裂韧性大幅度下降而使结构发生脆断的实例很多，因此在工程中引起了重视。

——淬火开裂问题。

淬火过程中或淬火后的材料开裂称为淬火开裂。钢进行淬火处理时，由于相变过程中出现的宏观及微观的非均匀分布的内应力和热应力的联合作用，在拉伸应力处，在片状马氏体交界处或缺陷处(如夹杂、难溶相、偏析等)超过材料的断裂韧性时就会形成裂纹。一般碳的含量越高，马氏体中不均匀胁力及均方畸变量越大，形成微裂纹的可能性越大。同时应尽量避免或减小工艺中造成热应力或内应力过大的因素及材料缺陷。形成淬火裂纹的因素见表 14－4。

表 14－4　形成淬火所致裂纹的因素

材　料　因　素	工　艺　因　素
粗视偏析	没有预热
固熔体偏析	奥氏体化温度过高
溶进氢气	保温时间过长
轧制缺陷及锻造缺陷	加热速度太快
夹渣	氧化过程
铁素体-珠光体带状组织	表层脱碳
碳化物带状组织	渗碳淬火处理中渗碳量过多
原始组织不良	淬火冷却速度太快
选材不当	加热或冷却不均匀
材料混用	冷却介质选择不当

——因热处理不当引起的冶金脆性及开裂问题。

主要包括三个方面。

(1) 300～350℃脆性：在300～350℃回火的马氏体钢会发生脆化，因此过去常避免在300～350℃下回火。目前发现在合金钢中加入1.5%～2%的硅，可使300℃回火的材料有较高的强度，同时也不发生脆化，硅使脆化反应移至400℃。

(2)回火脆性：在400～600℃温度范围内恒温加热或缓慢冷却时，有些合金钢会产生回火脆性(TE)。这种脆性在钢重新加热超过600℃时可以恢复。回火脆性是由于在原始奥氏体晶界外形成网状碳化物、残余奥氏体分解及生成凝聚性的特种碳化物而引起的。因为碳化物的几何尺寸能引起缺口效应，而产生应力集中，在碳化物内产生裂纹。近年来发现致脆的元素有锑、磷、锡、砷。在400～600℃温度时，使奥氏体晶粒边界杂质元素偏析而产生脆性。因此，应对比多种热处理方案，测出各方案的材料断裂韧性，如果断裂韧性有较大降低，则应抛弃该热处理方案，或除去有害元素，以避免回火脆性。

(3)再加热开裂或应力松弛开裂：耐蠕变的低合金钢，例如制作大型汽轮机高温壳体、阀体及管道的CrMoV系列钢，对应力松弛热处理开裂特别敏感。研究表明，这是因为加热到应力松弛温度时，残余拉应力引起蠕变断裂。尤其在焊接热影响区的粗晶区易产生这种开裂，因为粗晶区组织不能吸收应力松弛热处理产生的塑性应变。$\frac{1}{2}$CrMoV钢在650℃时对再加热开裂最敏感。

降低晶粒尺寸能减轻高纯度锻件的再加热敏感性，但对低纯度锻件及铸件没有影响。

通过降低奥氏体化后的冷却速率，使热影响区的原奥氏体晶界有部分铁素体，能降低再加热开裂的敏感性。

2. 焊接工艺评定

焊接缺陷形式多样，成因复杂；焊缝几何变形等使局部应力集中严重，影响构件疲劳寿命；而残余应力和焊区微观结构的复杂变化，也影响了材料韧性值的计算。为此，国际焊接协会组织了大量的研究工作，并制定了检验及评定标准，以供设计者使用。断裂力学方法为解决大型焊接结构的断裂安全设计和焊接工艺的评定提供了有效的手段。

——焊接缺陷及其评定标准。

国际上使用的“焊接缺陷验收标准”有IIW、WEE/37、IWES—2085K等。其共同点是将复杂的焊接缺陷分为两大类。

(1)平面缺陷：包括裂纹、未熔合或未焊透(咬边、根部咬边、根部凹陷和叠层)。

(2)非平面缺陷：包括气孔、固体夹杂物。

焊接缺陷的评定：使用前面所述的方法，一般常用COD法。

——焊缝形状等因素对应力强度因子及疲劳寿命的影响。

不同的焊缝种类及形状，产生不同的应力集中及应变集中。如缺陷位于焊缝形状变化的部位，该处的应变应考虑应变集中。日本IWES—2085K标准规定按下式计算应变集中

$$e_3 = (k_t - 1)e_1 \qquad (14-33)$$

式中，e_1为拉伸膜应力和弯曲应力引起的应变；k_t为应变集中系数，其数值列于表14-5中。

在计算应力强度因子及疲劳寿命时，必须考虑裂纹和焊缝几何形状的影响。挪威船级社的《近海结构物的设计、建造和检验规范》给定

表 14-5　应变集中系数

焊缝种类		形　状	k_t	备　注
对接焊缝	横焊缝	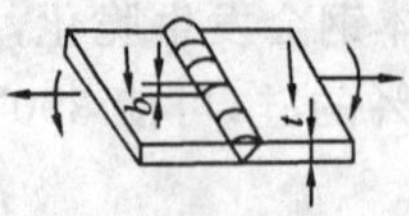	$b\leqslant 0.15t$ 时,1.5 $b>0.15t$ 时,1	埋藏缺陷及无加强焊缝,取 $k_t=1$
		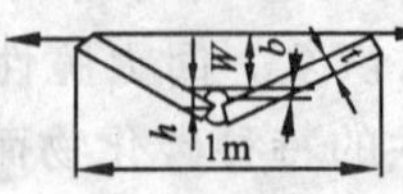	$b\leqslant 0.5t$ 时,$1+\frac{3(W+h)}{t}$ $b>0.5t$ 时,$1+\frac{3(W+h)}{2t}$	凸侧的表面缺陷,取 $k_t=1$;埋藏缺陷看作是凹侧的表面缺陷
	纵焊缝	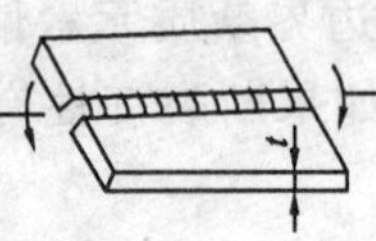	1	要考虑焊接残余应力
	形焊缝	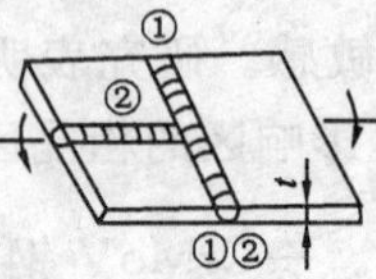	1	焊接顺序②→①时,看作是对接的横焊缝
	十字缝	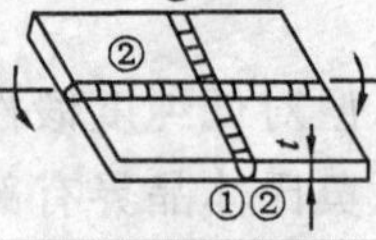		
填角焊	载荷有分担	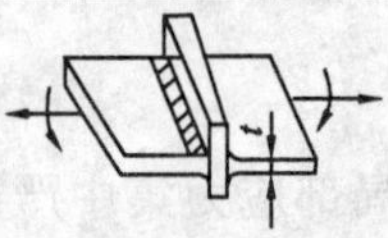	$b\leqslant 0.1t$ 时,3 $b\geqslant 0.1t$ 时,2	对埋藏缺陷,取 $k_t=2$。在完全焊透时与对接焊缝相同
	载荷有分担	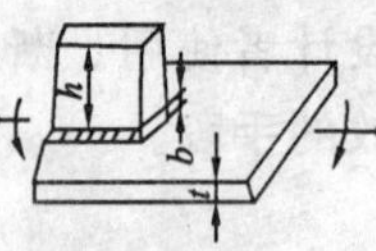	$h\geqslant t$ 时,3 $h<t$ 时,2	要考虑焊接残余应力
	载荷无分担	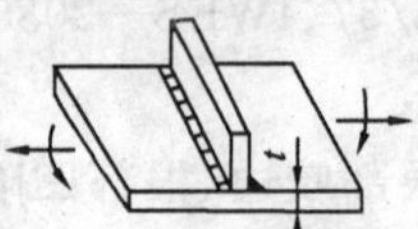	$b\leqslant 0.1t$ 时,1.5 $b>0.1t$ 时,1	对深埋缺陷,取 $k_t=1$
		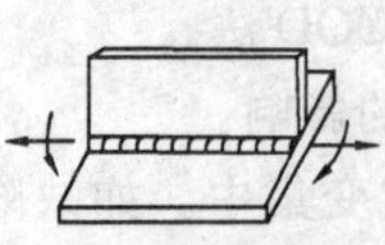	1	要考虑焊接残余应力
		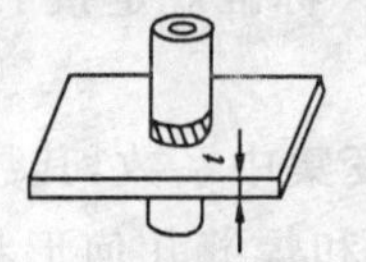	$b\leqslant 0.1t$ 时,1.5 $b\geqslant 0.1t$ 时,1	

$$N=\frac{1}{C\Delta\sigma^m k^m(1-m\cdot n)}\left[a_B^{1-mn}-a_0^{1-mn}\right] \tag{14-34}$$

式中,参数 k 和 n 取决于构件的几何形状。根据接头类型、缺陷位置、焊脚角度、角变形、偏心度、板厚度的不同给出 k 和 n 值。该规范给出了不同情况时的 k 和 n 值。若同时出现多种情况,如同时出现偏心和角变形时,可将各种误差对 k 的影响相加。

即

$$k_{e,a}=k_{e=e=0}+(k_{e,a=0}-k_{e=a=0})+(k_{e=0,a}-k_{e=a=0}) \tag{14-35}$$

由图可见,有些误差使应力集中上升了 5～8 倍。

——焊接残余应力及其影响。

缺陷存在于焊缝部位时必须考虑残余应力。残余应力的大小视焊缝的形状、缺陷所处部位的不同而不同。残余应力可由 $\sigma_r=a_r\sigma_s$ 表示;残余应变用 $e_r=a_r e_s$ 表示。经大量测定试验,a_r 值见表 14-5(日本 IWES—2085K)所示。

我国的研究工作者经过大量试验,CVDA—1984 确定残余应力 a_r 值基本与表 14-6 相同,仅表面裂纹与熔合线平行时取 0.2～0.6(约为 0.01t 壁厚),而球罐时取 0.6。

表 14-6　a_r 值(未经热处理)

缺陷种类	对接焊缝		角焊缝	
	与熔合线平行的缺陷	与熔合线垂直的缺陷	与熔合线平行的缺陷	与熔合线垂直的缺陷
穿透缺陷	0	0.6	0	0.6
埋藏缺陷	0	0.6	0	0.6
表面缺陷	0.2	0.6	0.6	0.6

在计算应力强度因子时,不仅要计入残余应力,而且要计入其他约束的影响。

残余应力对裂纹扩展速率的影响尚在研究中,有的视其与平均应力有相同的影响,有的从板材试验得到关系式

$$\frac{da}{dN}=C(\Delta K)^m\left(1+\frac{K_r}{\Delta K}\right)^S \tag{14-36}$$

计入残余应力的影响。

此外,残余应力还使脆性转变温度升高,如修补焊或 T 型接头的附加残余应力使断裂应力转变温度上升 40～50℃。

14.2.4　检查维修

机器投入运行后,要经常维护保养,并定期检查,以预防产品发生断裂事故,确保安全运行。正确使用和维修是很重要的,因此,目前维修性工程学、机器故障诊断学(检测系统)都迅速发展起来。本节仅简单介绍用断裂力学理论对产品检查及维修提供尺度和预测的方法。

——用断裂力学方法进行质量保证和检查。

质量保证和检查的主要内容如下。

材料检验:保证材料性能。

工艺过程控制:保证性能,减少大缺陷。

使用前的检查:100%的容积(或要求部位)都用适当的方法显示存在的缺陷。

运转条件控制：保证工作条件与设计的假设条件相似。

监视：材料性能、温度、应力等。

工作期间的检查：监测裂纹扩展情况。

——维修缺陷尺寸的确定。

以缺陷尺寸的某一值作为维修的尺度，大于该值的缺陷，必须维修。

一般以 a_c/n 作为维修尺度，a_c 为临界裂纹尺寸，n 为安全系数。

a_c 的确定前面已作了介绍。为了方便、简单、迅速，也可使用已有的经验及已有的计算图表查找 a_c，作为制定维修制度的参考。

例如：

①在焊接容器方面：早期用表 14－7 的数据计算，还是很简便的。

$$\bar{a}_{\max} = A\frac{\delta_c}{\varepsilon_s} = A\left(\frac{K_{\mathrm{I}c}}{\sigma_s}\right)^2 \tag{14-37}$$

A 值见表 14－7。

②承载的角焊缝：可直接由图 14－17 决定其临界裂纹尺寸。

安全系数 n 按工作条件、材料性能的分散性、结构失效的危险性等确定。

表 14－7　A 值

设计应力水平（0.67 屈服极限）			验收试验应力水平（0.87 屈服极限）			
壳体（消除应力）	壳体（焊态）或接管（消除应力）	接管（焊态）	壳体（消除应力）	壳体（焊态）	接管（消除应力）	接管（焊态）
0.5	0.09	0.06	0.25	0.09	0.03	0.024

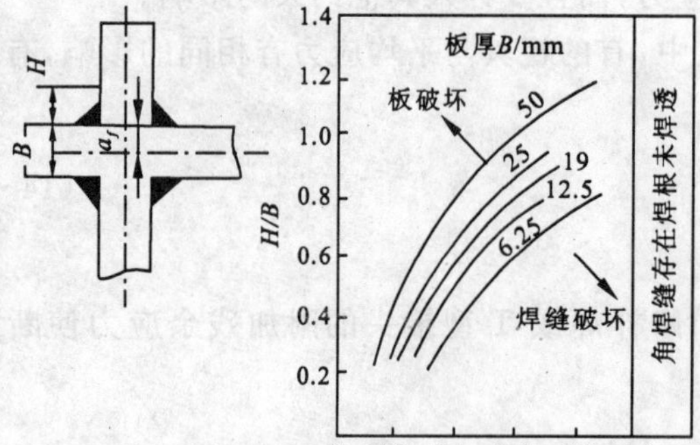

图 14－17　使焊趾破坏的支承载荷角焊缝的临界尺寸（单位：mm）

——维修周期的确定。

维修周期可分为以下两方面。

(1)定期维修：按一定的时间间隔定期检查，进行日常修理（小修、中修）和恢复结构工作能力的大修。

(2)按需维修：根据连续监视的情况，在不合标准时实行维修。

为了确定预防维修的最佳周期，可建立许多求解模型，如有效度最大模型、维修费最小模型等。由于可用断裂力学方法预测裂纹的扩展情况，因此可根据裂纹的扩展情况及维修裂纹尺寸的比较按需维修，并要在按需维修间隔期间内分阶段定期维修或检查裂纹的扩展与实测的差别，以确保安全。

第 15 章　性能测试

对工程问题进行强度计算时，需要构件材料的力学性能指标，如静态力学性能指标有屈服极限 σ_s、抗拉强度 σ_b、伸长率 δ、收缩率 φ、弹性极限 σ_p、杨氏弹性模量 E、切变模量 G 等；动态力学性能指标有疲劳强度 σ_{-1}、da/dN；断裂力学性能指标有断裂韧度 K_{Ic}、张开位移 δ_c 等也是设计构件的重要参数。这些量都要通过材料的力学性能实验来测定。

材料的力学性能，如强度极限 σ_b、持久极限 σ_{-1}、冲击韧度 α_k 等，虽是材料的固有属性，但又往往随一些因素的改变而波动，如：试样的形状、尺寸、加工精度、表面粗糙度、对试样的加载速度、实验环境（实验时的温度、周围的介质情况）等。为了使不同材料的实验结果有比较的价值，我国指定了材料力学性能实验的国家标准，国家标准对试样的取材、形状、尺寸、加工精度、试验机的安装、实验的手段和方法、数据处理等都作了规定。我国国家标准的代号是 GB，如 GB10623—89 为金属力学性能实验术语、GB3102—93 为量和单位、GB228—87 为金属拉伸实验方法、GB6397—86 为金属拉伸实验试样……GB8170—87 为数值修约规则。国际上也有相应的标准，国际标准的代号是 ISO，国际间需要做仲裁实验时，必须采用国际标准。我国现行的国家标准与国际标准已基本接轨。

材料的实验技术涉及到试验系统技术和试验项目技术，前者主要介绍各种具有代表性的试验系统，包括其工作原理、机构组成和操作规程；后者主要介绍以现代电液伺服材料试验机为主要实验仪器，进行常规拉伸实验、轴向疲劳实验、断裂韧度实验的技术和方法。

15.1　试验系统

材料试验机（系统）是用来测试工程材料力学性能的专用设备，其功能是给试样加载并显示或记录有关信息。根据施加载荷的性质可分为静载荷试验机和动载荷试验机；按照施加载荷的方式不同可分为拉力、压力、扭转、冲击、疲劳等试验机；若在同一台试验机上可以进行拉伸、压缩、弯曲、剪切等多种试验，则称为万能材料试验机，即万能试验机；按照工作环境的不同又可分为常温、高温和低温试验机。

材料试验机是一个广义的名称。本章仅介绍万能试验机。万能试验机大致可分为四种类型，即机械式、液压式、电拉式和电液式（伺服），后两类试验机是在前两类的基础上发展起来的。

——机械式。

采用机械中的蜗轮与蜗杆传动，可以较准确地控制加载速度，不会因载荷的增加而改变加载速度。但由于采用机械传动的关系，一般最大载荷只能达到 100kN。

——液压式。

采用液压加载，加载平缓，无冲击现象。并且只要液压系统可能，试验机的加载能力可制造得相当大。由于加载速度是靠手动控制阀门进油量的大小来实现的，因此若要精确控制加载速度是较困难的。

——电拉式。

应用电测、电控技术(控制电机),从载荷控制到数据处理,均可借助于计算机进行自动控制步进电机,是一种较为先进的材料试验机。

——电液式。

是一种新型的材料试验系统,大量采用电控、电测的电子技术,可分别用位移传感器、载荷传感器及应变引伸计等实时监测位移、载荷、应变,测量值直接或运算后作为被控制量接入反馈系统,通过与给定信号比较,控制电液伺服阀,从而控制执行机构(直线传动器或摆动缸),使被控量与给定信号一致,实现差动闭环控制。电液伺服材料试验系统是集电子技术、液压技术、自动控制技术和计算机技术在材料试验应用中的总成。

下面就上述四类万能试验机做较详细介绍。

15.1.1 机械式

机械式 30kN 万能材料试验机的结构如图 15-1 所示。该机加载部分为机械传动式,采用手摇施加载荷,测力部分为杠杆式。试验有四级载荷可供选择使用,载荷分级为:2kN、5kN、15kN、30kN。记录装置能自动绘出较大图面尺寸的 $P-\Delta L$ 关系曲线。该机的主要特点是体积小,重量轻,性能适用广,操作方便,一般都可由学习者独立操作,对培养动手能力是很有益处的。

1. 工作原理

如图 15-1 所示。拉伸试件 8 用相应的铰支卡环安装在卡具 6 和 7 之间。转动与蜗轮相联的手摇把 14,使蜗轮 13 转动。从而带动卡具 6 相联的丝杆 15 缓慢地向下移动,试件即受到拉力。试件 8 所承受的拉力,通过不等臂杠杆 5 和拉杆 1,使带有摆锤砝码 18 的曲柄杆 19 转到相应的平衡位置(图 15-1 中虚线所示)。与此同时,曲柄杆 19 将推动带有绘图笔 3 和测力指针的小车 2,使它在绘图圆筒 17 上沿测力标尺 4 向右移动,移动的大小即以一定的比例表示出试件受力的大小。另一方面,当卡具 6 拉着试件 8 向下移动时,通过滑轮并最后绕在绘图圆筒 17 上的线绳 16 将借摩擦力(由吊挂在线绳 16 下端的重锤所引起)的作用,而带动绘图圆筒 17 转动。显然,圆筒转动时,沿圆周方向移动的距离即以一定比例表示出试件变形(伸长)的大小。这样,绘图笔将自动在绘图纸上绘出试件受拉力 P 与变形 ΔL 的关系曲线。

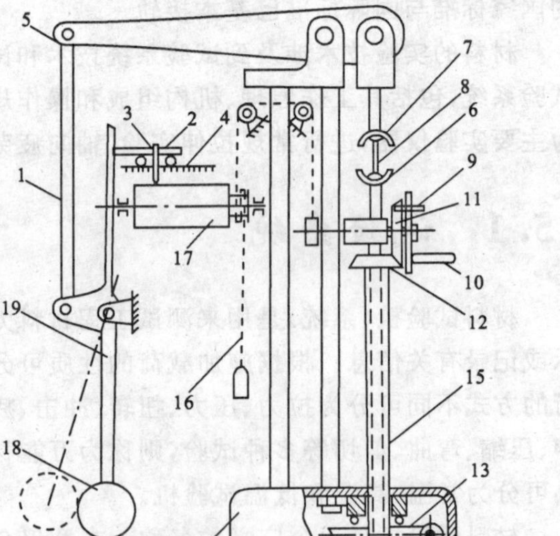

图 15-1　机械式万能试验机结构示意图

1—拉杆;2—小车;3—绘图笔;4—标尺;5—不等臂杠杆;6、7—卡具;8—拉伸试件;9—销子;10—小摇把;11、12—伞形齿轮;13—蜗轮;14—加载手摇把;15—丝杆;16—线绳;17—绘图圆筒;18—摆锤砝码;19—曲柄杆;20—机座

试验机还配备有如图 15-2 所示的转荷器,将其安装在上下卡具 6 和 7 之间,则可进行压

缩试验、剪切试验或弯曲试验等。

2. 操作方法

(1)试件安装。先转动小摇把 10,通过伞形齿轮 11、12 的传动,使丝杆 15 能较快地上下移动,以便调整卡具 6、7 之间的距离与所使用试件的长度相适应并装好试件。

(2)在试件安装好后,应立即用销子 9 将伞形齿轮 11 固定住。

(3)根据估算试件所承受的最大载荷,选择相应的测力标尺(有 A、B、C、D 四个等级),并将所选定的测力标尺相应的摆锤砝码 18 装到曲柄杆 19 的摆盘上。

(4)调整绘图装置。将绘图纸贴在绘图筒 17 上,拧开绘图笔 3 上的螺丝,将绘图笔放入笔架并调整好与绘图纸的位置。

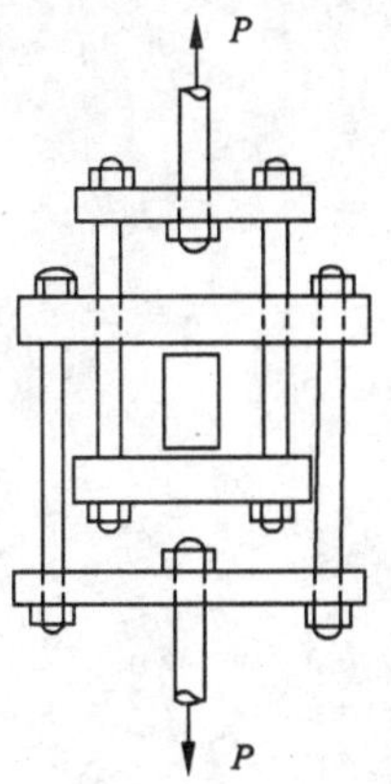

图 15-2　压缩转荷器

(5)加载。握住加载摇把 14,逆时针均匀转动使试件受力,直至拉断试件。若在试验中途需要卸载,可顺时针转动摇把 14。

3. 注意事项

(1)严禁使用小摇把 10 加载。

(2)加载时,切勿忘记将销子 9 插好,否则无法加载。

(3)试验过程中,不能碰摆锤砝码 18、曲柄 19 以及与测量变形有关的零件,如绘图圆筒、线绳等。因这些零件在试验过程中的反应(移动、转动等)是直接与试件的内力和变形有关的。因此,不允许受到任何阻碍。

15.1.2　液压式

液压式万能试验机也曾被称为油压摆锤式万能试验机,它是通过液体压力给试样加载,通过摆锤的偏转测定载荷的大小。液压式万能材料试验机类型很多,但一般只是外型不同而基本原理却是一样的。现以 300kN 油压万能实验机为例,来说明其构造原理和使用方法。

1. 构造原理

图 15-3 为液压万能试验机外观。该试验机的构造原理示意图如图 15-4 所示,它由两部分组成。

——加载部分。

如图 15-4 所示。在机器底座 1 上,装有两根固定立柱 2,它支承着固定横梁 3 和工作油缸 4,当开动油泵 14,将油液从油箱经送油管送人工作油缸,从而推动工作活塞 5、上横梁 6、活动立柱 7 和活动台 8 上升。若将试件两端装于上下夹头 9、10 中,由于下夹头固定不动,当活动台上升时便使试件发生拉伸变形,承受拉力,便可做拉伸实验;若把试件放在活动台上面的下垫板 12 上,当活动台上升时,就使试件与上垫板 12 接触而被压缩,承受压力,便可做压缩实验;若把试验梁放在活动台上的两个弯曲支座 11 上,当活动台上升时,就使试验梁的跨中和弯曲压头(取掉上垫板换成弯曲压头)接触而使试验梁承受弯曲,便可作弯曲试验;若在上、下夹头间装上拉伸式剪切器,则可对材料作剪切试验。此种试验机在输油管路中都装置有进油阀门和回油阀门,进油阀门用来控制进人工作油缸中的油量,以便调节试件变形速度,回油阀门则是用来将工作油缸中的油液泄回油箱,使活动台由于自重而下落,回到原始位置。

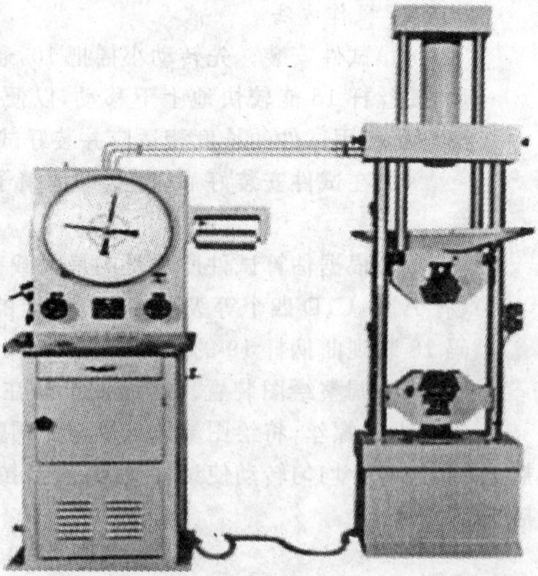

图 15-3　液压万能试验机外观

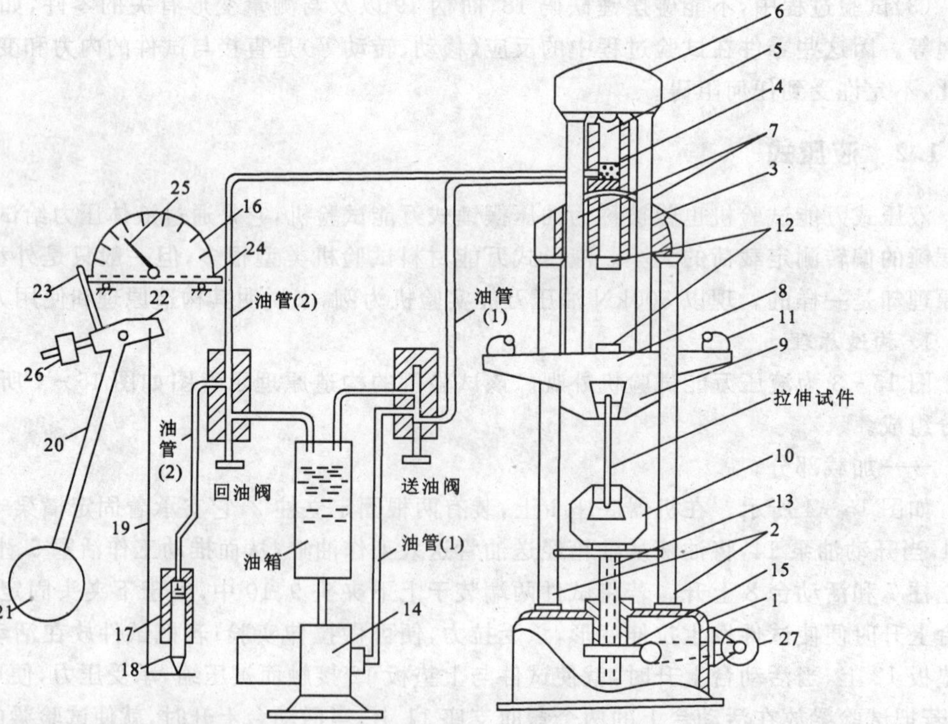

图 15-4　液压式万能材料试验机原理图

1—底座；2—固定立柱；3—固定横梁；4—工作油缸；5—工作活塞；6—上横梁；7—活动立柱；8—活动台；9—上夹头；10—下夹头；11—弯曲支座；12—上、下垫板；13—螺柱；14—油泵；15—蜗轮；16—测力度盘；17—测力油缸；18—测力活塞；19—拉杆；20—摆杆；21—摆锤；22—支点；23—推杆；24—齿杆；25—指针；26—平衡铊；27—下夹头电机为了适应不同长度试样要求，可开动下夹头电机27转动底座中的蜗轮15使螺柱13上下移动，以调节上下夹头间的距离。但当试件夹紧或受力后，就不能再用下夹头电机加载，否则，会将下夹头电机烧毁或使机件损坏。

——测力部分。

装在试验机上的试件所受力的大小，可在测力度盘16上直接读出。

试件受力后，工作油缸中的油具有一定的压力。这压力的大小与试件所受载荷的大小是成比例的。用测力油管将工作油缸4与测力油缸17相连通，则测力油缸就受到与工作油缸相等的油压。此油压就推动测力活塞18向下顶推拉杆19，使摆杆20和摆锤21绕支点22转动。试件所受的力愈大，摆锤转角也愈大。摆杆转动时，它上面的推杆23便推动水平齿杆24，从而使齿轮带动测力指针25转动，这样便可以从测力度盘上读出试件所受力的大小。

摆锤的质量可以调换，一般试验机可以更换三种锤重，测力度盘上也相应有三种刻度。实验时，要根据试件所需载荷的大小选择合适的测力度盘，并在摆杆上放置相应的摆锤。

2. 操作步骤

(1)加载前，测力指针应指在度盘上的零点，否则必须加以调整。调整时，先开动油泵14，将活动台8升高1cm左右，然后稍微移动摆杆上的平衡铊26，使摆杆保持铅直位置，再转动水平齿杆使指针对准零点。先升高活动台再调整零点的原因，是由于上横梁、活动立柱和活动台等有相当大的质量，要有一定的油压才能将它们升高。但是这部分油压并未用来给试件加载，不能反映到试件载荷的读数中去。

(2)根据估计的最大载荷 P_{max} 选择量程并装上相应的摆锤。所选量程应使 P_{max} 在其40%～60%内为宜，再按步骤(1)校准零点。调好缓冲器的旋钮，使之与所选量程相同。

(3)安装试件。压缩试件必须放置垫板，拉伸试件则须调整下夹头位置，使拉伸区间与试件长短相适应。但试件夹紧后，就不能调整下夹头了。

(4)调整好自动绘图器的传动装置和笔纸等。

(5)检查送油阀和回油阀门是否处于关闭位置，如不是则应关闭。

(6)开动油泵电机数分钟，检查运转是否正常。然后缓缓打开送油阀，用慢速加载。

(7)实验完毕，立即停车取下试件。缓缓打开回油阀，使油液泄回油箱，于是活动台便回到原始位置。最后将一切机构复原，并清理机器。

3. 注意事项

(1)开机前和停机后，送油阀和回油阀一定要置于关闭位置，加载卸载和回油均应缓慢进行。加载时，要求指针匀速平稳地走，严防送油阀开得过大，测力指针走得太快，致使试件受到冲击作用。

(2)机器运转时，操纵者不得离开并且注意力一定要集中，以免发生安全事故。

(3)拉伸试件夹住后，不得再调节下夹头的位置。

(4)实验时不得触动摆锤，以免影响读数的准确性。

(5)在使用机器的过程中，如果听到异声或发生故障应立即停车，进行检查和修理。

15.1.3　电拉式

电子式万能试验机是采用电子技术(或电子计算机)控制的机械式万能试验机。

电子万能材料试验机是电子技术与机械传动相结合的新型试验机。现以CSS-2210型微机控制电子万能材料试验机为例，说明电子万能材料试验机的结构及工作原理。CSS－2210 型试验机通过微机的功能管理，可以实现多种试验功能。它对载荷、变形、位移的测量和控制有较高的精度和灵敏度，与计算机相联还可实现控制、检测和数据处理的自动化，可以实现拉伸、压缩、弯曲、剪切、扭转、断裂韧性等多种试验功能，可以进行等速负荷、等速变形、恒负荷、恒变形的自动控制实验，并有低周载荷循环的功能。

1. 结构简图

图 15－5 为电子万能材料试验机外观，图 15－6 是电子万能材料试验机的主机结构简图。在加载控制系统中，由上横梁、活动横梁、工作台、滚珠丝杠副及立柱等组成门式框架。活动横梁由滚珠丝杠副驱动。试样安装于活动横梁与工作台之间的夹具内。试验机的位移传动采用滚珠丝杠-双螺母预紧结构。传动系统由宽调速直流伺服电机、减速装置、传动带轮等组成，减速装置采用同步齿形胶带传动。计算机向测控单元发出指令，伺服电机便驱动减速装置带动滚珠丝杠转动，丝杠推动活动横梁向上或向下位移，从而实现对试样的加载。伺服电机内加装高可靠性的反馈元件，使活动横梁能获得稳定的试验速度。

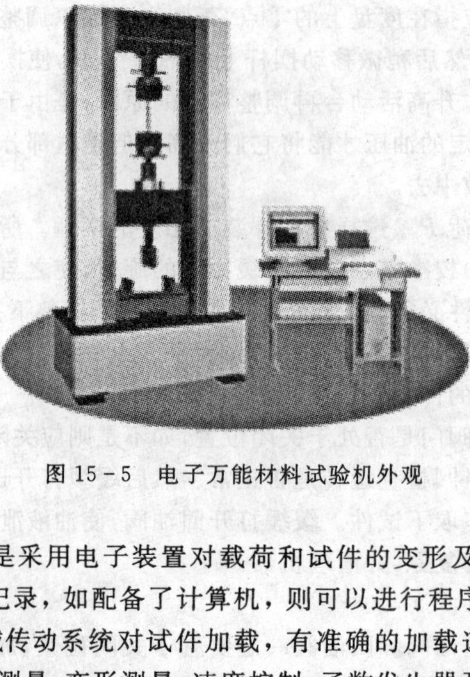

图 15－5　电子万能材料试验机外观

2. 测量系统

电子万能材料试验机是采用电子装置对载荷和试件的变形及横梁的位移进行精确的控制、测量、自动显示和自动记录，如配备了计算机，则可以进行程序控制并对试验结果进行处理；它采用伺服电机和机械传动系统对试件加载，有准确的加载速度和宽的速度范围(0.05～500mm/min)，如将负荷测量、变形测量、速度控制、函数发生器及机械传动系统构成闭环系统，则能实现恒载荷、恒应变等各种控制方式。其工作原理如图 15－6 所示。

测量系统包括负荷测量、试样变形测量和活动横梁的位移测量三部分。负荷测量把负荷传感器发出的信号变为微弱的电信号，经负荷变形测量放大器放大，再经 A/D 转换变成数字显示。变形测量则是把应变式引伸计的信号经负荷变形测量放大器放大，并经 A/D 转换变为数字显示。活动横梁的位移是借助丝杠的转动来实现的。滚珠丝杠转动时，装在滚珠丝杠上的位移编码器输出的脉冲信号经过转换，也可用数字显示。

3. 操作规程

(1)接通电源，启动动力驱动系统，并预热一段时间。

(2)安装试样。

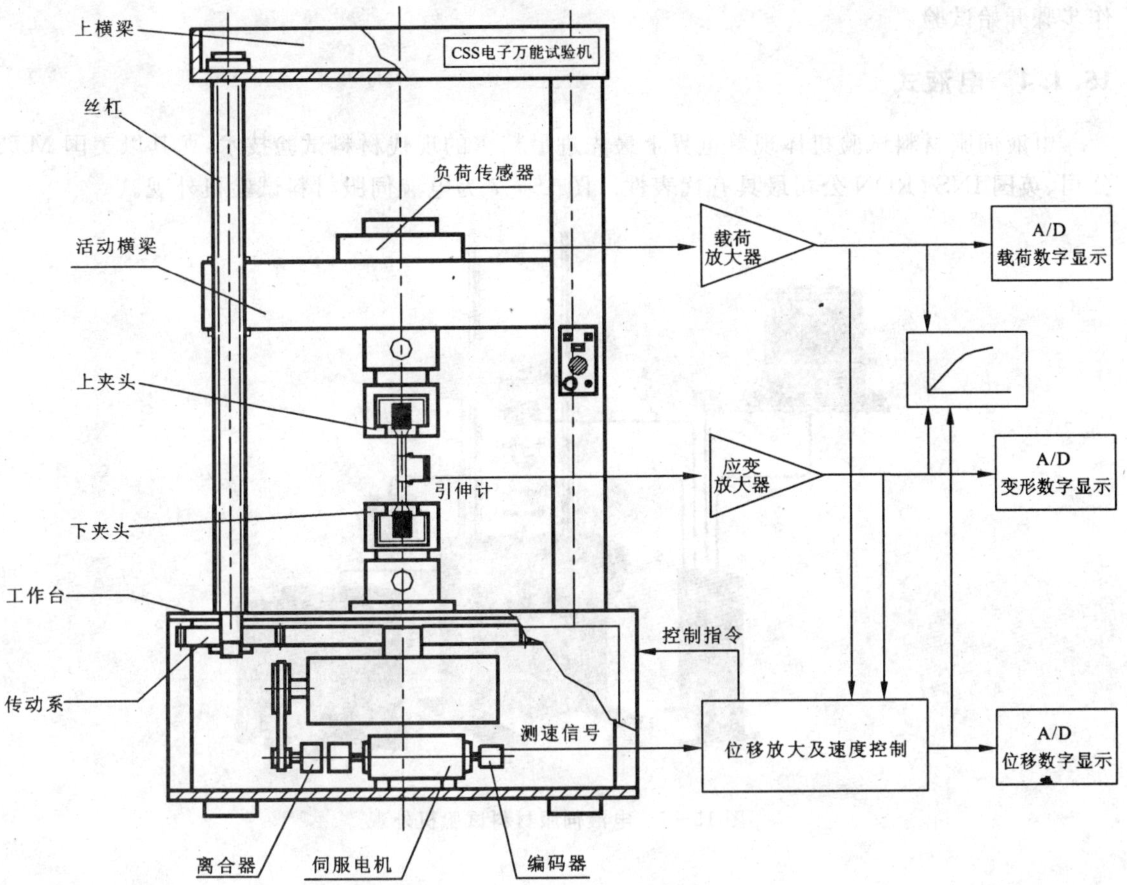

图 15-6　电子万能试验机工作原理图

(3)检查是否处于正确的初始状态,否则按复位键使其正常。

(4)选择试验方式进行参数设定。

进行某一控制方式下试验参数的设定应按如下顺序进行:

1)选择试验给定方式(速度或函数给定);

2)选择控制方式(单向或循环);

3)选择试验项目(负荷、变形、位移);

4)设定试验参数。

如只进行常用速度下简单拉伸或压缩试验,(2)(3)(4)步骤省略。

(5)如需绘制试验曲线,接好 X—Y 记录仪后,按下"伸长"键,灯亮,则 X 轴输出为小变形,再按下灯灭便切换为位移。

(6)参数设定完毕按回车键,若需重新设置或选择另一组新的试验参数,则按"复位"进行步骤(4)便可完成新一组参数的设定。

(7)按所需的试验动作选择相应的控制键进行试验。

(8)试样破坏后(非破坏性试验应先卸载),先关闭动力系统,然后关闭电源,清理还原。

注意:试验过程中出现异常情况,迅速按"急停"按键。待找出原因,系统正常再按正确操作步骤开始试验。

15.1.4　电液式

电液伺服材料试验机体现着世界上最先进最精密的现代材料试验技术，尤其以美国 MTS 公司、英国 INSTRON 公司最具有代表性。图 15－7 为电液伺服材料试验机外观。

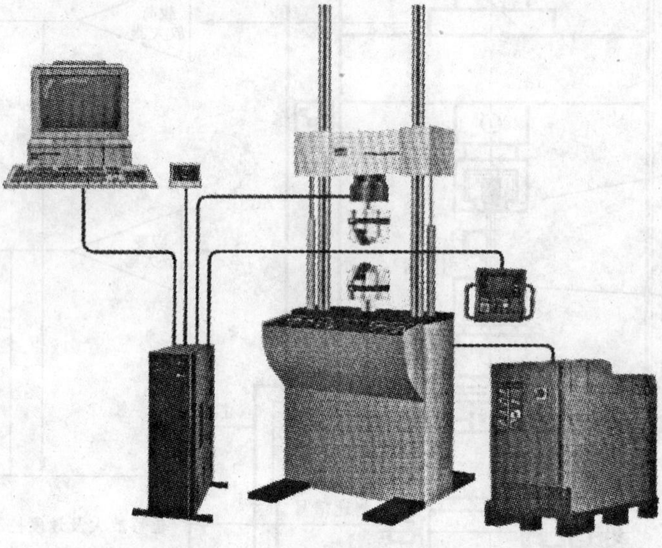

图 15－7　电液伺服材料试验机外观

1. 工作原理

电液伺服材料试验机采用有差伺服闭环控制原理，即将给定信号与反馈信号的比较差值赋予电液伺服阀，从而精密控制高压油路的压力、流量和方向，达到控制直线作动器或摆动缸，实现位移、载荷或应变等的精确控制。该系统具有很好的动态响应、程序控制、信息采集、数据处理、自动保护等强大功能。

2. 系统描述

按单元划分，电液伺服材料试验系统可以划分为动力单元、加载单元和控制单元三个部分。

按回路划分，材料试验系统可以划分为油回路、水回路、电回路（强电、弱电）、力回路、控制回路等。显然，回路是完成某种特定功能，由元件构成的典型环节，从能量、控制、信息的角度而言，构成各子系统输入和输出的对应关系。

系统是由相互作用和相互依赖的若干组成部分结合而成的具有特定功能的有机整体。由于 MTS 系统是一个复杂的大系统，为了研究和理解方便，一般可以把它分为四个独立的子系统。

——机械-动力（源）子系统。

这是试验系统工作的主要部分，其功能是完成电能、液压能、机械能、应变能以及热能等各种能量之间的转换、转移和屏蔽。机械部分主要包括载荷架、作动器、横梁升降/锁紧、液压夹头等，是进行试验加载的空间平台。动力部分主要指液压源，包括电机、液压泵、主溢流阀、温控传感器、液位传感器和油箱等。液压源产生的油液压力通过电液伺服阀的精确控制高压油的压力、流量、方向，从而推动作动器直线往复运动，对试样施加不同大小和方向的动载荷或静载荷，实现对试样的载荷模拟工作。

——传感-伺服(阀)子系统。

此系统主要包括载荷传感器、位移传感器、应变计和电液伺服阀。载荷传感器用于测量试样所受载荷的大小，这是试验必须测量或参与控制的一个重要的力学参数。位移传感器用于监测或控制作动器活塞的运动位置，同时保障避免发生碰撞，以免损坏试样和设备甚至伤及人员。液压伺服系统是根据液压传动原理建立起来的一种自动控制系统。在这种系统中，执行元件能自动跟随控制元件运动而进行自动控制，也叫跟踪系统或随动系统。伺服阀的功能是按照输出和输入信号之间的误差方向及大小自动地改变输往执行元件的压力油的方向、流量和压力，从而对执行元件的运动进行控制。

现代 MTS 系统采用的是 MOOG 电液伺服阀，它是一种能将微弱的电信号转变为大功率液压能(流量和压力)输出的伺服元件，由电-机械转换器(力马达或力矩马达)和液压放大器组成。它集中了电信号具有传递快，线路连接方便，便于遥控，容易检测、反馈、比较、校正和液压动力具有输出力大，惯性小，反应快等特点。

按液压前置放大器的结构形式，可分为滑阀式、喷嘴挡板式和射流管式三种；

按液压放大器的串联级数，可分为单级、二级和三级；

按伺服阀的功用，可分为流量伺服阀和压力伺服阀两种；

按力(力矩)马达是否浸在油中，可分为干式和湿式两种。

——采集-控制(器)子系统。

控制系统在试验设备中一般有两套，一是功能简单的手控系统，一是多功能的计算机控制系统。计算机控制系统硬件由控制面板、全数字控制器、精密开关电源、通讯电缆和 PCI 接口以及计算机等组成；其软件由系统软件包和应用软件包组成，可以对动态测试过程进行实时监测，具有实时采集、控制、数据处理和回放以及自动保护等功能。它用程序来实施控制与记录试验的过程以及所有信息，可实现许多以前人工不可以完成的试验。图 15 - 8 为计算机控制界面示意图。

全数字控制器是控制系统的核心硬件部分，也是控制软件与试验机之间通讯的桥梁。其最多可以同时控制 4 个通道，以适用于不同类型的试验机，其由以下主要单元构成：CPU 单元、智能段函数发生器单元、传感器调节器单元、伺服阀控制单元、液压源控制单元、模拟信号输入/输出单元、数字信号输入/输出单元、数字通讯单元和电源。以上列出的控制器单元有的为必选件，有的为可选件。这些控制单元全在试验软件的控制下互相协调工作，以达到对试验机的实时控制。

CPU 单元主要负责与微机通讯、协调控制器各部分工作和数字 PID 运算。

智能段函数发生器单元主要用于产生试验机所需的控制波形(给定)信号。它可以输出直流电压、单段正弦波、单段三角波、正弦波、三角波和方波，以及以上波形任意组合而成的波形(随机波)，波形输出频率范围 $1\times10^{-5}\sim50\text{Hz}$。智能段函数发生器输出信号的波形和幅值可以根据试验需要由软件控制自由改变，而且信号的电压和频率的精度和稳定度都很高。

传感器调节器单元可分为直流调节器和交流调节器，直流调节器主要用于载荷传感器、应变规和油压传感器等，交流调节器主要用于测量位移的 LVDT 或 RDT。调节器是软件可编

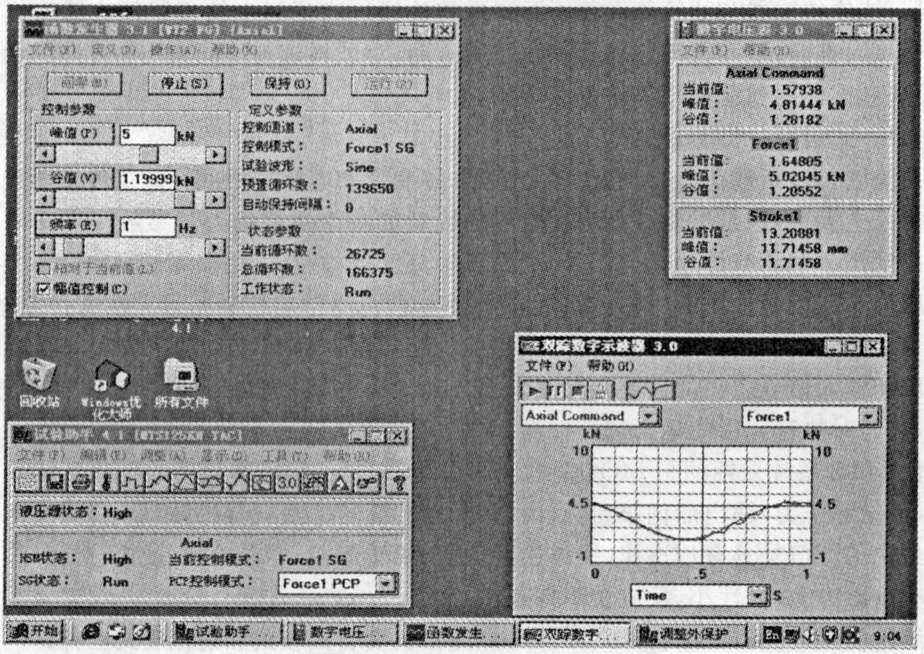

图 15-8　计算机控制界面示意图

程的，每个调节器都分为 4 挡，每挡之间的切换全部由软件控制完成。同一类型的调节器之间具有互换性，即一个传感器可以接到这个调节器上，也可以接到另一个同类的调节器上，而不用管这个传感器标定时的调节器是谁，这时只需要在控制软件中将传感器指定到现在所接的调节器上即可。

模拟信号输入/输出单元主要提供软件可编程的模拟信号输入/输出，模拟信号输入/输出范围为－10～＋10V，各包含 4 个通道，主要用于外部数据采集和控制，其为可选件。

数字信号输入/输出单元主要提供软件可编程的 TTL 数字信号输入/输出，各包含 16 个通道，主要用于外部控制，其为可选件。

——温度-环境(箱)子系统。

据调查和研究，很多构件的失效是由于环境和力学条件的综合作用引起材料疲劳和断裂，环境的变化对材料性能的影响往往是很大的。由于实际需要，现在环境模拟技术已发展成为现代测试技术的重要方面，各种环境模拟的实验装置不断出现，一般的环境模拟实验系统应包括一个环境外壳(环境箱)，一个环境发生器(高温或低温、湿度、烟雾……)，一个精密的控制器，一个对试样进行力学作用的系统及一套测量、记录和处理参数的有关仪器。主要种类有：高低温试验高温炉，腐蚀环境试验，复合环境试验。图 15-9 是其中的高温炉，在空气或其他介质中实现精确的温度控制，配有专门的高温液压夹头和高温引申仪。炉内

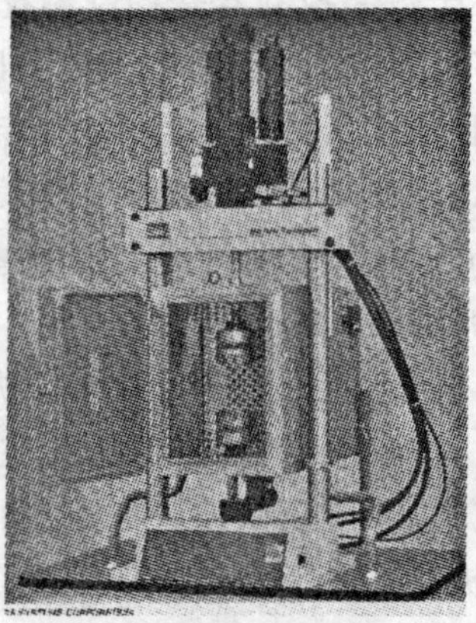

图 15-9　环境箱

的三段温度控制和显示可保证试样在标距范围内温度均匀，可进行不同温度的疲劳、持久蠕变、应力松弛等试验。感应加热系统：由感应加热器和感应圈组成对试样加热系统，采用计算机控制系统的闭环回路，实现温度动态变化，适合做机械疲劳试验。

3. 注意事项

电液伺服材料试验机的功能强大，精确度高，在使用或操作前必须经过专业培训。主要包括：

(1)材料力学、断裂力学和疲劳等方面的专业知识；

(2)机械工程、电气工程和传感工程等方面的基本素质；

(3)试验系统的组成结构、工作原理和参数设置等方面的专业技能。

15.2　试验项目

15.2.1　拉伸性能试验(静态力学性能)

【实验项目】

金属(低碳钢或铸铁)拉伸试验

【实验目的】

——了解典型塑性材料低碳钢、典型脆性材料铸铁最基本之拉伸力学性能，并掌握材料基本力学性能指标的测试方法。

——观察两种材料变形(如低碳钢之线弹性变形、屈服现象、局部紧缩变形、铸铁瞬时脆断……)及破坏断口特点，也为以后应力状态分析与强度理论的学习理解打下基础。

——初步使用和了解相关实验仪器设备。

【实验仪器】

MTS 或 INSTRON 电液伺服材料试验机及其应变仪等附件。

【实验依据】

《金属拉伸试验方法》(GB228—1987)

《金属拉伸试验试样》(GB6397—1987)

【实验原理】

通过位移或载荷传感器反馈闭环控制加载速度，同时可以实时测出载荷和变形(或应变)的 $P-\Delta L$ 曲线和 $\delta-\varepsilon$ 曲线。

其中

$$\sigma=\frac{P}{A_0},\ \varepsilon=\frac{\Delta L}{L_0},\ E=\frac{\sigma}{\varepsilon} \tag{15-1}$$

根据标准和试验曲线即可分析求解 σ_s、σ_b、E 等参数。

【实验内容】

——低碳钢的拉伸。

(1)绘制 $P-\Delta L$ 曲线和 $\sigma-\varepsilon$ 曲线。

(2)在弹性变形阶段验证虎克定律，测定材料弹性模量 E。

(3)测定强度指标：屈服点 σ_s、抗拉强度 σ_b。

(4)测定塑性指标：断后伸长率 δ 与断面收缩率 φ。

——铸铁拉伸。

铸铁拉伸，无屈服现象，也不存在 $P-\Delta L$ 线性关系，所以只画 $P-\Delta L$ 曲线，测定抗拉强度 σ_b 及断后伸长率 δ 。

【实验方法】

——常温轴向静态加载。

【实验试样】

参照《金属拉伸试验试样》(GB6397—1987)，合理切取样坯，优质制备试样，适宜标记试样。一般选用和加工带头棒材试样(横截面为圆形)。低碳钢试件宜选用 $L_0=10d_0$ 圆形长试件，铸铁试件宜选用为 $L_0=5d_0$ 圆形短试件。

【实验步骤】

1)测定试件尺寸；

2)配置系统资源；

3)设定试验参数；

4)安装试样和应变仪；

5)启动加载指令；

6)暂停取下应变仪；

7)重启加载拉断试样；

8)清理试验现场；

9)分析处理试验数据。

【结果处理】

1)强度指标计算；

2)塑性指标计算；

3)试验曲线标记；

4)断口特征描述；

5)实验报告撰写。

15.2.2 疲劳性能试验(动态力学性能)

【实验项目】

金属轴向疲劳试验。

【实验目的】

——观察疲劳失效现象和断口形貌特征。

——了解测定材料疲劳极限的方法。

【实验仪器】

高频疲劳试验机或(MTS 或 INSTRON)电液伺服材料试验机及其应变仪等附件。

【实验依据】

《金属轴向疲劳试验方法》(GB2107—1980)。

【实验原理】

按照不同循环应力水平分别对不同试样动态加载，加载频率一般为 10～20Hz 左右，根据定义的疲劳失效标准(断裂或裂纹长度或疲劳寿命)，实测应力水平、疲劳寿命和成活率等相关数据，用统计的方法计算和拟合 $S-N$ 曲线，从而可以确定该材料的疲劳极限。

【实验内容】

——描述疲劳的循环载荷参数。

——定义疲劳破坏或失效依据。

——了解疲劳曲线升降法试验。

——分析疲劳破坏的断口形貌。

【实验方法】

——升降法。

【实验试样】

参照《金属轴向疲劳试验方法》(GB2107—1980)，合理切取样坯，优质制备试样，适宜标记试样。一般参照 GB2107—1980 附录 A 加工工艺选用和加工带头光滑试样(横截面为圆形)。

【实验步骤】

1)检查试件质量；

2)配置系统资源；

3)确定应力水平；

4)设定试验参数；

5)安装试样和应变仪；

6)启动加载指令；

7)试验不同试样；

8)清理试验现场；

9)分析处理试验数据。

【结果处理】

1)试验数据取舍；

2)疲劳曲线绘制；

3)疲劳极限计算；

4)断口特征描述；

5)实验报告撰写。

15.2.3　K_{Ic}试验(断裂力学性能)

【实验项目】

金属材料平面应变断裂韧度 K_{Ic}试验。

【实验目的】

——了解金属材料平面应变断裂韧度 K_{Ic}试验的基本原理以及对试样形状和尺寸的要求。

——掌握采用三点弯曲试样测试 K_{Ic}的方法及试验结果的处理方法。

——熟悉疲劳破坏的过程和特征。

【实验仪器】

MTS 或 INSTRON 电液伺服材料试验机及其应变仪、读数显微镜等附件。

或者是高频疲劳试验机与液压万能试验机(或电子万能试验机)。

【实验依据】

《金属材料平面应变断裂韧度 K_{Ic} 试验方法》(GB2038—1984)。

【实验原理】

图 15-10　试验示意图

三点弯曲试样的试验装置如图 15-10 所示。该试验的关键是显示和记录加载过程中载荷与裂纹张开位移关系曲线($P-V$),并由 $P-V$ 曲线确定裂纹失稳扩展的条件载荷 P_q。

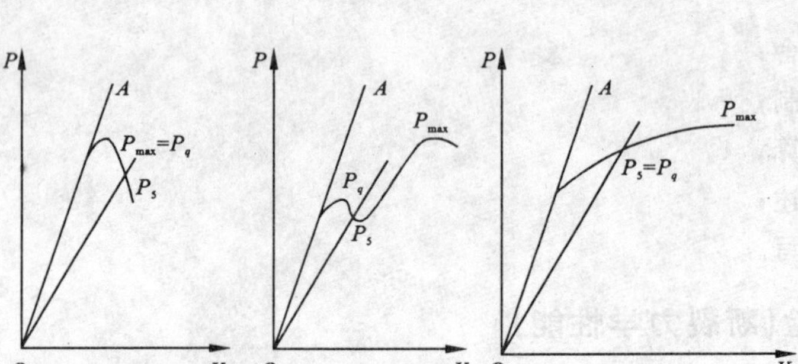

图 15-11　三种类型 $P-V$ 曲线

在上述三种 $P-V$ 曲线中,其裂纹失稳扩展的条件载荷 P_q 可按如下规则确定:过原点 O 作一割线,该割线的斜率比 $P-V$ 曲线中直线部分的斜率低 5%,该割线与 $P-V$ 曲线的交点为 P_5,若在交点 P_5 以前 $P-V$ 曲线上所有点的载荷均低于 P_5,则取裂纹失稳扩展的条件载荷 $P_q = P_5$,如图 15-11(c) 中曲线 Ⅲ 中即为这种情形;如果在交点 P_5 以前在 $P-V$ 曲线上还有大于 P_s 的载荷,则取其中最高的载荷为 P_q,图 15-11(a)、(b) 中曲线 Ⅰ、Ⅱ 就属于这种情形。

按上述方法可以确定试验中条件临界载荷 P_q。试样压断后用工具显微镜测量试样断口的原裂纹长度 a,由于裂纹前沿呈弧形,规定测量厚度方向上 $B/4$、$B/2$、$3B/4$ 三处的裂纹长度

a_2、a_3、a_4 内并取其平均值作为计算裂纹长度。

利用 K_{I} 表达式，代入裂纹长度 a 及临界载荷 P_q 求出 K_q，三点弯曲试样加载时，裂纹顶端应力强度因子 K_{I} 的表达式为

$$K_{\mathrm{I}} = \frac{PS}{BW^{3/2}} f\left(\frac{a}{W}\right) \tag{15-2}$$

其中，

$$f\left(\frac{a}{W}\right) = \frac{3(a/W)^{1/2}[1.99 - (a/W)(1 - a/W)(2.15 - 3.93a/W) + 2.7a^2/W^2]}{2(1 + 2a/W)(1 - a/W)^{3/2}}$$

P 为载荷；S 为名义跨距，对三点弯试样，$S/W = 4$，$W/B = 2$。由此式代入 P_q 及 a 值求得的 K_{I} 值，称为 K_q。

按上述程序得到的 K_q 是否就是材料的平面应变断裂韧性，还需进行验证，验证条件主要有厚度判断 $B \geqslant 2.5\left(\frac{K_q}{\sigma_s}\right)^2$ 和载荷比判据 $\frac{P_{\max}}{P_q} \leqslant 1.1$。

若上述两个条件均能满足，则 $K_q = K_{\mathrm{I}c}$，若不能满足上述条件，则应加大试样尺寸重新试验，直到满足条件，所测出的 K_q 即为材料的 $K_{\mathrm{I}c}$。

【实验内容】

——疲劳裂纹预制与监测。

——P-V 曲线。

——疲劳裂纹长度的确定。

——P_q 点确定。

——试验结果验算。

【实验方法】

——疲劳裂纹引发缺口（线切割机精确加工和控制）。

——疲劳裂纹预制（可以用高频疲劳试验机预制；用电液伺服材料试验机预制时，除了用人工目测法检测裂纹长度外，还可以用柔度法自动监测裂纹长度）。

——疲劳裂纹监测（目测法和柔度法）。

——P_q 点确定（载荷割线理论）。

——K_q 值确定（$K_{\mathrm{I}} = \frac{PS}{BW^{3/2}} f\left(\frac{a}{W}\right)$，由此式代入 P_q 及 a 值求得的 K_{I} 值，称为 K_q）。

【实验试样】

参照《金属材料平面应变断裂韧度 $K_{\mathrm{I}c}$ 试验方法》(GB2038—1984)，合理切取样坯，优质制备试样，适宜标记试样。一般选用和加工三点弯曲试样（特别要注意试样的取向、标记、尺寸和加工），并按规定预制适宜长度的疲劳裂纹。

【实验步骤】

1)测定试件尺寸；

2)配置系统资源；

3)设定试验参数；

4)安装试样和 COD 规；

5)启动加载指令；

6)暂停修正标定公式；

7)重启加载压断试样；

8)清理试验现场；

9)分析处理试验数据。

【结果处理】

1)疲劳裂纹测定。

2)$P-V$ 曲线绘制。

3)P_q 确定。

4)K_q 计算。

5)有效性验算。

计算得到的 K_q 是否为平面应变断裂韧性 K_{Ic},需要校核如下参数。

裂纹厚度 B 的要求：$B \geqslant 2.5\left(\frac{K_q}{\sigma_s}\right)^2$；

裂纹长度 a 的要求：$a \geqslant 2.5\left(\frac{K_q}{\sigma_s}\right)^2$；

韧带尺寸$(W-a)$ 的要求：$(W-a) \geqslant 2.5\left(\frac{K_q}{\sigma_s}\right)^2$；

载荷比判据：$\frac{P_{max}}{P_q} \leqslant 1.1$；

裂纹外观检查，a_2、a_3、a_4 中的最大值与最小值之差不得超过 $2.5\%W(\approx 5\%a)$，表面裂纹 a_1、a_5 的长度不得小于裂纹平均值的 90%，裂纹面与试样横截面偏离不超过 10°。

以上条件全部满足时，才能认为试验是有效的，即 $K_q = K_{Ic}$。

6)断口特征描述。

7)实验报告撰写。

15.2.4 δ_c 试验(断裂力学性能)

【实验项目】

金属材料裂纹尖端张开位移试验。

【实验目的】

——了解金属材料裂纹尖端张开位移试验的基本原理以及对试样形状和尺寸的要求。

——掌握采用三点弯曲单试样法测试 δ_c 的方法及试验结果的处理方法。

——了解电位法、电阻法、声发射法等无损检测方法的原理和特点。

——熟悉疲劳破坏的过程和特征。

【实验仪器】

MTS 或 INSTRON 电液伺服材料试验机及其应变仪、读数显微镜等附件。

或者是高频疲劳试验机与液压万能试验机(或电子万能试验机)。

【实验依据】

《金属材料裂纹尖端张开位移试验方法》(GB/T2358—1994)。

【实验原理】

通过试验直接准确地测量出裂纹顶端张开位移是很困难的，目前均是利用三点弯曲试样变形的几何关系，由裂纹口部的张开位移 V 去求解出 δ(图 15-12)。

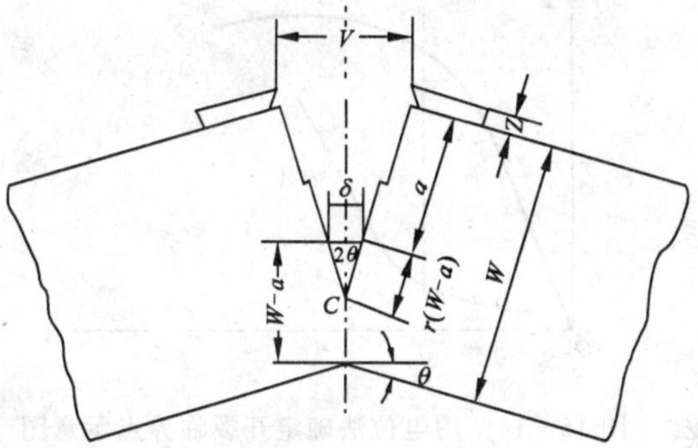

图 15-12　δ-V 关系图

三点弯曲试样受力弯曲时，试样的变形可看成绕某一中心点的刚性转动。该中心点（图 15-12 中的 C 点）到裂纹顶端的距离为 $r(W-a)$，r 称为转动因子。利用相似三角形的比例关系导出 δ 和 V 的关系为

$$\frac{\delta}{V}=\frac{r(W-a)}{Z+a+r(W-a)}$$

由此有

$$\delta=\frac{r(W-a)V}{Z+a+r(W-a)} \tag{15-3}$$

式中，Z 是刀口的厚度。

临界状态下，有

$$\delta_c=\frac{r(W-a)V_c}{Z+a+r(W-a)} \tag{15-4}$$

由式(15-4)可见，只要能测出 V_c，并确定旋转因子 r，即可求出 δ。

第一类 $P-V$ 曲线如图 15-13(a) 所示。位移 V 随载荷 P 增大而增大，一直到发生失稳断裂，发生断裂前没有明显的裂纹亚临界扩展，其快速断裂点即为其临界点。此时的最大载荷 P_{max} 即为临界载荷 P_c，相应的位移即为 V_c。当试样很厚或材料很脆时，常出现这种情况。

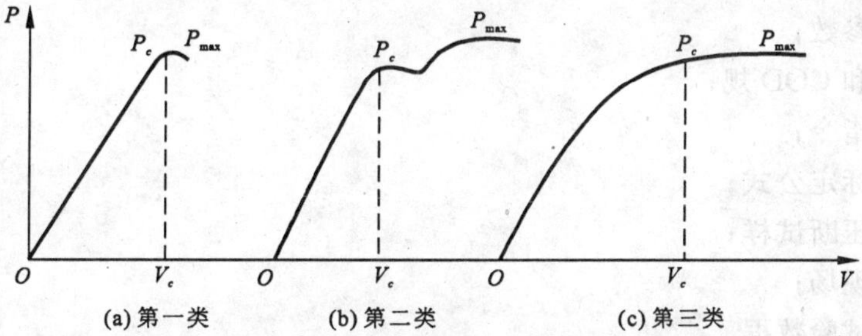

图 15-13　三类 $P-V$ 曲线

第二类 $P-V$ 曲线如图 15-13(b) 所示。试验过程中由于裂纹发生突然扩展，在 $P-V$ 曲线上出现平台，但试样此时并未发生完全断裂，通过平台以后，载荷又逐渐上升至断裂。在这种情况下，以裂纹突然扩展时对应的载荷作为临界载荷 P_c 并以与之对应的位移为临界位移 V_c。当试样厚度不是太厚或材料韧性稍差时会出现这种情况。

第三类 $P-V$ 曲线如图 15-13(c) 所示，载荷通过最高点后连续下降而位移不断增大，或载荷达到最大值后一直保持恒定而出现一段相当长的平台区，这两种情况均说明试样在加载过程中产生了稳定的亚临界扩展，所以不能直接由 $P-V$ 曲线确定开裂的临界点。在这种情况下，需借助其他手段来确定试样的启裂点，如采用电位法、电阻法、声发射法或氧化发蓝的方法。

电位法是在试样两端加一恒值稳定电流 I 并在裂纹两端焊上电位测头。试验时，用 $X-Y$ 记录仪或计算机记录 $P-\Delta$ 关系曲线及裂纹两侧电位 E 与位移 Δ 的 $E-\Delta$ 关系曲线，当裂纹扩展时，E 迅速增加，根据 $E-\Delta$ 曲线的突变点可以确定裂纹开始扩展时的位移 V_c。其原理如图 15-14 所示。

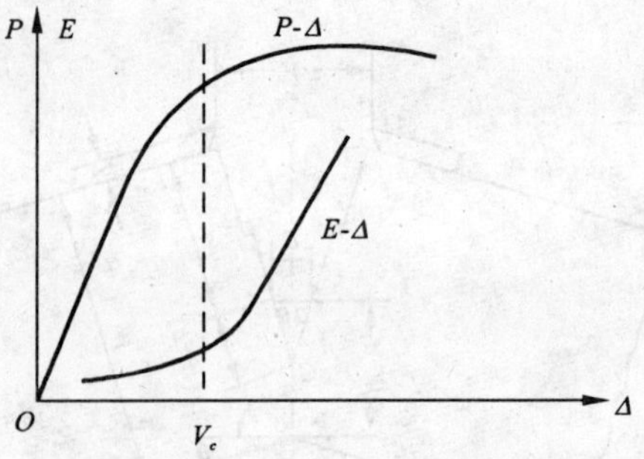

图 15-14 用电位法确定开裂临界点示意图

【实验内容】

——疲劳裂纹预制。

——$\delta-V$ 关系描述。

——$P-V$ 曲线绘制。

——V_c 确定。

——r 确定。

——δ_c 确定。

【实验方法】

——单试样法标定 δ_c(多种标定裂纹顶端张开位移 δ_c 的方法，如单试样法、多试样法、阻力曲线法等)。

——裂纹启裂点确定(电位法、电阻法、声发射法或氧化发蓝法)。

【实验试样】

参照《金属材料平面应变断裂韧度 $K_{\mathrm{I}c}$ 试验方法》(GB2038—1984)、《金属材料裂纹尖端张开位移试验方法》(GB/T2358—1994)，合理切取样坯，优质制备试样，适宜标记试样。一般选用和加工三点弯曲试样，并按规定预制适宜长度的疲劳裂纹。

【实验步骤】

1)测定试件尺寸；

2)配置系统资源；

3)设定试验参数；

4)安装试样和 COD 规；

5)启动加载指令；

6)暂停修正标定公式；

7)重启加载压断试样；

8)清理试验现场；

9)分析处理试验数据。

【结果处理】

1)疲劳裂纹测定；

2)$P-V$ 曲线绘制；

3)V_c 确定；

4)δ_c 计算；

5)有效性验算；

6)断口特征描述；

7)实验报告撰写。

15.2.5 $J_{\mathrm{I}c}$ 积分试验(断裂力学性能)

【实验项目】

金属材料延性断裂韧度 $J_{\mathrm{I}c}$ 试验。

【实验目的】

——了解金属材料延性断裂韧度 $J_{\mathrm{I}c}$ 试验的基本原理以及对试样形状和尺寸的要求。

——掌握采用三点弯曲单试样法测试 $J_{\mathrm{I}c}$ 的方法及试验结果的处理方法。

——了解电位法、电阻法、声发射法等无损检测方法的原理和特点。

——熟悉循环加载的过程和特征。

【实验仪器】

MTS 或 INSTRON 电液伺服材料试验机及其应变仪、读数显微镜等附件。

或者是高频疲劳试验机与液压万能试验机(或电子万能试验机)等。

【实验依据】

《金属材料延性断裂韧度 $J_{\mathrm{I}c}$ 试验》(GB2038—1991)。

【实验原理】

用于 J 积分测定的有多试样法和单试样法两大类。1991 年国家又颁布了新的 $J_{\mathrm{I}c}$ 的试验标准(GB2038—91)。目前使用较多的仍是单试样法，这里简述其试验原理。

单试样法试验 $J_{\mathrm{I}c}$ 也使用三点弯曲试样，其外形与 $K_{\mathrm{I}c}$ 试样相似，制备方法也相同。对于标准三点弯曲试样，一般要求 $W=2B,S=4W,a_0/W=0.5\sim0.75$，最好取 0.6，除此以外，也可使用 $1<W/B<4,S=4W$ 的其他试样。

对于深裂纹($a/W>0.4$)和短跨距($S/W=3\sim5$)的三点弯曲试样，当试样的厚度和韧带尺寸的比值足以保证屈服属于平面应变时，例如 $B/(W-a)>2$，则通过极限分析可得到

$$J=\frac{2U}{B(W-a)} \tag{15-5}$$

该式即为用三点弯曲试样法标定 J 积分的公式。其中 U 是试样加载曲线($P-\Delta$)下面所包围的面积，即图 15-15 中曲线 $OpmO$ 所包围的面积；B 为试样厚度；$W-a$ 为试样韧带宽度。

对于给定的位移 Δ，其形变功可分为弹性项 U_e(图 15-15 中曲线 $npmn$ 所包围的面积)和塑性项 U_p(图 15-15 中曲线 $OpnO$ 所包围的面积)。

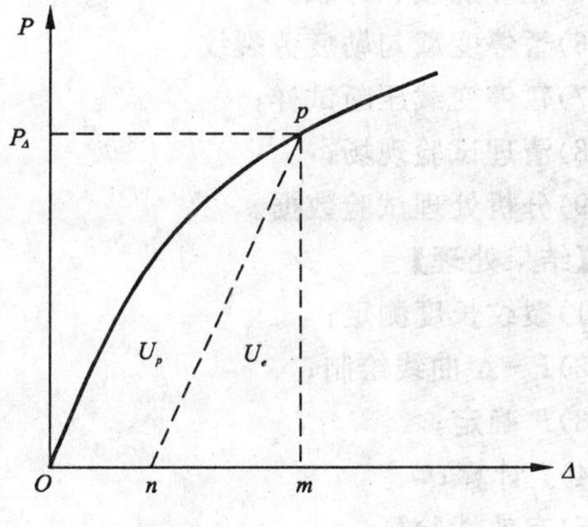

图 15-15　$P-\Delta$ 曲线

所以，J 积分也可分解为弹性和塑性两个部分，并分别用符号 J_e 和 J_p 来表示，即

$$J=J_e+J_p \tag{15-6}$$

其中

$$J_p=\frac{2U_p}{B(W-a)} \tag{15-7}$$

$$J_e=G_1=\frac{1-\mu^2}{E}K_1^2=\frac{1-\mu^2}{E}\left(\frac{PY}{BW^{1/2}}\right)^2 \tag{15-8}$$

式中，$K_1=\dfrac{PY}{BW^{1/2}}$；Y 是几何形状因子，是(a/W)的函数，其值为

$$Y=\left[7.51+3.0\left(\frac{a}{W}-0.50\right)^2\right]\sec\left(\frac{\pi a}{2W}\right)\sqrt{\tan\left(\frac{\pi a}{2W}\right)}$$

将式(15-7)、式(15-8)代入式(15-6)，最后可得到

$$J=\frac{1-\mu^2}{E}\left(\frac{PY}{BW^{1/2}}\right)^2+\frac{2U_p}{13(W-a)} \tag{15-9}$$

应当注意的是，图 15 - 15 中的 p 点即为 $P-\Delta$ 曲线中的临界点，p 点位置对 J 积分值有很大的影响，所以如何准确地确定其载荷的临界点对 J 积分的测定十分重要。一般认为，采用裂纹的启裂点为临界点比较恰当，所以与测 COD 临界点一样，可用电阻法、电位法、声发射法等确定临界点的位置。裂纹长度的测量与测 K_{Ic} 方法相同。

【实验内容】

——$P-\Delta$ 曲线绘制。

——启裂点确定。

——J_e 确定。

——J_p 确定。

【实验方法】

——单试样法。

【实验试样】

参照《金属材料延性断裂韧度 J_{Ic} 试验》(GB2038—1991)，合理切取样坯，优质制备试样，适宜标记试样。一般选用和加工三点弯曲试样，并按规定预制适宜长度的疲劳裂纹。

【实验步骤】

1)测定试件尺寸；

2)配置系统资源；

3)设定试验参数；

4)安装试样和位移规；

5)循环加载和卸载；

6)暂停变载勾勒疲劳裂纹；

7)暂停变载压断试样；

8)清理试验现场；

9)分析处理试验数据。

【结果处理】

1)裂纹长度测定；

2)$P-\Delta$ 曲线绘制；

3)P 确定；

4)J 计算；

5)有效性验算；

6)断口特征描述；

7)实验报告撰写。

参考文献

陈传尧.疲劳与断裂.武汉:华中科技大学出版社,2002
范天佑.断裂动力学原理与应用.北京:北京理工大学出版社,2006
李庆芬.断裂力学及其工程应用.哈尔滨:哈尔滨工业大学出版社,2004
李灏.断裂力学与复合材料力学.武汉:华中科技大学出版社,1989
刘再华.工程断裂动力学.武汉:华中理工大学出版社,1996
汪越胜.材料力学.北京:电子工业出版社,2006
王中光 材料的疲劳.北京:国防大学出版社,1999
吴清可.防断裂设计.北京:机械工业出版社,1991
徐芝纶.弹性力学简明教程.北京:高等教育出版社,1983
余天庆.固体材料力学.北京:国防大学出版社,1997
赵建生.断裂力学与断裂物理.武汉:华中科技大学出版社,2003
钟群鹏.断口学.北京:高等教育出版社,2006